평역
난호어명고

이 책의 판매수익금은 어업인교육문화복지재단에 기부됩니다.
www.fecwf.or.kr (수협은행 026-01-201297)

평역 난호어명고

초판 1쇄 발행 2015년 11월 20일

원　　저 ｜ 서유구
평　　역 ｜ 이두순
도　　판 ｜ 강우규

발 행 인 ｜ 김은희
발 행 처 ｜ 수산경제연구원BOOKS · BN블루&노트

등　　록 ｜ 제313-2009-201호(2009.9.11)
주　　소 ｜ 서울시 마포구 마포대로4다길 4(마포동 324-1) 곳마루빌딩 1층
전　　화 ｜ 02)718-6258　팩　스 ｜ 02)718-6253
E-mail ｜ bluenote09@chol.com

정가　32,000원
ISBN　979-11-85485-05-8　93520

· 잘못된 책은 바꿔 드립니다.

평역
난호어명고

원저 서유구
평역 이두순
도판 강우규

수산경제연구원BOOKS · 블루&노트

◈ 발 간 사 ◈

　우리 수협중앙회는 수산업의 중요성과 함께 수산관련 지식과 정보를 널리 알리는데 노력하고 있습니다. 그 노력의 일환으로 수산분야의 지식 공유를 위해 2011년부터 '수산지식나눔시리즈'를 발간해 오고 있습니다. 그간 5권이 발간되었고, 이번에 『난호어명고』가 제6권으로 이어지게 됨을 기쁘게 생각합니다.
　특히 이번에 발간되는 『난호어명고』는 『자산어보(玆山魚譜)』, 『우해이어보(牛海異魚譜)』와 더불어 우리나라 3대 어보집으로 일컬어지는 『난호어목지(蘭湖魚牧志)』의 어명고(漁名考) 부분을 완역하고, 거기에 해당 물고기 그림을 직접 세필로 그려 넣은 매우 귀중한 자료입니다.
　『난호어목지(蘭湖魚牧志)』는 이미 그 존재가 널리 알려져 있음에도 불구하고, 지금까지 현대문으로 완역된 적이 없습니다. 수산지식이 풍부한 전문가라 하더라도 난해한 문장을 현대어로 알기 쉽게 번역하기란 매우 어려운 작업이기 때문입니다.
　이런 힘든 작업을 기꺼이 자청하여 수고로움을 감수해 주신 이두순 박사님께 깊이 감사드립니다. 또 세밀한 도판작업을 통해 이해를 넓혀주신 강우규 님께도 감사드립니다.
　옛말에 "지지자불여호지자(知之者不如好之者 : 아는 사람은 좋아하는 사람만 못하고) 호지자불여락지자(好之者不如樂之者 : 좋아하는 사람은 즐기는 사람만 못하다)"라고 했던가요. 이 두 분의 노고를 보면서, 무언가를 좋아하고 즐기는 사람의 열정이 얼마나 대단한가를 새삼 실감합니다. 앞으로도 수산업을 좋아하고 수산물을 즐기는 수많은 저자와 독자가 '수산지식나눔시리즈'를 통해 활발히 교류하기를 기대합니다.

한편 '수산지식나눔시리즈'는 독자로 하여금 수산에 관한 폭넓은 지식을 공유함으로써 수산의 무한한 가능성과 중요성을 올바르게 이해시키는 데에 그 발간 목적을 두고 있습니다.

더불어, 수산서적 시장의 영세성으로 인해 출판을 주저하는 수산전문가들에게 이를 지원함으로써 나눔을 실천하는 학술문화복지사업입니다. 이를 통해 수산분야 전문가들은 독자들과 지식을 나누고, 독자들은 도서구입 시 '소비자 기부'의 형태로 '어업인교육문화복지재단'을 후원하고 나아가, 어촌 및 어업인과 사랑을 나누는 효과를 얻게 됩니다.

앞으로도 많은 분들이 '수산지식나눔시리즈'를 통해 수산업에 관한 지식과 사랑을 공유할 수 있도록 최선의 노력을 다하겠습니다.

감사합니다.

2015년 11월
수협중앙회장 김임권

◈ 머 리 말 ◈

  이 책은 서유구(徐有榘, 1764~1845)가 쓴 『난호어목지(蘭湖漁牧志)』의 어명고(魚名考) 부분을 완역한 것이다.
  『난호어목지』 어명고에는 민물고기와 바다고기를 망라해서 154종의 수산물의 성상과 특성이 폭넓게 다루어져 있어 오늘날의 어류도감의 내용과 비슷한 모습이다. 『난호어목지』라는 제목은 책 내용이 어로와 목축, 즉 수산업과 축산업과 관련됨을 알려주며, 저자 서유구가 어명고를 작성한 목적이 물고기의 성상과 생태만을 파악하기 위한 것만이 아니라 어로의 대상인 물고기를 수산자원으로서 파악하고자 한 의도에서 비롯된 것을 알려준다.
  『난호어목지』는 다른 어보에 못지않은 내용을 담고 있지만 어떤 면에서는 제대로 평가받지 못해온 점이 있다. 어명고에서는 민물과 바다의 수산생물뿐만 아니라 외국에서 나는 20종의 어류에 대해서도 고찰하고 있다. 또 그 어류를 도입해서 국내에서 양식할 가능성도 검토하고 있다. 이러한 점은 다른 어보에 없는 수산업 및 어업자원에 대한 원저자의 탁월한 안목을 엿보게 한다.
  『난호어목지』의 존재와 그 내용은 잘 알려져 있음에도 아직까지 현대문으로 완역된 적이 없다. 그 이유의 하나가 문장의 난해성 때문이었다. 어보에는 수많은 중국의 고문헌이 인용되고 있고, 또 문장 자체가 높은 수준의 한문 독해 능력을 요구하고 있다. 그리고 어보라는 특성으로 인해 물고기에 대한 지식도 동시에 필요로 하고 있다.
  필자는 한문전공자도 아니고 수산전공자도 아니다. 다만, 옛 어보에 대한 호기심에서 10여 년 동안 『난호어목지』와 『자산어보』를 비롯한 여러 어보를 찾고, 새겨보려고 노력해왔다. 그동안 필자가 파악한 자료를 정리하고, 그 과정에서 필자가 지니게 된 작은 지식이나마 수산 관계자를 비롯한 여러 사람과 공유하자는 의도에서 이 책을 내고자 한다.

이 어보는 한자로 기록되어 있다. 어보의 한자를 현대문으로 그대로 옮기면 이해하기 어려운 점을 자주 만나게 된다. 그 이유는 우리가 한자를 차용해서 사물을 기록해 왔기 때문에 중국과 같은 이름을 쓰면서도 다른 물고기를 가리키기도 하고, 또 같은 물고기를 두고 중국과 우리가 다른 이름으로 부르기도 했기 때문이다. 이 번역서에서는 어보의 물고기가 오늘날 어떤 물고기로 불리는가를 확인하려 하였다.

어명고에는 수많은 고서의 내용과 고사가 인용되어 있다. 여러 옛 자료를 인용하다 보니 한 어종을 두고 기술한 내용이 서로 논리적으로 배치되는 경우도 있다. 또 현대 수산학, 생태학과 어긋나는 내용도 있다. 이러한 오류와 모순을 현대적인 관점에서 밝히려 하였다.

이 책은 종전의 어보 번역이 직역 수준에 그친 것에 비해 일차 번역을 한 후, 해설을 통해 어보에 담긴 내용이 오늘에 전하고자 하는 점을 밝히려 노력했다. 즉 '연구 번역'의 기초단계를 시도한 것이다. 이 책의 내용은 수산 관련자에게 기초자료로 활용될 수 있을 것이며, 일반인의 어류에 대한 상식에도 기여할 수 있을 것이다.

2015년 9월
이두순

· 일러두기 ·

1. 원문에는 없지만 어명별로 일련번호를 붙였다.

2. 한글표기를 원칙으로 하지만, 필요한 한자인 경우 음이 같으면 ( ) 안에, 음이 다르면 [ ] 안에 함께 써두었다.

3. 어명고에는 필요에 따라 '안(案)'이라고 표기하고 원저자가 본주에 해당하는 주석을 달고 있다. 필요한 경우 '우안(又案)'이라고 다시 주석하고 있다. 번역문에서는 '안:'으로 표기한 후 번역하였다.

4. 어명고에는 중국의 의학서, 박물서 등 수많은 고서와 조선, 일본의 물고기와 관련된 여러 책이 인용되고 있다. 번역문에는 인용서명을 본 책은 『 』, 책의 편명은 「 」으로 구분하여 한글로 적었다. 고서의 내용과 저술자의 인적사항을 약술하여 책 말미에 수록하였다.

5. 어명고에는 물고기의 크기와 길이를 나타내는 여러 가지 단위가 나온다. 고대의 계량단위는 시대적 변천이 있어 현재의 미터법으로 전환하기에는 무리가 따른다. 어명고의 번역 과정에서 나오는 여러 가지 단위는 원문대로 적고 그 뜻을 따로 정리해서 책 말미에 수록하였다.

◈ 차　례 ◈

발간사 / 5

머리말 / 8

해　제 / 19

Ⅰ. 민물고기

1. 리어(鯉)·················· 25
2. 치(鯔)·················· 27
3. 노(鱸)·················· 30
4. 준(鱒)·················· 31
5. 부(鮒)·················· 33
6. 절(鱝)·················· 36
7. 조(鰷)·················· 38
8. 사(鯊)·················· 42
9. 두부어(杜父魚)············ 45
10. 궐(鱖)·················· 47
11. 제어(鱭魚)··············· 49
12. 세어(細魚)··············· 53
13. 눌어(訥魚)··············· 55
14. 모장어(鉾章魚)··········· 57
15. 적어(赤魚)··············· 58
16. 갈다기어(葛多歧魚)······ 59
17. 은구어(銀口魚)··········· 61
18. 여항어(餘項魚)··········· 63

19. 미수감미어(眉叟甘味魚)·· 65
20. 비필어(飛鯉魚)··········· 67
21. 적새어(赤鰓魚)··········· 68
22. 안흑어(眼黑魚)··········· 70
23. 근과목피어(斤過木皮魚)·· 71
24. 전어(箭魚)··············· 73
25. 야회어(也回魚)··········· 74
26. 돈어(豚魚)··············· 75
27. 영어(迎魚)··············· 76
28. 칠어(鰶魚)··············· 77
29. 유어(柳魚)··············· 79
30. 언부어(堰負魚)··········· 81
31. 가사어(袈裟魚)··········· 83
32. 국식어(菊息魚)··········· 86
33. 점(鮎)·················· 87
34. 예(鱧)·················· 91
35. 만리어(鰻鱺魚)··········· 93
36. 선(鱓)·················· 95

10 평역 난호어명고

37. 니추(泥鰍) ················ 97
38. 하돈(河豚) ················ 99
39. 황상어(黃顙魚) ········· 103
40. 앙사어(鯗絲魚) ········· 104
41. 빙어(氷魚) ················ 106
42. 침어(鱵魚) ················ 108
43. 승어(僧魚) ················ 111
44. 문편어(文鞭魚) ········· 112
45. 망동어(望瞳魚) ········· 113
46. 내어(䱀魚) ················ 115

47. 구(龜) ····················· 117
48. 별(鼈) ····················· 119
49. 원(黿) ····················· 121
50. 해(蟹) ····················· 123
51. 방(蚌) ····················· 134
52. 마도(馬刀) ················ 135
53. 현(蜆) ····················· 136
54. 전라(田螺) ················ 137
55. 와라(蝸螺) ················ 138

II. 바닷물고기

1. 석수어(石首魚) ··········· 143
2. 황석수어(黃石首魚) ······ 146
3. 민어(鮸魚) ················ 148
4. 시(鰣) ······················ 153
5. 늑어(勒魚) ················ 156
6. 독미어(禿尾魚) ··········· 159
7. 청어(靑魚) ················ 162
8. 접(鰈) ······················ 166
9. 설어(舌魚) ················ 172
10. 화제어(華臍魚) ········· 173
11. 창(鯧) ····················· 176
12. 방(魴) ····················· 179
13. 연어(年魚) ················ 184
14. 송어(松魚) ················ 186
15. 전어(錢魚) ················ 188

16. 황어(黃魚) ················ 189
17. 선백어(鮮白魚) ·········· 191
18. 호어(虎魚) ················ 191
19. 수어(水魚) ················ 193
20. 마어(麻魚) ················ 195
21. 화상어(和尙魚) ·········· 196
22. 회대어(膾代魚) ·········· 198
23. 보굴대어(寶窟帶魚) ···· 199
24. 울억어(鬱抑魚) ·········· 201
25. 공어(貢魚) ················ 202
26. 임연수어(林延壽魚) ···· 204
27. 나적어(羅赤魚) ·········· 205
28. 가어(加魚) ················ 206
29. 열기어(悅嗜魚) ·········· 207
30. 이연수어(泥漣水魚) ···· 208

31. 우구권어(牛拘棬魚) ····· 209
32. 잠방어(潛方魚) ········ 210
33. 군뢰어(軍牢魚) ········ 211
34. 일애어(昵睚魚) ········ 213
35. 묘침어(錨枕魚) ········ 214
36. 경(鯨) ·················· 214
37. 장수평어(長鬚平魚) ····· 218
38. 내인어(魶鱽人魚) ········ 220
39. 사어(沙魚) ············· 222
39-1. 모사어(帽沙魚) ······ 225
39-2. 서사어(犀沙魚) ······ 226
39-3. 환도사어(環刀沙魚) ·· 228
40. 해돈어(海豚魚) ········ 229
41. 증어(蒸魚) ············· 234
42. 승어(升魚) ············· 235
43. 인어(人魚) ············· 236
44. 문요어(文鰩魚) ········ 239
45. 해만리(海鰻鱺) ········ 241
46. 갈어(葛魚) ············· 243
47. 화어(吳魚) ············· 245
48. 명태어(明鮐魚) ········ 247
49. 고도어(古刀魚) ········ 249
50. 서어(鼠魚) ············· 252
51. 탄도어(彈塗魚) ········ 253
52. 은어(銀魚) ············· 255
53. 해요어(海䲹魚) ········ 257

54. 홍어(洪魚) ············· 261
55. 청장니어(靑障泥魚) ····· 263
56. 수거어(繡鋸魚) ········ 265
57. 이추(鮧鯫) ············· 267
58. 오적어(烏賊魚) ········ 269
59. 유어(柔魚) ············· 272
60. 장어(章魚) ············· 273
61. 석거(石距) ············· 274
62. 망조어(望潮魚) ········ 276
63. 수모(水母) ············· 278
64. 해삼(海參) ············· 281
65. 하(鰕) ·················· 284
66. 대모(玳瑁) ············· 288
67. 복(鰒) ·················· 289
68. 해방(海蚌) ············· 292
69. 문합(文蛤) ············· 294
70. 백합(白蛤) ············· 297
71. 합리(蛤蜊) ············· 299
72. 함진(鹹雖) ············· 300
73. 거오(車螯) ············· 302
74. 감(蚶) ·················· 304
75. 담채(淡菜) ············· 307
76. 정(蟶) ·················· 309
77. 모려(牡蠣) ············· 311
78. 해라(海蠃) ············· 313

III. 바닷물고기 중 확인하지 못한 것

1. 전(鱣) ················ 320
2. 심(鱘) ················ 324
3. 유(鮪) ················ 328
4. 우어(牛魚) ··········· 331
5. 위(鮠) ················ 334
6. 마교어(馬鮫魚) ········ 336
7. 견어(堅魚) ············ 337
8. 회잔어(膾殘魚) ········ 339
9. 해마(海馬) ············ 341

IV. 중국에서 나는 물고기 중 확인하지 못한 것

1. 서(鱮) ················ 347
2. 용(鱅) ················ 349
3. 환(鯇) ················ 350
4. 청어(靑魚) ············ 352
5. 백어(白魚) ············ 354
6. 종(鯼) ················ 356
7. 감(鱤) ················ 358
8. 황고어(黃鯝魚) ········ 360
9. 금어(金魚) ············ 362
10. 조(鯛) ················ 364
11. 후(鱟) ················ 365

V. 우리나라에서 나는지 확실하지 않은 것

1. 담라(擔羅) · 371

고서 · 인명 해설　　373
본문에 나온 단위 설명　　385

부　　록: 어보에 나오는 물고기 도판 모음　　387
참고문헌　411
찾아보기　　414

해 제

해 제

-『난호어목지』의 특장

 조선에서 학문의 경세치용과 이용후생, 실사구시를 추구하는 실학 사상이 대두된 것은 17세기 중엽부터이다. 실생활에 관련되고 실용적인 학문을 추구하는 실학 학풍의 한줄기로 조선에도 오늘날의 어류도감격인 본격 어보가 출현하였다.

 1803년에는『우해이어보(牛海異魚譜)』가, 1814년에는『자산어보(玆山魚譜)』가, 그리고 1820년경에는『난호어목지(蘭湖漁牧志)』의 어명고가 출현한다. 당시에도 사물에 대한 백과사전격인『물보』,『물명고』등 류서에서 물고기를 다루고 있었지만 간단한 물고기 이름풀이 수준에 불과하였다. 이 시기에 어류의 성상과 생태에 대해 고찰한 본격적인 어보가 출현한 것이다. 가히 '어보의 시대'라 불려질만한 시기였다. 이들 어보는 오늘날에 와서 '3대어보'라 불리고 있으며, 어느 것의 우열을 따질 필요가 없이 저자의 노고가 서린 귀중한 문화유산이다. 각 어보의 특징적인 점은 다음과 같다.

 『우해이어보』는 김려(金鑢, 1766~1821)가 오늘날의 진해지역인 우해에 귀양을 가 있는 동안 그 지역의 물고기에 대하여 쓴 어보이다. 제목이 말하듯이 진해연해의 특수한 수산물[異魚]에 대하여 고찰한 것이다. 그리고 한 물고기의 고찰이 끝난 후에 우산잡곡(牛山雜曲)이란 제목 아래 7언 시를 붙이고 있어 어보는 물론 그 지역의 풍물서와 같은 역할도 하고 있다. 어류 53종, 갑각류 8종, 패류 10여 종 등이 소개되어있다.

『자산어보』는 1814년에 정약전(丁若銓, 1760~1816)이 귀양을 가 있던 흑산도 연해의 수산물의 성상을 기록한 어보이다. 물고기뿐 아니라 조개류와 물새[海禽], 그리고 해조류[海菜]까지 포함한 총 238종의 수산 동물을 널리 고찰한 박물서이자 본격 어보이다. 특히 흑산도 현장에서 저자가 직접 관찰한 내용은 그곳 어류의 생생한 생태를 오늘에 전해준다.

『난호어목지』는 서유구(徐有榘, 1764~1845)가 1820년경에 저술한 것으로 알려진 어보이다. 강어(江魚), 해어(海魚), 논해어미험(論海魚未驗), 논화산미견(論華産未見), 논동산미상(論東産未詳)으로 분류하여 154종의 수산동물의 성상과 생태를 설명하였다. 이 어명고는 『우해이어보』와 『자산어보』가 특정지역의 해양수산물을 검토대상으로 하는 것에 비해 민물고기 그리고 해외의 물고기까지 폭넓게 다루고 있다. 또 물고기의 성상과 생태뿐 아니라 그 수산물의 이용후생에 관한 내용까지 싣고 있다. 특기할만한 사실은 한글 어명을 병기하고 있어 오늘날의 어명을 밝히는데 길잡이가 되며, 또 당시 한글의 모습을 살펴볼 수 있게 한다.

- 저자

『난호어목지』의 저자 서유구(徐有榘, 1764~1845)는 조선 후기의 문신으로 자는 준평(準平)이고, 호는 풍석(楓石)이며, 시호는 문간(文簡)이다.

서유구는 1790년에 과거에 급제하여 관료가 된 후 정조의 신임을 받아 농업개혁 정책을 추진하였지만, 1806년 홍문관 부제학에서 물러나 은거하였다. 이후 18년 동안(1806~1824) 아들 서우보(徐宇輔)의 도움을 받아 조선의 생활경제와 농업경제의 집대성이라 할 수 있는 113

권 52책에 이르는 방대한『임원경제지』를 작성하였다.

서유구는 관직에서 물러난 후 노원(盧原, 1807년), 금화(金華), 두호(豆湖, 1811년) 등지를 옮겨가며 생활하다가 1815년에야 비로소 경기도 장단의 임진강 유역인 난호(蘭湖)에 정착하였다.

서유구는 아들 서우보와 함께 난호에 은거하면서『난호어목지』를 저술하였고, 이 시기에『임원경제지』도 저술되었다. 서우보는

서유구의 초상

"을해년(1815) 봄 부친을 모시고 임단(臨湍)의 난호에 집을 지었다.[1]"고 기술하고 있지만, 난호가 어느 지점인지는 확실히 밝혀지지 않고 있다(조창록, 2008).

1824년 회양부사가 되어 다시 관직에 나아갔으며, 전라감사, 이조판서와 규장각·예문관의 제학, 대사헌을 지냈고 1839년에 벼슬에서 물러났다. 할아버지 서명응(徐命膺), 아버지 서호수(徐浩修)의 가학을 이어받아 농학에 많은 업적을 남겼고, 그의 농학사상은『임원경제지』로 집대성되었다. 이 외에도 농업기술과 농지경영을 주로 다룬『행포지(杏浦志)』, 농업경영과 농산유통에 초점을 둔『금화경독기(金華耕讀記)』, 농업정책에 관한『경계책(經界策)』등을 저술하였고,『경솔지(鷓蟀志)』,『누판고(鏤板考)』,『종저보(種藷譜)』등의 수많은 저술이 있다.

---

[1] 서우보의 문집『秋潭小藁』에 "乙亥之春, 余侍家大人, 卜築於臨湍之蘭湖."라고 기록되어 있다.

– 왜 「난호어명고」인가

이 책은 『난호어목지』의 물고기에 대한 고찰 부분인 어명고(魚名考)[2]를 번역하고 풀이한 것이다. 『난호어목지』는 인본(印本)으로 서문, 목차, 발문이 없이 어명고 부분만 남아 전해지고 있다.

『난호어목지』의 「강어」에서는 민물에 사는 물고기류, 게류, 조개류 등 55종을 수록하였고, 「해어」에서는 바다에 사는 물고기, 오징어류, 거북류, 조개류 등 78종을 수록하고 있다. 「논해어미험」에서는 『본초강목(本草綱目)』을 비롯한 수많은 중국의 고서와, 일본의 『화한삼재도회(和漢三才圖會)』 등에 나오지만 저자가 경험하지 못한 9종을 논하였고, 「논화산미견」에서는 중국에는 있지만 저자가 확인하지 못한 11종을 논하였고, 「논동산미상」에서는 우리나라에서 나지만 실체를 알 수 없는 담라(擔羅) 1종을 설명하는 등 총 154종의 어류를 다루었다. 어명고의 내용은 그 뒤에 저술한 『임원경제지』「전어지」에 대부분 수록되었다.

『난호어목지』는 서유구가 어업과 축산에 대해 고찰한 책이지만 현재 전해지는 것은 어명고 부분뿐이어서 이 어보는 『난호어명고』로 알려져 왔다. 서유구가 『임원경제지』를 저술하면서 어명고 이외의 『난호어목지』 내용을 인용하고 있음을 볼 때 원고는 작성되었지만 어명고 부분만 간행되고, 나머지

난호어목지의 표지

---

2 어보 본문에는 "魚名攷"라고 기재되어 있다. '考'와 '攷'는 '상고할 고' 자로 뜻이 같지만 '攷'자가 옛글자(古字)이다. 물명을 다루는 글에서는 일반적으로 '攷'자를 쓴다.

부분은 자료로서 「전어지」에 편입된 것으로 추측된다.

어명고는 『난호어목지』의 한 편명이지만 저자가 표지를 「난호어명고」라고 기술하고 있고, 또 내용이 독립적임을 감안할 때 『난호어명고』라고 부르는 것이 이 어보의 내용을 적확히 전달한다고 할 수 있을 것이며, 『우해이어보』, 『자산어보』와 나란히 '3대 어보'의 명색을 갖춤이 될 것으로 생각된다.

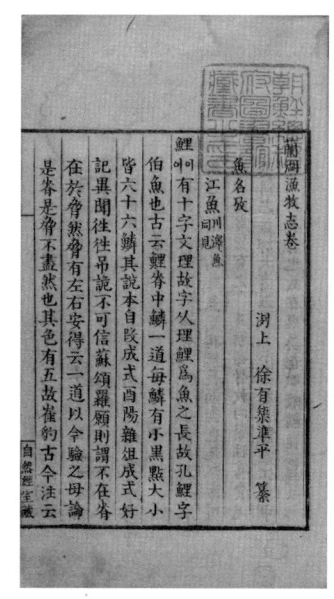

난호어명고의 첫 장

『난호어명고』 번역서는 어명고에 수록된 물고기마다의 번역문, 해설, 원문 등의 순서로 수록하였다. 번역은 직역을 원칙으로 하고, 가능한 한 한문을 적게 쓰면서 현대문으로 바꾸려 노력하였다.

원문에 대한 설명과 어류의 생태학적, 논리적 오류를 규명하기 위해서 '평설(評說)'이라는 제목으로 해설을 달았다. 또 평설에서는 표제어가 된 어류가 현재 어떤 이름으로 불리는가를 비정(比定)[3]하려 하였다. 기존 『난호어명고』 관련 어명 자료를 검토하여 반영하는 한편 잘못 알려져 있는 점은 바로 잡으려 노력하였다. 어명이 밝혀지지 않았던 어종도 기존자료와 중국, 일본의 자료와 대조하여 가능한 한 우리 어명을 확인하려 하였다.

번역 저본은 국립중앙도서관이 소장한 판본을 이용하였으며, 이 판본이 어명고의 유일본으로 알려져 있다. 번역문, 평설문 다음에 한자

---

3 어떤 미상(未詳)의 물체에 대하여 그와 유사한 다른 물체와 비교하여 그 성질을 정하는 일.

원문을 수록하였다. 일반 독자들은 원문의 필요성을 느끼지 못할 수도 있다. 그러나 어명고에 대한 깊은 이해를 원하는 사람은 역문과 원문을 대조할 필요성을 느낄 수도 있을 것이다. 원문은 역자 나름으로 쉼표, 마침표와 같은 기초적인 표점을 쳐서 독자가 문단을 해석하는데 도움을 주려고 하였다.

Ⅰ. 민물고기

Ⅰ. 민물고기

민물고기. 내와 못의 물고기도 같이 살폈다.

〈원문〉 江魚【川澤魚同見】

1. 리어(鯉)【이어】

잉어에는 십자무늬의 결이 있는 까닭에 '잉어 리(鯉)'자에 '리(理)'자가 들어 있다. 잉어는 물고기의 우두머리인 까닭에 공자의 아들 공리(孔鯉)[1]의 자가 백어(伯魚)이다. 옛글에 이르기를, "잉어의 등마루에 비늘이 '한 길'처럼 났는데, 매 비늘마다 작고 검은 점이 있고 크고 작은 비늘이 모두 66개이다."라고 하였다.

이 설은 본래 단성식의 『유양잡조』로부터 나온 것인데, 단성식은 기이한 이야기를 기록하기 좋아해서, 이따금 황당무계하니 믿을만하지 못하다. 소송과 나원은, "등이 아니라 옆구리에 있다."라고 하였지만, 옆구리에는 좌우 양쪽이 있으니 어찌 '한 길'이라고 할 수 있겠는가? 지금 조사해보니 등이니 옆구리니 할 것 없이 다 그렇지 않다.

잉어의 색깔은 5가지가 있는 까닭에 최표의 『고금주』에 이르기를, "연주(兗州)[2] 사람은 붉은 잉어를 적기(赤驥), 푸른 잉어를 청마(靑馬), 검은 잉어를 흑구(黑駒), 흰 잉어를 백기(白騏)라고 한다."고 하였다.

---

1 공자가 첫 아들을 낳자 노나라 昭公이 선물로 잉어 한 마리를 보내서 아들 이름을 공리(孔鯉)라 지었다(『사기세가(史記世家)』).
2 중국 9주의 하나로 지금의 하북성과 산동성 일부지역이다.

대체로 붉은색이 잉어의 본래 색깔인데, 고인 물에서 사는 것은 검은 색을 띤 것이 많고, 흐르는 물에서 사는 것은 누런색을 띤 것이 많다. 잉어는 나서 2년이 되면 길이가 1자가 되고 해마다 1~2치씩 자란다. 길이가 1장 이상인 것은 백년 묵은 것이니 먹지 않는 것이 좋다.

▎평설

잉어

어보에서 설명하는 잉어는 잉어목 잉어과에 속하며 강 하류의 유속이 느린 곳이나 저수지, 댐 등의 깊은 물에 살고 있는 잡식성 어류이다. 잉어는 민물어류의 대표종이라고 할 만큼 세계적으로 분포하고 있다.

어명고에서 잉어에 '비늘마다 작고 검은 점이 있다.'는 것은 물고기의 측선(側線, lateral line)을 말하는 것이다. 측선은 어류의 몸 양쪽에 머리에서 꼬리부에 이르기까지 선상으로 배열되어 있는 감각기로 물체나 다른 생물을 감지하거나, 물 흐름의 변화를 인식하는 촉각기관이며 '옆줄'이라고도 한다. 어류의 피부 중 결합조직으로 된 부분인 진피(眞皮)가 변화된 것으로 일정한 형태를 가지며 그 수도 물고기 종류에 따라 대체로 일정하다. 몸 측면 가운데 비늘에 구멍이 뚫려 있어 측선을 이룬다. 잉어의 측선 비늘 수는 33~38개이다.

어명고에 측선의 위치를 기록한 중국문헌에 대해 저자가 이견을 보이고 있지만 표현상의 문제일 뿐 같은 이야기이다. 잉어 양면을 합하면 66개일 수도 있다. 잉어는 자라면 길이 60cm 전후의 것이 많으나 100cm 이상까지 자라기도 한다. 입 가장자리에 두 쌍의 수염이 있기 때문에 수염이 없는 붕어와 쉽게 구분된다.

색깔에 따른 잉어 이름인 적기(赤驥), 청마(靑馬), 흑구(黑駒), 백기(白騏)는 모두 명마(名馬)를 뜻하는데, 중국의 고대신화에서 용으로 변신할 수 있는 동물을 잉어 또는 말로 보았기 때문이다. 어명고에서는 잉어가 5가지 색깔이 있다고 했지만 적, 청, 흑, 백의 4가지만을 기술하였고, 누른 빛깔의 잉어[黃鯉]인 황치(黃稚)가 빠져있다.

〈원문〉鯉【이어】有十字文理,故字從理.鯉爲魚之長,故孔鯉字伯魚也.古云,鯉脊中鱗一道,每鱗有小黑點,大小皆六十六鱗.其說本自段成式『酉陽雜俎』.成式好記異聞,往往吊詭不可信.蘇頌·羅願,則謂不在脊在於脅,然脅有左右,安得云一道.以今驗之,毋論是脊是脅,不盡然也.其色有五,故崔豹『古今注』云,兗州人謂赤鯉爲赤驥,靑鯉爲靑馬,黑鯉爲黑駒,白鯉爲白騏.大抵赤爲鯉之本色,而生止水中者,多帶黑,生流水中者,多帶黃也.鯉生二年,卽長一尺,伊後歲長一二寸.其長一丈以上者,是百年物也,勿食可矣.

2. 치(鯔)【숭어】

'숭어'는 색깔이 검은 비단처럼 검은 까닭에 '숭어 치(鯔)'자에 '검은 비단 치(緇)'자가 들어 있다. 중국 월(粵)[3]나라 사람은 자어(子魚)라고 부르는데, 그 알이 살지고 맛있기 때문이다. 우리나라 민간에서는 수어(秀魚)라고 부르는데 그 모양이 길면서 빼어나기 때문이다. 바다와 통하는 강과 내에 모두 다 있다.

몸이 둥글고 대가리는 넓적하며, 뼈는 부드럽고 육질은 쫄깃하다. 천성이 진흙 먹기를 좋아하는 까닭에 사람이 먹으면 비장에 도움이 된다. 큰 것은 5~6자이고, 작은 것도 두어 자 남짓 된다.

강에서 나는 것 중에서 가장 크고 맛있는 물고기이다. 그 까닭에 좌사의 『오도부』의 '숭어는 비파 같다[鮫鯔琵琶].'의 주에 이르기를, "숭어는 길이가 7자이다."라고 하였다. 이시진이 '길이는 1자 남짓이다'라고 한 것은 단지 작은 것을 보았을 따름이다. 4~5월에 알이 배에 가득 차는데 2개의 태의(胎衣)가 탯줄을 공유한다. 어란[鯏]은 알이 잘면서도 끈끈하고 미끄러운데, 햇볕에 말리면 색깔이 호박(琥珀)과 같아서 부자와 귀인들에게 매우 귀한 식재료가 된다. 민간에서는 건란(乾卵)이라고 한다.

▌평설

숭어는 숭어목 숭어과에 속하며 세계적으로 분포되어 있는 바닷물고기이지만 산란기에는 강과 바다가 섞이는 기수역[4]에서 흔히 볼 수 있고, 강 상류로 올라오기도 한다. 숭어와 같은 과에 비슷하게 생긴 가숭어, 알숭어, 등줄숭어가 있다.

가숭어는 숭어보다 몸집이 크고 길이가 길쭉하며, 숭어가 눈이 까만 것에 비해 눈이 노랗다. 우리나라 여러 지방에서 흔히 숭어라 부르며 먹는 것은 대부분 가숭어이다(정문기, 1997).

---

3 중국 광동성(廣東省) 사람을 가리킨다.
4 강물이 바다로 들어가 바닷물과 서로 섞이는 곳이며, 소금 농도가 다양하기 때문에 여러 가지 생물들이 살고 있다. 하구역이라고도 한다.

숭어

숭어와 가숭어는 모양도 약간 다르지만 산란기도 차이가 있다. 숭어는 10~2월에 산란하지만, 가숭어는 4~6월에 산란한다. 어명고에서 숭어가 음력 4~5월에 산란한다고 하니, 이 경우는 숭어가 아니라 가숭어를 말하는 것이다. 어명고 작성 당시에 두 숭어 종류를 구분하지 않았을 수도 있다.

숭어 떼는 썰물 때 갯벌에서 그물에 걸려든다. 이렇게 갯벌에서 잡은 숭어를 뻘거리라고 하며, 이를 숭어 중에서도 최고로 친다. 숭어는 예부터 맛이 있는 물고기로 일컬어져 왔고, 전남 영산강, 전북 만경강, 충남 아산만, 경기도 한강 어귀, 평안도 대동강 어귀 등이 숭어 산지로 유명하다.

숭어 어란은 숭어알을 소금에 절여 말리고 압축한 것으로 예로부터 귀한 음식으로 평가되어 왔다. 어란 중에서 영암 숭어 어란이 으뜸으로 평가받는데 기름진 갯벌에서 자란 알숭어 알을 가공한 것으로 예로부터 진상품이었다. 어란은 가숭어 알로도 만들며 영암지방에서는 가숭어를 아예 참숭어라 부르고 있다.

〈원문〉 鱸【승어】其色緇黑,故字從緇. 粤人呼爲子魚,以其子肥美也. 東俗呼爲秀魚,爲其形長而秀也. 凡江浦川浜通海,皆有之. 身圓頭扁,骨軟肉緊. 性喜食泥,故餌之盆脾. 大者五六尺,小亦數尺餘. 蓋産於江魚中,最大且美者也. 故左思吳都賦,鮫鱸琵琶,註云,鱸長七尺. 若李時珍謂長尺餘者,是但見兒鱸耳. 四五月有子滿腹,兩胞並蒂,鰊細而粘膩,曝乾色如琥珀,爲豪貴珍膳,俗號乾卵.

3. 노(鱸)【거억졍이】

노(盧)는 검은 것이다. 이 물고기의 색깔이 검기 때문에 '농어 노(鱸)자'에 '노(盧)'가 들어 있다. 바다와 통하고 조수가 닿는 강과 포구에서 난다. 길이는 1자 정도이다. 입이 크고 비늘은 잘다.

▌평설

꺽정이

어명고에는 강고기 중 3번째로 노(鱸)의 기사를 싣고 있으나, 먹물로 죽죽 그어 삭제된 상태로 덧쓴 글의 일부만 남아있다. 노(鱸), 곽

정어(雚丁魚)라고 불린 이 물고기는 오늘날 이름이 '꺽정이'이다. 옛 시문에 회자되고 있는 송강농어(松江鱸魚)가 바로 이 물고기이며, 한 자이름이 '노(鱸, 농어 로)'이어서 바닷물고기인 농어와 혼동되기도 한다.

꺽정이는 쏨뱅이목 둑중개과의 민물고기로 하천바닥 돌 틈에 숨어 살며 갑각류와 작은 물고기를 잡아먹는다. 등은 검은빛을 띤 갈색이며 배는 연한 노란색, 몸에는 3~4개의 큰 검은빛을 띤 갈색 얼룩무늬가 있다. 하천의 하류, 특히 기수역의 자갈이나 모래바닥에 많이 서식하며 몸길이는 약 17cm이다. 민물고기 중에서 회 맛이 뛰어난 어종이다.

꺽정이는 『정자통』에서, "사새어라고도 불린다"고 했다. 꺽정이의 아가미가 4개라는 의미가 아니라, 아가미가 겉으로 보기에는 두 겹인 것 같아 양쪽 아가미를 합쳐서 사새어(四鰓魚)라는 별명이 있게 된 것이다.

〈원문〉 鱸【거억정이】盧者黑也. 其色黑故字從盧. 産江浦通海潮處. 長不過尺許. 口大而鱗細.

4. 준(鱒)【독너울이】

잉어와 비슷하지만 입이 둥글고, 필(鮅)과 비슷하지만 그보다 비늘이 크다. 푸른 바탕에 붉은 무늬가 있다. 물속에서 헤엄치다가 석양이 비치면 몸 전체의 지느러미가 모두 붉어진다. 큰 것은 1자 3~4치이다. 성질이 홀로 다니는 것을 좋아하는데 움직임이 매우 빠르다. 그물을 보자마자 달아나기 때문에 잡기가 쉽지 않다. 그러므로 옛 시인이, "눈이 작은 그물에 큰 물고기 걸렸으니 준어와 방어일세.[5]"로 주공(周公)이 벼슬에 나가는 것을 어렵게 여기고, 벼슬에서 물러나는 일은 쉽게 여겼다는 것을 비유하였다.

일명 필(魾)이라고 부르는데, 손염이 『이아주』에, "준(鱒)은 홀로 다니는 것을 좋아해서 존귀하고 고집스러운 까닭에 글자에 존(尊)과 필(必)이 들어 있다."고 말한 것이 바로 이것이다. 눈에 붉은 핏줄이 눈동자를 관통하였으므로 『설문해자』에서는 적목어(赤目魚)라고 하였고 『이아익』에서는 적안(赤眼)이라고 하였다. 낚시할 때에는 지렁이를 미끼로 쓴다.

▎평설

눈불개

준(鱒), 독너울이는 눈불개로 비정된다. 눈불개는 잉어목 피라미아과에 속하며, 앞은 원통 모양이나 뒤는 편편한 민물고기이다. 눈이

---

5 구역(九罭)은 눈이 촘촘하고 작은 그물이다. 터무니없는 그물에 큰 고기가 걸렸다는 의미로 그물에 걸린 준어와 방어는 주나라 조정에서 알아주지 않는 주공을 비유한 것이다. 『시경(詩經)』「빈풍·구역」의 한 구절이다.

붉기 때문에 방언으로 '눈붉개'라고도 하며, 이 특징 때문에 일본에서는 하적안(河赤眼), 중국에서는 홍안(紅眼), 적안어(赤眼魚), 적안사어(赤眼梭魚), 적목어(赤目魚)라고 불리고 있다. 영어 이름은 비너스고기(venus fish)이다.

어명고에 눈불개의 한자 표기를 준(鱒, 송어 준)이라 하였기 때문에 고문번역에서 준(鱒)을 송어라고 오역하기도 한다. 우리는 중국문자인 한자를 빌려 기록해 왔다. 처음으로 한자사전을 만들 때 이 글자를 '송어 준'라고 새겼을 것이고 그 뒤로 혼동이 오게 된 것이다. 다행히 어명고에는 눈불개를 한자로 준(鱒)으로 표기하고 나서 '독너울이'라고 순 우리말 이름을 병기하고 있다.

〈원문〉 鱒【독너울이】似鯉而口圓,似鱮而鱗大.靑質赤章.游泳水中,斜日照之,則通身鬐鬣皆赤.大者一尺三四寸.性好獨行,行又疾捷,見網輒遁,取之爲難.故詩人,以九罭之得鱒魴,喩周公之難進易退也.一名鮅.孫炎云,鱒好獨行,尊而必者,故字從尊從必,是也.目有赤脉貫瞳,故『說文』謂之赤目魚,『爾雅翼』謂之赤眼.鱒釣,用蚯蚓爲餌.

5. 부(鮒)【붕어】

예전에는 부어(鮒魚)라고 하였고 지금은 즉어(鯽魚)라고 한다. 육전이 말하기를, "부어는 떼를 지어 다니면서 별처럼 거품을 일으키고 서로 가까이 다니므로 즉어(鯽魚)라고 하고, 서로 붙어 다니므로 부어(鮒魚)라고 한다."고 하였다. 『초사』에 "적어를 달인다(煎鰿)."라고 하고, 주에 부(鮒)라고 한 것과 『옥편』에 "적(鰿)은 부(鮒)이다."라고 한 것은 모두 한 가지의 이름을 말한 것이다.

세간에서 말하는, "『촉본초』에서 색깔이 검고 몸이 짧고, 배가 크고 등마루가 튀어나온 것을 이르는 것이다."라고 한 것과 모양이 꼭 닮은 듯하다. 지금 확인해보니 강과 내에서 자라는 것은 색깔이 금빛처럼 누렇고 맛이 뛰어나며 못과 늪에서 자라는 것은 색깔이 검푸르고 맛이 떨어진다.

심괄의 『보필담』에서 이르기를, "물고기가 흐르는 물에서 자라면 등의 비늘이 희고, 고인 물에서 자라면 등의 비늘이 검어 맛이 안 좋다."고 하였다. 이는 모든 물고기가 그러한 것으로 즉어만 그런 것은 아니다.

즉어는 본래 작은 물고기이지만 가끔 매우 큰 것이 있으니 1~2자에 이르는 것은 위를 돕고 소화를 조화롭게 하는 약효가 탁월한 것이 일반 즉어와는 다르다. 역도원의 『수경주』에 이르기를, "기주(蘄州)[6] 광제(廣齊)[7]의 청림호(青林湖)에 사는 즉어는 크기가 2자이다. 살이 풍성하고 맛이 좋고 추위와 더위를 피할 수 있다."고 하였으니, 아마도 이 종류를 말하는 것이 아닐까 싶다.

▎평설

즉어, 부어는 잉어목 잉어과에 속하는 붕어이다. 입은 작고 입술은 두꺼운데 입가에 수염이 없는 것이 잉어와 다른 점이다. 몸빛은 등쪽은 누른빛을 띤 갈색이고 배 쪽은 누른빛을 띤 갈색을 띤 은빛 나는 흰색이다. 세계적으로 널리 분포하고 있으며 우리나라 전역에 분포한다. 환경에 대한 적응성이 매우 강한 물고기로서 하천 중류 이하의 유속이 완만한 곳이나 호소에 살며, 수초가 많은 작은 웅덩이에도 잘 산다. 한 어류 분포조사에 의하면 민물에 사는 물고기 중 붕어의

---

6 중국 초나라 패군(沛郡)의 지명.
7 심수(沁水)의 지류로 중국 하남성 제원현(濟源縣)의 북쪽에서 황하로 흘러들어간다.

붕어

우점 순위는 2위(12.6%)이고, 계류어인 피라미를 제외한다면 호수 물고기 중에서는 가장 개체 수가 많은 물고기이다(최기철, 2002).

우리 붕어는 단일종이지만 최근 일본붕어와 중국붕어가 양식용, 낚시용으로 도입되어 호소에 확산되고 있다. 일본붕어인 떡붕어(헤라후나)는 이미 많은 호수에서 서식하며 어류도감에도 올라 '도입종 붕어'로 분류되고 있다.

중국의 붕어는 고전에 즉어(鯽魚), 부어(鮒魚)라고도 기록되어 있지만, 현재는 대체로 즉어(鯽魚)라고 부르며 즉어속(鯽魚屬)의 여러 종류의 붕어를 말한다. 야생붕어와 금붕어는 같은 학명(Carassius auratus)을 쓰고 있다. 현재 중국에서는 부어는 즉어의 다른 이름이기도 하지만, 해즉(海鯽), 흑조(黑鯛)라고 부르는 도미 종류인 감성돔을 지칭하기도 한다.

붕어는 분포지가 광범위하고 지리적 또는 환경적으로 다른 형태가 있어 여러 가지 종으로 구분되고 있다. 흔히 유럽산 붕어를 C.carassius, 아시아산 붕어를 C.auratus라고 구분하기도 하지만 형태적인 차이가 분명하지 않고 산지에 따라 종을 설정한 경향도 있다. 우리 호소에도 체형이 다른 여러 종류의 붕어가 살고 있지만 같은 종으로 취급되고 있다. 우리 어류분류학이 미치지 못한 분야이다[8].

〈원문〉 鮒【붕어】古曰鮒, 今日鯽. 陸佃云, 鮒旅行, 吹沫如星, 以相卽也, 謂之鯽. 以相附也, 謂之鮒. 若『楚辭』有煎鯢之語, 而註以爲鮒, 『玉篇』有鰭鮒也之文, 則皆其一名. 世謂『蜀本草』所云, 色黑而體促, 肚大而脊隆者, 形容惟肖然. 以今驗之, 生江川者, 色黃如金, 而味勝. 生池澤者, 黝黑而味遜. 沈括『筆談』云, 魚生流水中, 則背鱗白, 生止水中, 則背鱗黑而味惡. 蓋凡魚皆然, 不獨鯽也. 鯽本魚之小者, 然徃徃有絶大, 至一二尺者. 其補胃調中之功, 迥異凡鯽. 鄜道元『水經註』云, 鄆州廣齊青林湖鯽魚, 大二尺, 食之肥美, 辟寒暑, 豈此類之謂耶.

6. 절(鰤)【납쟉어】

붕어와 비슷하지만 작다. 등마루는 검고 배는 희며 납작하고 얇아서 나뭇잎 같다. 큰 것은 3~4치이다. 작은 것은 꼬리에 가까운 배 부위에 살짝 붉은색이 돈다. 웅덩이와 못, 내와 늪 등 도처에 있다. 『이아』에서 말한 궐추(鱖鰣), 곽박이 말한 첩어(妾魚)와 비어(婢魚), 최표가 말한 청의어(靑衣魚)가 모두 이 물고기이다.

맹선의 『식료본초』에 이르기를, "절(鰤)은 빗이 변화해서 된 것이고 붕어는 피와 쌀이 변화해서 생긴 것이다."라고 하였고, 유적의 『비설록』에 이르기를, "두더지가 변화해서 절이 되고, 절이 변화해서 두더지가 된다."고 하였다.

논자들이 이르기를, "붕어와 절은 모두 대부분 알을 낳는 것이어서

---

8 일본에는 금색붕어(Carassius auratus), 나가부나(Carassius buergeri), 니고로부나(Carassius grandoculis), 겐고로부나(Carassius cuvieri) 등의 아종이 있고 또 대만에도 붕어는 2종이 있다.

반드시 모두 다 변화해서 생기는 것은 아니다."라고 하였다. 『화한삼재도회』에 이르기를, "새로 땅을 파고 빗물이 고여 쌓이면, 붕어와 절어가 봄과 여름의 양기에 감응하여 생겨나지만, 스스로 암수가 있어 한 번에 수백 마리의 알을 밴다."고 하니 이 말이 맞다.

▎평설

큰줄납자루

한자로 절(鰂, 납자루 절)이라는 물고기는 한글로 '납쟉어'라고 병기되어 있다. 붕어처럼 생겼는데 납작하다는 묘사와 서식처 등은 납자루 종류를 이르는 것으로 보인다. 납자루 종류는 잉어목 납자루아과에 속하는데 주로 물이 맑고 수초가 우거지고 유속이 느린 하천이나 호수에 산다. 납자루, 납지리, 납줄개, 납줄갱이 같은 비슷비슷한 여러 가지 물고기가 있고 다음과 같이 분류되기도 한다(『한국어도보』).[9]

---

[9] 납자루 종류의 분류는 어류도감마다 차이가 있다. 『한국어도보』는 잉어과의 납자루속으로 보았지만, 『한국어류대도감』은 납자루아과로 분류하고, 최기철(2002)은 납줄개아과로 보고 있다. 이 책에서는 분류법의 변화로 보고 가장 최근의 도감인 『한국어류대도감』을 따른다.

- 납자루속: 줄납자루, 묵납자루, 칼납자루, 납자루, 일자납자루
- 큰납지리속: 큰납지리, 가시납지리
- 납지리속: 납지리, 다비라납지리
- 납줄개속: 흰줄납줄개, 납줄개
- 각시붕어속: 서호납줄갱이, 떡납줄갱이, 각시붕어, 납줄갱이

이들 물고기의 공통적인 특징은 번식방법이다. 4~6월 산란기에 껍데기가 2장인 민물조개에 산란을 한다. 산란기가 되면 암놈의 산란관이 길어져 조개의 몸 안에 알을 낳고, 그 속에서 새끼로 부화되어 자라게 한다. 어명고의 절(鰤), '납쟉어'는 어류분류학이 미진한 당시에 납자루 종류를 총칭해서 살핀 것으로 보인다.

〈원문〉 鰤【납쟉어】似鯽而小.脊黑腹白,扁薄如木葉.大者三四寸,其小者,腹近尾處,微赤.洿池川澤,在處有之.『爾雅』所謂鱖鰞,郭璞所謂妾魚·婢魚,崔豹所謂青衣魚,皆是物也.孟詵『食療本草』云,鰤是櫛化,鯽是稷米化.鏞續『霏雪錄』云,豳鼠化鰤,鰤化豳鼠.論者謂鯽鰤,皆多以子生,未必盡化生.『和漢三才圖會』云,新掘地[10],雨水停畜,則鯽鰤感春夏陽氣而生,自有牝牡,一孕數百鮴,此說得之矣.

7. 조(鰷)【춈피리】

강이나 호수, 계곡이나 시내 등 도처에 있다. 몇 치 정도 되는 작은 물고기이다. 몸이 좁고 납작해서 형태가 버들잎 같다. 비늘이 잘고 가지런하며 깨끗하여 사랑스럽다. 성질이 떼를 지어 다니는 것을 좋아하며 물위에 떠서 헤엄친다. 『순자』에서는 이것을 '부양지어(浮陽

---

10 『화한삼재도회』 원문에는 '地'가 '池'로 되어 있다.

之魚)'라고 하였다. 그 행동이 매우 빨라 순식간에 나는 듯하므로 일명 조(鰷)라고 한다.『장자』에서 말한, "조어(鰷魚)가 나와 논다."라는 것과『회남자』에서 말한, "도를 얻을 수 없는 것이 조어를 보는 것과 같다."라는 말이 모두 이 물고기를 가리킨다.

　나는 일찍이 조(鰷)의 색깔이 희다는 것을 의아해했는데 백조(白鰷)와 백조(白鯈)라는 이름이 있기 때문이었다. 그러나『이아』에서, "수(鮂)는 검은 자(鯔)이다."라고 하였고 곽박의 주에서, "곧 백조(白鰷)이다."라고 하였으니, 백조(白鰷)가 흑자(黑鯔)라는 이름을 얻는 것은 이름과 실제가 너무 맞지 않는 것이 아니겠는가?

　후에『화한삼재도회』를 살펴보니 거기에서 이르기를, "조(鰷)는 2~3월에 강과 바다가 만나는 지역에서 처음 생겨나 크기가 한두 치가량 되지만 아직 비늘이 생기지 않아 색깔이 아주 깨끗하다. 3~4월에 크기가 버들잎만 해지는데 지느러미와 잔 비늘이 생긴다. 머리는 뾰족하고 주둥이는 희며, 등은 엷은 푸른색이고 배는 희다. 꼬리의 끝과 지느러미의 끝은 약간 붉은빛이 돈다. 물을 거슬러 산천으로 올라가 돌에 낀 때와 이끼, 물풀을 먹는다. 5~6월에 길이가 4~5치 정도 되고 7~8월에 길이가 거의 1자 정도로 된다. 이때에 알이 배에 가득하고 등에는 엷은 아롱다롱한 무늬가 있는데 마치 칼에 슨 녹 무늬와 같다. 그러므로 수조(繡鰷)라고 한다. 8~9월에 여울의 수초 사이에서 알을 낳고 하류로 정처 없이 내려오다 죽는다."고 하였다.

　여기에서 백조(白鰷)는 봄과 여름의 조(鰷)이고 흑자(黑鯔)는 여름과 가을의 조(鰷)라는 것을 알 수 있는데, 사람들이 그 크기와 색깔, 모양이 다른 것을 보고는 쉽게 그것이 다른 것이라고 생각하였다. 그러므로 다만 흑자(黑鯔)를 수(鮂)로 해석하였으니 그것이 본래 두 종류의 물고기가 아님이 명백하다. 고인들의 물건의 이치를 정미하게 분석하는 것이 이와 같다.

성질이 의심이 많아 향기로운 미끼를 탐하지 않는다. 그러므로 낚시에 걸리는 게 드물다. 혹 촉고로 잡기도 하고 유조(流釣)로 잡기도 한다.

▌평설

피라미

조(鰷), '참피리'라고 기록되어 있는 이 물고기를 오늘날의 어류학자들은 피라미라고 비정하고 있다(최기철 2002, 정문기 1991). 참피리 즉, 피라미라고 불리는 것들 중 참[眞]이 되는 것이니 피라미가 맞다.

어명고에서 중국문헌을 검토하는 과정에 백조(白鰷), 백조(白鯈), 수(鮂), 흑자(黑鰦)라는 물고기 이름과 대조하면서 혼선이 온다. 우리는 한자를 빌려 어명을 기록했고, 피라미에 맞는 글자로 조(鰷)자를 썼다. 그러나 중국의 조는 피라미가 아니다. 조(鰷), 조어(鰷魚)는 중국 대부분의 강에 사는 물고기로 별명이 참어(參魚), 수(鮂), 흑자(黑鰦), 백조(白鰷)이며, 이 물고기는 우리의 잉어목 강준치아과의 살치와 학명(Hemiculter leucisculus)이 일치한다.

어명고에 일본의 『화한삼재도회』를 인용하여 피라미를 검토한 부분이 있다. 그러나 조(鰷)란 한자의 우리 새김은 피라미이지만, 일본에서는 피라미가 아니라 은어를 말한다. 또 '강물과 바닷물이 섞이는 곳에 살며, 물이끼를 먹는다'는 묘사, '가을에 하류로 떠내려 와서 죽는다'는 묘사도 은어의 생태이다. 어명고의 저자가 이 점을 간과한 채 일본의 조(鰷)를 피라미로 비정하노라 혼선을 겪은 것이다.

어명고의 저자가 조(鰷), '참피리'라고 부르고 고찰한 물고기는 피라미가 틀림없다. 그러나 중국의 살치, 일본의 은어, 그리고 우리 강의 피라미는 같은 한자이름을 쓰면서도 각기 다른 물고기를 지칭하고 있었던 것이다.

어명고에서는 피라미의 색깔이 희다는 것을 의아해하며, '백조(白鰷)와 백조(白鯈)라는 것이 있기' 때문이라고 하였다. 그러나 중국에서는 조(鰷), 즉 살치를 백조(白鰷, 白鯈)라고도 불렀다. 일본에서도 은어가 검은 것이나 색깔이 있는 것으로 묘사되는 경우 생육단계에 따른 체색의 변화를 말한다. 수조(繡鰷)라는 것은 은어가 성숙해서 혼인색(婚姻色)[11]을 띤 상태의 수놈을 말하는 것이다.

부양지어(浮陽之魚)는 '수면에 떠올라, 햇빛을 받던 지난시절을 생각하는 물고기'를 뜻한다. 『순자』에서 출전하였고, '얕은 여울에 있게 되면서 강과 바다와 같은 큰물로 다시 돌아갈 생각한다[被擱淺在沙灘上時, 再來思念江海的大水.]'는 의미로도 쓰인다. 중국 고사 '부양지어'의 주인공은 살치였다.

어명고의 말미에 피라미를 류조법(流釣法)으로 잡는다 했다. 이 낚시는 견지낚시를 말하며, 그 가운데도 여울견지를 설명하고 있다. 오늘날에도 피라미는 견지낚시의 주 대상어 중 하나이며, 견지낚시에 가장 많이 잡히는 물고기이다.

---

11 어류·양서류·파충류 등이 번식기가 되어 몸 표면에 나타나는 독특한 빛깔로 거의 수컷에 한정되어 나타난다.

〈원문〉 鱵【춤피리】江湖溪澗,在處有之.數寸小魚也.身狹而扁,形如柳葉,鱗細而整.潔白可愛.性好羣游,浮泳水上.『荀子』謂之,浮陽之魚.其行甚疾,焂忽如飛,故一名鯈.『莊子』所謂,鯈魚出游,淮南子所謂,不得其道,若觀鯈魚.皆是物也.余嘗疑鱵色白,故有白鱵・白鯈之名,而『爾雅』曰,鮂黑鰦.郭註謂卽白鯈,白鯈而得黑鰦之名,無乃名實之不侔耶.後考『和漢三才圖會』云,鱵,二三月初,生在江海之交.大一二寸,未生鱗,其色潔白.三四月,大如柳葉,生鰭及細鱗.頭尖嘴白,背淡靑腹白,尾端鰭端,皆微赤色.泝流至山川,食石垢苔藻.五六月,長至四五寸,七八月,長近尺許.此時,有鯎滿腹,背有淡斑文,如刀劍鏽,故曰繡鱵.八九月,生子湍水草間,漂泊流下而死.是知白鱵,卽春夏之鱵,黑鰦乃夏秋之鱵,人見其大小色狀之異,易意其二物,故特以黑鰦釋鮂,以明其本非二物.古人之精晰物理如此矣.性多疑,不貪香餌.故罕上釣.或以數罟取之,或以流釣得之.

8. 사(鯊)【모리무즈】

계곡이나 시내, 강과 호수 등에 모두 있다. 비늘이 잘고 누른빛 도는 흰색이며 등에는 검은 얼룩무늬가 있다. 꼬리는 모지라져서 갈라지지 않았고, 지느러미가 단단해서 사람을 쏜다. 큰 것이라야 길이가 다섯 치가 되지 않는다. 작은 물고기이지만 『시경』에 나오고 『이아』에 기록되어 있으며 경서의 주해서에도 자주 나온다.

이름 역시 여러 가지인데 그 형태가 등이 굽었다고 해서 『이아』에서는 타(鮀)라고 하였고, 입을 벌려 모래를 불기 때문에 곽박과 육기는 모두 취사(吹沙)라고 하였다. 두터운 입술이 개구리나 맹꽁이와 같으므로 나원은 중순(重脣)[12]이라고 하였으며, 모래 도랑 속에서 모래를 빨아들이기를 좋아하기에 『본초강목』에서는 사구어(沙溝魚)라

---

12 脤(놀랄 진)자가 脣(입술 순)의 대자로 쓰이고 있다.

고도 하고 사온(沙鰛)이라고도 하였다. 봄에 왔다가 가을에 사라져서 1년의 한계를 벗어나지 않으므로 일본인들은 연어(年魚)라고 하니 모두 그 한 물고기의 이름이다.

이른 봄 얼음이 녹을 때 물을 거슬러 올라오는데 그 행동이 굼뜨다. 사람을 보면 주둥이로 모래 속을 파고 들어가 숨는다. 그러므로 우리나라 사람들은 또 사매어(沙埋魚)라고 한다. 계곡이나 시내에 있는 것은 모래를 밟아 잡고[踏沙取之], 강이나 호수에 있는 것은 그물로 잡는다.

▎평설

모래무지

사(鯊)는 어명고에 '모릭무즈'라고 병기되어 있고, 묘사된 성상으로 보아 모래무지로 비정된다. 모래무지는 잉어목 모래무지아과의 민물고기로 주로 강의 중, 하류 모래바닥에서 수서곤충이나 작은 동물을 잡아먹고 살며, 모래 속에 숨는 성질이 있다. 모래무지의 습성에 대해, "먹이를 찾을 때는 몸을 강바닥에 스치면서 헤엄쳐 다니지만, 몸을 모래 속에 묻고는 머리의 윗부분만을 내 놓고 산다."는 관찰도 있다(정문기, 1991).

모래무지는 한자로 사(鯊)라고 쓰는데 이 한자는 문절망둑, 상어, 모래무지라는 뜻도 있어서 고문 번역에서 엉뚱하게 상어로 잘못 번역되기도 한다. 모래무지를 잡는 방법을 어명고에서는 '모래를 밟아 잡는다.'고 하였다. 이 방법은 『임원경제지』「전어지」에 상세하게 설명되어 있다.

〈모래를 밟아서 고기를 잡는 방법[踏沙取魚法]〉

모래 속에 묻히기를 좋아하는 고기가 두 종류 있다. 그중 한 종류는 두부어(杜父魚)이다. 행동이 느리고 둔한데 사람을 보면 주둥이로 모래 속을 파고든다. 다른 한 종류는 모래무지인데 두부어와 서로 비슷하다. 갈 때는 반드시 대열을 이루고 나는 듯이 재빠르다. 사람이 쫓을 때엔 반드시 손뼉을 치고 소리를 내어 몰아 피곤하게 해야 하니 그런 뒤에야 비로소 모래 속에 숨는다. 어부는 두 발을 끌면서 모래를 치며 나아가기를 마치 밭을 갈 때에 쟁기로 땅을 갈아엎듯이 한다. 고기가 발아래에서 꿈틀거리면 즉시 손으로 잡는다. 만약 고기가 발 앞에서 나와 위 아래로 쫓아가며 피곤하게 하면 다시 모래 속으로 숨으니 보는 즉시 손으로 움켜잡는다. 한마당 맑은 모래를 밟아 보아야 겨우 몇 마리의 물고기를 얻을 수 있을 뿐이다.

〈원문〉 鯊【모릭무주】溪澗江湖,皆有之.細鱗黃白色,背有黑斑文.尾禿不歧,鬐硬螫人.其大者,長不滿五寸.蓋魚之小者,而見於詩著於『爾雅』,雜出於傳記.名號亦繁,以其形之陀陀然,故『爾雅』謂之鮀.以其好張口吹沙,故郭璞·陸璣,皆謂之吹沙.以其厚唇如黿鼉,故羅願謂之重唇.以其好在沙溝中唾沙,故『本草』謂之沙溝魚,亦曰沙鰛.以其春來秋去,不出一年之內,故日本人,謂之年魚,皆其一名也.早春氷解,溯流而上,其行遲鈍,見人輒以喙挿入沙泥中,故東人又謂之,沙埋魚.在溪澗者,踏沙取之,在江湖者,罟罾取之.

9. 두부어(杜父魚)【즁믜즈】

산골짜기의 시내에 사는 작은 물고기이다. 모양은 모래무지와 같지만 작으며, 길이는 겨우 2~3치이다. 입이 넓고 머리가 크다. 꼬리가 갈라졌으며 비늘이 잘다. 색깔은 누른빛을 띤 검은색이고 아롱진 무늬가 있다. 등마루에 억센 가시가 있어서 사람을 찌르고 쏜다. 다닐 때는 반드시 무리를 이루고 빠르게 도약하는 것이 나는 듯하다. 사람을 보면 물결을 치면서 소리를 내는데 처음 쫓을 때에는 달아나다. 급하면 주둥이로 진흙을 파고 들어가 배가 닻을 내리듯 숨는다. 그러므로 일명 선정어(船矴魚)라고 한다.

안: 『정자통』에서 『어경』을 인용하여 말하기를, "즉어(鯽魚) 중에 땅에 붙어사는 것을 경어(京魚)라고 하는데 다른 이름으로 토부(吐鮒)라고 한다."고 하였고, 『식물본초』에서는 도부(渡父)라고 되어 있고, 『임해지』에서는 복념어(伏念魚)라고 했는데 모두 두부어(杜父魚)의 한 이름이다. 우리나라 사람들은 진사매어(眞沙埋魚)라고 부른다.

▎평설

『표준국어대사전』에는 두부어(杜父魚)가 볼락, 횟대, 꺽지라고 되어 있고, 『재물보』, 『물명고』, 『광재물보』와 같은 옛 물명서에도 '꺽디'라 기록되어 있다. 그러나 꺽지는 어명고의 묘사와 같이 무리생활을 하지 않으며, 서식처가 돌밭이지 모래밭이 아니다. 게다가 두부어의 설명처럼 '꼬리가 갈라지지' 않고 둥글다. 어명고에 나온 두부어의 모양과 성상이 꺽지일 수 없다.

어명고에 '즁믜즈'라고 한글로 기입되어 있어 참마자로 볼 수 있지만, 참마자는 어보에 영어(迎魚)란 이름으로 별도로 기록되어 있다. '믜즈'는 모래무지(모릐믜즈)에서처럼 '무지'로 보아야 한다. 이 물고기를

한둑중개

'우리나라 사람들은 진사매어(眞沙埋魚)라고 부른다'는 것과 같은 맥락이다. 『전어지』의 '모래를 밟으며 고기를 잡는 방법[踏沙取魚法]'에도 두부어는 모래무지와 비슷한 성상의 물고기인 것으로 나와 있다.

중국에는 수십 종의 두부어과(Cottus) 물고기가 있는데 이들 물고기도 모래 속에 숨는 습성이 있다. 그중에서도 우리나라의 물고기와 학명이 일치되는 종류는 사씨두부어(謝氏杜父魚, Cottus czerskii), 화족두부어(花足杜父魚, Cottus poecilopus), 도문강두부어(圖們江杜父魚, Cottus hangiongenesis) 3종이며 우리 이름은 각각 참둑중개, 둑중개, 한둑중개이다.

『화한삼재도회』에는 도부어(渡父魚)라고 하였고, "도부어는 곳곳에 있으며 그 모양이 중국의 설과 같다."고 설명하고 있다. 일본에서 도부어는 둑중개과의 한 종류인 가지카[鰍, 杜父魚, Cottus pollux]로 비정되어 있다.

두부어는 둑중개 종류일수도 있지만, 그 한자이름을 빌려 어명고의 저자가 다른 우리 물고기를 설명하려 했을 수도 있다. 두부어의 한글이름인 '좀모즈'는 '참무지' 혹은 '참모래무지'일수 있다. 모래무지와 비슷한 성상이면서 크기가 작은 물고기는 모래주사, 배가사리, 돌마자 등이 있으나 어느 것도 두부어(杜父魚)라 확실하게 비정할 근거는 없다.

〈원문〉 杜父魚【즁모즈】溪澗中小魚也. 狀如吹沙而短, 長堇二三寸. 口濶頭大, 尾歧鱗細, 色黃黑而有斑文. 脊有鬐, 刺螫人. 行必成羣, 跳疾如飛. 人見之, 鼓浪作聲, 而逐之始則逃去. 急則以喙挿入泥中, 如船矴然, 故一名船矴魚. 案:『正字通』引『魚經』曰, 鯛魚有附土者曰, 京魚, 一曰, 吐鮍.『食物本草』作渡父,『臨海志』作伏念魚, 皆杜父之一名也. 東人呼爲眞沙埋魚.

10. 궐(鱖)【소갈어】

몸이 납작하고 배가 넓으며 입이 크고 비늘이 잘다. 누런 바탕에 검은 무늬가 있으며, 껍질이 두껍고 육질이 단단하다. 등마루에 뻣뻣한 가시가 있어 사람을 찌르고 쏜다. 여름에는 돌 틈에 숨고 겨울에는 진흙 속의 물고기를 잡는 섶에 잘 들어온다. 늦은 봄 복사꽃이 물에 떨어질 때가 바로 쏘가리가 살이 찌는 때이다.

일명 계어(罽魚)라고 하는데 아롱진 무늬가 모직물[罽]과 같기 때문이다. 일명 수돈(水豚)이라고 하는데 그 맛이 돼지고기처럼 좋기 때문이다. 우리나라 사람들은 금린어(錦鱗魚)라고 부른다.

▌평설

궐(鱖)은 농어목 꺽지과에 속하는 쏘가리이다. 우리나라 큰 강에 두루 있는 물고기로 강쏘가리, 금잉어, 금영어, 천잉어, 쏘래기, 소갈이 등의 방언이름과 궐어, 금린어, 수돈, 석계어 등의 별칭이 있다.

쏘가리

몸은 작고 둥근 비늘로 덮여 있으며, 지느러미에는 날카로운 가시가 있다.

어명고에서는 "복사꽃이 물에 떨어질 때가 바로 쏘가리가 살이 찌는 때"라고 했다. 이 구절은 중국의 유명한 은자인 장지화(張志和, 730?~810?)의 어부사에 나오는 "복사꽃 져서 물에 흐르고 쏘가리는 살찌네[桃花流水鱖魚肥]" 구절에서 비롯된다.

어명고에서는 쏘가리가 "겨울이면 섶에 즐겨 든다."고 했다. 섶은 겨울에 물고기가 모여들게 하고 잡기 위해 강바닥에 쌓아두는 나무나 풀로 '고기 깃'이라고도 한다. 옛 자료에서 섶을 놓아 고기를 잡는 방법[沈巢捉魚]을 설명하고 있다.

"강에 사는 사람들은 가을에서 겨울로 계절이 바뀔 때 섶을 물속에 쌓고 고기를 잡아 관아에 바쳤다. 이를 침소(沈巢)라 하며 관가에는 그 장부가 있었다. 강물이 얕아지면 물고기가 추워서 섶나무 안에 모여들어 숨어 쉬기 때문에 그곳에서는 '소(巢)'라 칭한다(이안눌,『동악집』, '戲詠錦中風土')."

쏘가리는 여름이면 물속의 바위 틈, 돌 틈에서 살지만, 겨울이 되어 결빙이 되면 사람이 물속에 쌓아 놓은 섶나무로 은신한다. 이때 쏘가리를 잡는 것이다

〈원문〉 鱖【소갈어】扁身闊腹,巨口細鱗.黃質黑章,皮厚肉緊.背有鬐,刺螫人.暑月藏石罅,冬月偎泥窟.暮春桃花水至,政鱖肥之候也.一名鬪魚,以斑文如繡也.一名水豚,以其味美如豚也.東人謂之錦鱗魚.

11. 제어(鱭魚)【위어】

『본초강목』에서 말하는 제어(鱭魚)라는 것이 바로 지금 세간에서 말하는 위어(葦魚)이다. 지금의 위어는 좁고 길고 납작하고 얇으며, 비늘이 잘고 색깔이 희어서 흡사 새로 숫돌에 갈아낸 뾰족한 칼과 같으니,『본초강목』에서, "제어는 형상이 좁고 길며, 비늘이 잘고 희며, 얇고 뾰족한 칼 모양과 같다."고 말한 것과 부합한다.

지금의 위어는 입의 좌우에 2개의 단단한 가시가 있는데 나아갈 때는 양 뺨에 붙이고 정지할 때는 모래펄에 두어서 배의 닻과 같으니, 『본초강목』에서, "제어의 입 위에 두 개의 단단한 수염이 있다."고 말한 것과 부합한다.

그밖에 아가미 아래에 보리까락과 같은 긴 수염이 있고, 배 아래에 날카로운 칼과 같은 단단한 가시가 있고, 꼬리 가까운 부분에 짧은 지느러미가 있고, 살 속에 잔가시가 많으니, 대체로『본초강목』에서 제어를 형용한 것이 구구절절 지금의 위어와 딱 부합하니 위어가 제어인 것은 의심할 것이 없다.

강이 바다 어귀와 통하는 곳에서 나는데, 매년 4월에 물결을 거슬러 강으로 올라온다. 한강의 행주, 임진강의 동파탄 상·하류, 평양의

대동강에 가장 많은데 4월이 지나면 없어진다. 곽박이 「강부」에서, "종어(鯼魚)와 제어(鮆魚)는 때를 따라 왔다가 간다."고 하였는데, 제어는 바로 이 물고기를 가리킨다.

『이아』를 살펴보면, "열(鮤)은 멸도(鱴刀)이다."라고 하였고, 주에 이르기를, "오늘날의 제어인데 또한 도어(魛魚)라고 부르기도 한다." 고 하였다. 『회남자』에서 말하기를, "제어는 마시지만 먹지는 않는다."라고 하였고, 『설문해자』에서도 또한 이르기를, "제어는 마시지만 먹지 않으니 도어(刀魚)이다."라고 하였고, 『이물지』에서 수어(鱃魚)라고 한 것이나, 위무제의 『식제』에서 망어(望魚)라고 하였는데, 모두 다 같은 것의 이름이다.

우안: 농암 김공의 편지에, '행호의 제어(鱭魚)'란 말이 있는데, 이 또한 위어를 가지고 제어라 한 것이다. 내가 『이아주』와 본초[13]에 관한 여러 책에서 말한 것에 근거하여 보면 제어는 바로 지금의 위어인 것이다.

후일 살펴보니 『화한삼재도회』에서 이르기를, "제(鱭)는 8, 9월에 나며, 큰 것은 3~4자이고, 작은 것은 1~2자이다. 바다뱀장어를 닮았으나 더 얇고 납작하며, 푸른색에 운모[14]를 칠한 듯이 흰빛이 도는데, 그것은 기름기이다. 흰 기름을 잘라 없앤 연후에 조리거나 구워먹을 만하다. 살 속에 잔가시가 횡으로 있어 등마루가 마치 빗살 같다." 또 이르기를, "제어는 본래 비늘이 없는데, 『본초』에 잔 비늘이 있다고 한 것이다."는 틀린 것이다. 그 나오는 계절이나 크기와 형상을 말한 것이 모두 지금의 위어와 차이가 나니 이점은 자못 의심할 만하다.

---

13 本草: 질병치료에 쓰이는 물질을 연구하는 학문. 천연물 중에 특히 약용으로 쓰이는 식물의 전초, 초·근, 목피, 과실, 종자 등을 좁은 의미의 본초라고 하지만, 동물·광물의 천연산물도 넓은 의미에 포함시키고 있다.
14 雲母: 화강암 가운데 많이 들어 있는 규산염 광물의 하나로 육각의 판 모양을 띠며 얇은 조각으로 잘 갈라진다. 돌비늘이라고도 불린다.

어찌 일본의 제어가 같은 종류이겠는가?

　우안:『사기』「화식전」의 '태제(鮐鮆) 1천 근'이란, '태제(鮐鮆)를 말린 건어가 수천 근'인 것을 말한다. 지금의 위어는 살이 얇고 가시가 많으니, 회를 치고 구이를 하는 데 그치고, 건어를 만들지 않으니 이 또한 의심스러운 말이다.

　『사기』에서 사마천이 말한 제어(鮆魚)는 오늘의 도어(刀魚)와 이름은 같지만 실제는 다른데도, 주석을 붙인 사람이 잘못 알아 도어(刀魚)라 풀이한 것이다. 그러나 위어를 다뤄놓고 달리 도어(刀魚)를 찾는 것은 안 될 일이다. 다만 의심스러운 점을 그대로 두어서 후일 교감하여 바로잡기를 기다린다.『동의보감』에서 "시어(鰣魚)가 곧 위어이다."라고 한 것은 틀린 것이고 시어는 준치를 말하는 것이다.

■평설

　어보의 제어(鱭魚), 위어(葦魚)는 오늘날의 웅어를 설명하는 것이다. 웅어는 청어목 멸치과의 바닷물고기로 봄이면 산란을 하려고 강으로 오른다. 방언으로는 우어, 웅에, 위어, 위여, 차나리 등 여러 이름이 있다. 웅어는 얕은 강물 갈대 속에 많이 살아서 갈대 '위(葦)'자를 써서 위어(葦魚)라고 한다.

　한강 하구에는 웅어가 바다에서 많이 올라와서 옛날부터 행주 인근 한강(杏湖)의 특산품이다. 조선시대에 사옹원에서 행주에 위어소(葦魚所)라는 직소(職所)를 두고 직접 웅어잡이를 관리할 만큼 중요하게 여기던 어종이었다.

　어명고에서는 웅어를 일단 제라고 기록하고 중국 고문헌을 통해 비정하려 하고 있다. 중국에서 제(鱭)라고 불리는 물고기는 속명이 제어(鱭魚), 장합제(長頜鱭), 도어(刀魚)라고 불리며 학명은 Coilia

웅어

ectenes이다. 우리 웅어(Coilia nasus)와 흡사하며 서식지와 얕은 바다에서 강으로 오르는 습성도 같다. 또 봉제(鳳鱭)는 별명이 봉미어(鳳尾魚), 자제(子鱭)이며 학명(Coilia mystus)이 우리 싱어와 일치한다.

어명고에서는 『화한삼재도회』에 나오는 "제어가 8, 9월에 나며, 큰 것은 3~4자이고, 작은 것은 1~2자"라는 기록에는 의문을 표시하고 있다. 위어는 주로 봄에 산란을 하며 그렇게 큰 물고기가 아니기 때문이다. 『화한삼재도회』역시 『본초강목』을 인용해서 자국 내의 물고기를 비정하려 하였고, 제어를 태도어(太刀魚)라고 부르며 갈치로 비정하였다. 일본 역시 한자로 사물을 기록하였고, 같은 한자이름을 쓰면서도 다른 물고기로 비정하기도 한 것이다. 그러나 현재 일본에서 제어(斉魚·鱭魚)의 학명은 우리 웅어와 같은 Coilia nasus이다.

〈원문〉鱭魚【위어】『本草』所謂鱭, 即今俗所謂葦魚也. 今葦魚, 狹長扁薄, 細鱗色白, 恰似尖刀之新發於硎. 與『本草』所謂鱭魚, 狀狹而長, 鱗細而白, 如薄尖刀形者合. 今葦魚, 口吻左右有兩硬刺, 行則貼在兩頰, 止則住在沙泥, 如船之矴. 與『本草』所稱鱭魚, 吻上有二硬鬚者合. 他如腮下

有長鬣如麥芒,腹下有硬刺如利刀,近尾有短鬣,肉內多細刺.凡『本草』形容鱭魚者,節節與今之葦魚汤合.葦魚之爲鱭魚,蓋無疑矣.産江湖通海口處,每歳四月,泝流而上.漢江之杏州,臨津之東坡灘上下流,平壤之大同江,最多,過四月則無.郭璞『江賦』,鱭鮆順時而徃還,鮆卽指此魚也.案:『爾雅』曰,鴷,鱴刀.註云,今之鮆魚,亦呼爲魛魚.『淮南子』曰,鮆,飲而不食.『說文』亦云,鮆,飲而不食,刀魚也.『異物志』謂之鱎魚.魏武『食制』,謂之望魚,皆其一名也.又案:農巖金公尺牘,有杏湖鱭魚之語,此亦以葦魚爲鱭魚矣.余嘗據『爾雅』注・本草諸家謂,鱭魚,卽今之葦魚矣.後考『和漢三才圖會』云,鱭以八九月出,大者三四尺,小者一二尺.似海鰻,而薄扁,靑色帶白,如塗雲母,卽其脂也.刮去白脂,然後可煮可炙.肉內小骨橫,于脊如箆櫛.又云,鱭本無鱗,『本草』言有細鱗者非也.其言時候大小形狀,皆與今葦魚牴牾,此殊可疑.豈日本鱭魚自是一種耶.又案:『史記』「貨殖傳」,鮐鮆千斤,蓋謂鮐鮆之乾鮑爲鯗者,其數千斤耳.今葦魚肉薄多刺,只可作膾炙,未嘗作鯗鮑,此又可疑.豈史遷所謂鮆,與今刀魚同名異實.而註者誤以刀魚爲解耶.然拾葦魚,而別求刀魚,則不可得矣.姑且存疑,以俟勘証.若『東醫寶鑑』謂鱒魚,卽葦魚則誤矣,說鱒魚.

12. 세어(細魚)【싀나리】

모습과 색깔이 웅어와 매우 닮았지만 아주 작다. 길이는 두어 치가 안 되고 너비는 길이의 3분의 1이 되지 않는다. 어떤 사람들은 웅어의 새끼라고 하는데 잘못 안 것이다. 강과 바다가 서로 통하는 곳에서 난다. 임진강이 서남쪽으로 흘러와 낙하[15]가 되고 다시 남쪽으로 흘러 오두[16]에 이르러 한강과 합쳐져서 조강[17]으로 흘러드는데 그 지역이 가장 세어(細魚)가 많이 나는 곳이다. 그러나 오두는 물살이 급

---

15 洛河: 임진강 하류의 이름이다. 임진강의 다른 이름으로도 쓴다.
16 鼇頭山: 한강과 임진강이 합류하는 지점이다.
17 祖江: 한강과 임진강이 만나는 한강 하류 끝의 이름이다.

해서 그물을 칠 수가 없다.

봄이 여름으로 계절이 바뀔 때에 강물을 거슬러 낙하에 이르는데 뜰채로 잡으면 주머니 속을 더듬는 것처럼 쉽게 잡을 수 있다. 그러므로 파주의 교하 사람들이라면 세어를 실컷 먹지 않는 사람이 없다.

▎평설

싱어

어명고에 이 물고기는 세어(細魚), 그리고 한글로 '씨나리'라고 병기되어 있다. 세어(細魚)는 『표준국어대사전』에 학꽁치와 같은 말로 기재되어 있으나, 까나리는 까나리과의 별도의 물고기로 어명고에 묘사된 모습과는 차이가 있다.

어명고에는 '모습과 색깔이 웅어와 아주 닮았으나 아주 작다'고 했으며 '웅어의 새끼'로 보일 정도로 닮았다고 한다. 어명고의 세어(細魚)는 오늘날의 싱어로 비정되고 있다.

싱어는 청어목 멸치과로 몸길이가 15~24cm이며 우리나라 서남연해에 분포하는데, 산란기에는 압록강에서는 의주부근까지, 한강에서는 행주 및 양화도 부근까지 올라온다. 싱어란 이름 외에도 싱에, 깨나리, 강다리, 세화라는 지방이름이 있으며 한강 인근에서는 아예 웅어라고도 불린다. 싱어는 몸길이가 40cm 정도인 웅어에 비해 작지만 생김새는 아주 비슷하며 가슴지느러미 위쪽 4~7연조[18]가 실 모양으로 연장되어 있는 점도 같다.

싱어는 웅어와 몸 형태와 빛깔이 매우 비슷해서 어류분류학에서도 논란이 있고 재검토가 요구될 정도이다(『한국어류대도감』). 아무튼 어명고 작성 당시에 웅어와 싱어를 구분한 것은 분류학적으로도 대단한 일이다.

〈원문〉 細魚【싀나리】形色酷類葦魚,而細小尤甚.長不滿數寸,廣不及三之一.或謂卽葦魚之子,非也.産江海相通處.臨津之水,西南流爲洛河,復南流至鱉頭,與漢水合,入于祖江.其地最饒細魚,而鱉頭水急,罟罾無所施.至春夏之交,溯流至洛河,則用攩網取之,如探囊然.故坡州交河之人,無不飫細魚也.

13. 눌어(訥魚)【누치】

형태와 종류는 숭어와 같다. 머리가 크고 꼬리가 갈라졌으며 연한 황색이다. 살에 가시가 많지만 연해서 준치나 웅어의 딱딱한 가시와는 다르다. 협곡의 강이나 산간의 시내가 있는 곳이면 어디에나 있다. 마전[19]의 징파강[20] 나루 상류와 하류에 가장 많다. 매년 곡우전후에 수컷이 물속의 돌이나 바위에 가서 입으로 문질러서 겨울에 낀

---

18 軟條: 물고기의 지느러미 막을 지지하는 기조의 일종으로 부드러운 마디로 되어 있다.
19 麻田: 경기도 연천군에 있는 임진강 가의 지명.
20 임진강이 한강을 만나기 전인 북삼리와 삼곶리 일대를 말하며, 워낙 강이 맑아서 그런 이름이 있다.

먹이가 되는 이끼를 떼어내는데, 암컷이 뒤따라가며 그 이끼를 먹고는 알을 밴다. 눌어란 이름은 방언으로『본초』에 어떤 이름으로 기록되어 있는지 알지 못하겠다.

▎평설

누치

누치는 잉어목 모래무지아과에 속하는 큰 민물고기이다. 누치는 지방별로 부르는 이름이 여럿이며, 또 크기별 이름도 여러 가지이다. 한자이름 말고도 눗치, 눈치, 눕치, 금잉어 등이 성어의 이름이고, 어린 누치는 쇠누치, 젯비, 접부, 부눈치, 적비 등의 이름이 있다. 성어인 누치 소리를 들으려면 40cm는 넘어야 한다.

어명고에서 "조류를 돌에서 떼어내고 암컷이 먹는다."고 본 것은 봄철에 누치 암수가 어울려서 물속 돌바닥에 주둥이를 부비며 다니면서 알자리를 만들고 번식하는 가리철의 모습이다.

눌어(訥魚)는 우리 한자이름이고 중국의 고서에는 없는 이름이다. 또 누치는 입술이 두툼해서 중순어인데, 어명고에는 중진어(重唇魚)로 기록되어 있다. 입술 순(脣)자 대신 놀랄 진(唇)자를 대자(代字)로 쓴 것이다. 중국의 『식물본초』에도 중순어로 기록되어 있고, 능고어 (鯪鯝魚), 순고(唇鯝)와 같은 중국 이름이 있다.

누치는 비린내가 심하고 가시가 많아서 식용으로 인기가 없지만 간혹 회로 먹거나 소금구이를 해서 먹기도 한다. 다 자랐을 경우에는 70cm 이상에 이르기도 한다. 크고 힘이 좋기 때문에 견지낚시를 즐기는 사람들에게 낚시 대상어로 인기가 있다.

〈원문〉訥魚【누치】形類鯔魚.頭大尾瑣,微黃色.肉多刺而軟,不似鱒鱉之鯉也.峽江山川,在處有之.麻田·澄波渡上下流最多.每穀雨前後,雄魚就水中石礫,磨刷口吻,以去三冬食垢.雌魚隨後,吞其垢,遂孕子.其名訥魚,方言也.未知在『本草』作何名.

14. 모장어(鮴章魚)【모쟝이】

몸이 둥글고 머리가 납작하다. 등은 푸르고 배는 흰데, 길이는 7~8치에 지나지 않는다. 강과 호수, 산과 개울의 어디에나 있다. 모습은 숭어를 닮았지만 작고, 혹간은 숭어의 새끼라고 부르는데 확실히는 모르겠다. 모(鮴)자는 음이 모(牟)이다. 『자서』에는 물고기 이름이라고만 말했지, 어느 물고기인지 분명하게 말하지 않았다. 지금 이름은 음이 같은 속명을 그대로 적은 것이다.

▎평설

모장어는 숭어의 어린 것인데 어명고에서는 별도의 물고기로 구분하고 있다. 숭어는 주로 바다에서 살지만, 연안으로 돌아와 산란한다. 봄철이면 어린 숭어 새끼들이 강 하구에 나타나 강 중류까지 거슬러 올라갔다가 자라서는 다시 바다로 돌아간다.

모쟁이

강에서 사는 어린 시절의 숭어가 바로 모장어이다. 숭어 새끼의 현재 이름은 '모쟁이'이며, '모롱이'도 같은 의미이다. 표준어를 정할 때 평안도의 방언(평남 한천, 진남포)이 채택된 것이다.

〈원문〉鮏章魚【모쟝이】身圓頭扁,背靑腹白,長不過七八寸.江湖川溪,在處在有之.形肖鯔魚而小,故或謂卽鯔魚之子,未知其必然也.鮏音牟.『字書』但云魚名,而不明言何魚.今以音同俗名而取之.

15. 적어(赤魚)【발강이】

몸은 넓적한데 배는 불룩하고, 꼬리는 약간 뾰족하고, 색깔은 엷은 붉은색이다. 모습이 잉어와 닮았지만 길이는 겨우 5, 6치이다. 어떤 사람은 이것이 잉어의 새끼라고 한다. 낚시할 때는 깻묵을 미끼로 쓴다.

▎평설

어명고에 적어 그리고 '발강이'라 병기된 고기는 잉어의 어린새끼

발강이

를 말하며 오늘날에도 '발강이'라고 불린다. 한강지역의 방언으로는 '발갱이'라고도 한다. 발강이는 '빨간빛의 물건'이라는 뜻이기도 한데 어린 잉어의 주둥이 근처가 붉기 때문에 붙은 이름이다.

　잉어새끼라 해도 지역마다 그 기준이 다르다. 청평천에서는 1자5치 이내, 경기도 여주에서는 1자 이내를 발갱이라 부른다. 잉어는 적어도 1자가 넘어야 성어 대접을 받는 것이다. 한강 하류에서는 잉어 소리를 들으려면 1자6치가 넘고 무게로는 1관이 넘는 것이라야 한다(『한국어도보』).

〈원문〉赤魚【발강이】身扁肚飽,尾微尖,而色淡赤,形如鯉魚,而長僅五六寸.或云是鯉子也.釣之用麻籸爲餌.

16. 갈다기어(葛多歧魚)【쌀담이】

　입이 크고 비늘이 잘며, 흰 바탕에 검은 점이 있다. 생김새가 농어와 아주 비슷하며, 길이는 겨우 3~4치에 불과하다. 어떤 사람은 농어

새끼라고 말하지만, 실제는 본래 하나의 종류이다. 머리 위가 여러 개의 뿔이 있고 거친 가시가 있다.

▎평설

점농어

갈다기어(葛多歧魚)는 농어과 농어의 어린새끼를 말한다. 어린 농어는 등이 회색은 띤 푸른색이고 배는 은빛이 도는 흰색이다. 몸 양쪽 옆면에 까만 반점이 흩어져 있어 농어와 비슷하면서도 다른 모습이다. 방언으로 어린 농어를 부르는 이름은 많으며 가세기, 걸덕, 깐다구, 깔다구, 깔대기, 농어새끼, 농어치, 농에, 농애 등이 있다. 깔따귀[㓒多魚], 걸덕어(乞德魚)는 '옆구리에 흑점이 많은 작은 놈'을 말한다(『한국어도보』). 『표준국어대사전』의 표준명은 '껄떼기'이다.

어명고에 갈다기어가 검은 점이 있다고 기술한 점에서는 점농어로도 비정할 수도 있다. 점농어는 한국과 중국 연안에 분포하는 농어과 어종으로 주로 서해와 남해서부 내만의 물색이 탁한 해역에서 출현하며 일반 농어보다 맛이 좋다. 등은 회청색을 띠지만, 배는 은백색을 띠며 등과 등지느러미에는 검은 점이 여러 개 있다. 한강에서 낚시에 혹간 잡히며 '점박이 농어'라고도 불린다.

어명고 작성 당시에 농어와 점농어를 구분한 것 같지는 않다. 점농어가 어류도감에 오른 것도 근래의 일이다.[21]

〈원문〉 葛多歧魚【쌀담이】巨口細鱗, 白質黑點, 酷類鱸魚, 而長不過滿三四寸. 或謂卽鱸子, 其實自是一種也. 頭上多角刺鬆然.

17. 은구어(銀口魚)【은구어】

비늘이 잘고 등마루가 검으며 배는 회색을 띤 흰색이다. 주둥이를 뼈로 된 테[匡骨]가 둘러싸고 있는데, 그 빛이 은처럼 희어서 은구어라고 한다. 등뼈 사이에 기름이 엉겨있어 맛이 담백하고 비린내가 나지 않는다. 날것일 때는 오이 맛이 나서 물고기 가운데 별미라 할 것이다. 소금에 절이면 멀리 보낼 수 있고 구워서 먹으면 향기롭고 맛있다. 큰 것은 1자 남짓이고 작은 것은 5~6치이다. 도처의 시내와 계곡에 있는데, 양주 왕산탄[22]의 것이 가장 좋다.

『동의보감』에 이르기를, "아마도 곧 『의학입문』의 은조어(銀條魚)인 것 같다."라고 하였는데, 『의학입문』을 살펴보니, "은조어는 성질이 평순하여 독이 없어 속을 트이게 하고 위를 건강하게 한다."고 하였으니, 『본초강목』에서 말한 회잔어(鱠殘魚)의 성질, 맛과 서로 부합하는 듯하다. 일명 은어(銀魚)라고 한다지만, 『의학입문』의 은조어(銀條魚)는 회잔어일 뿐이지 지금의 은구어(銀口魚)는 아니다. 이조원의 『연서지』에서, "조선에서 나는 은어는 중국의 은조어이다."라고

---

21 정문기가 쓴 『한국어도보』에는 점농어가 등재되어 있지 않다.
22 王山灘: 오늘의 왕숙천으로 옛 지리지에는 왕숙탄(王宿灘) 혹은 왕산천(王山川)으로도 표기되어 있다(『신증동국여지승람』, 『대동지지』).

하였는데, 이를 따른 『동의보감』도 잘못된 것이다.

▌평설

은어

 은구어(銀口魚)는 바다빙어목 바다빙어과 물고기인 은어이다. 은어는 맑은 물을 좋아하며 어릴 때 바다로 나갔다가 다시 하천으로 돌아온다. 수명은 보통 1년이지만 건강한 개체는 해를 넘겨 2년까지 살며 월년은어(越年銀魚)라고 한다. 전국적으로 분포하던 어종이었으나 현재는 동해와 남해로 통하는 맑은 하천에서 볼 수 있으며, 주된 먹이는 물속 돌에 붙은 조류(藻類)이다.
 은어란 이름 외에 은광어(銀光魚), 열광어, 은조어라고도 불렸고, 영명은 sweet fish이다. 조선시대에 생은어, 건은어, 젓갈, 식해 등 여러 가지 형태로 소비되었다. 조선왕실에서 공물과 진상물로 받던 중요한 물고기로 각 산지에서 얼음에 채워 한양까지 생은어를 수송한 기록이 있다. 종묘 제사에 필요한 은어를 제때 진상하지 못하면 지방 관리들이 벌을 받았을 정도로 귀한 취급을 받았다.
 은어는 낚시 대상어종으로 인기가 많으며 또 양식업에서도 중요한 품목이다. 고문에서의 은어(銀魚)는 도루묵을 말하며, 은어는 은구어(銀口魚)라고 기록되어 있다.

〈원문〉銀口魚【은구어】鱗細脊黑,腹灰白.吻有匡骨圍之,其白如銀,故名銀口魚.脊骨之間,肪脂凝洇,味淡不腥.生時有黃瓜香,魚中之有異味者也.鹽鯤寄遠,炙食香美.大者尺許,小則五六寸.處處川溪有之,楊州王山灘者最佳.『東醫寶鑑』云,疑卽『醫學入門』之銀條魚.今考『醫學入門』云,銀條魚,性平無毒,寬中健胃.與『本草』所稱鱠殘魚[23],性味相符,而鱠殘魚.一名銀魚,則『醫學入門』之銀條魚,卽鱠殘魚耳,非今之銀口魚也.李調元『然犀志』稱,朝鮮國産銀口魚,卽中國之銀條魚.蓋泑『東醫寶鑑』,而誤者也.

18. 여항어(餘項魚)【여항어】

관북의 산골 계곡에서 나는데, 관동과 관서에도 역시 있다. 몸이 둥글고 배가 불룩하며 비늘이 잘고 등이 검다. 육질이 연하고 맛이 담백하다. 백두산 아래 인적이 드문 곳에 사는 것은 사람을 보아도 피할 줄을 모르므로 그물을 쓸 필요도 없이, 몽둥이로 쳐서 손으로 건져 잡을 수 있다.

▍평설

여항어는 열목어로 비정된다. 열목어는 연어목 연어과의 냉수성어종으로 일생을 하천상류에서 살며 바다로 가지 않는다. 수온이 낮은 곳을 좋아해서 한여름 수온이 20도 이하인 곳에 산다. 여름이면 강 상류로 이동하고, 겨울이면 강 하류의 얼음 아래서 월동한다.

---

23 鱠殘魚는 膾殘魚와 같은 뜻으로 쓰인 것이다.

열목어

지방에 따라서는 열목어를 댄피리, 댓잎, 연메게, 연묵어, 연메기, 연미기, 염묵어 등으로 부른다. "눈에 열이 너무 많아서 찬 곳을 찾아가 열을 식힌다."고 해서 열목어란 이름이 있다는 설도 있지만, 연메게, 연묵어, 연메기와 같은 지방이름을 한자로 음차한 결과 그런 이름이 붙은 것이다.

절벽을 올라간 물고기가 나무에서 산다는 고대 중국 설화가 있다(『산해경』). 연어의 옛 이름의 하나인 연목어(椽木魚)는 이 물고기가, "동쪽과 북쪽바다에서 나며 능히 절벽을 오를 수 있음으로[能陞絶壁] 이런 이름을 얻었다(『물명고』)."고 설명되고 있다. 연어가 급류를 헤치고 절벽을 넘어 소상하는 모습에서 옛 분들은 중국 전설을 연상했을 수도 있을 것이다. 연목(椽木)은 '나무를 타고 오른다'는 뜻이 있다.

열목어는 주로 동아시아 북부에 서식하며 한반도가 서식지의 최남단이다. 강원도 정선군에 있는 정암사 골짜기(천연기념물 제73호, 1962)와 경상북도 봉화군 석포면 대현리 골짜기(천연기념물 제74호, 1962)가 열목어 서식지로 보호되고 있다. 1996년 1월, 환경부가 특정보호어종으로 지정해서 허가 없이는 잡을 수 없다.

〈원문〉餘項魚【여항어】産關北山谷溪澗中,關東西亦有之.身圓肚飽,鱗細脊黑,肉軟味淡.其出白頭山下,人跡罕到處者,見人不知避,不假罟罾,可杖擊手撈,而得之.

19. 미수감미어(眉叟甘味魚)【미슈감미】

몸이 둥글고 배가 불룩하며 비늘이 잘고 연하게 검푸른 빛이 돈다. 길이는 불과 3~4치이다. 임진강 상류에서 나는데 매년 곡우 전후에 강 하류에서 물길을 거슬러 올라온다. 미수 허목이 징파강 가에 살면서 이 물고기를 즐겨 먹었는데, 지역 사람들이 이 때문에 그런 이름을 붙였다고 한다.

▌평설

두우쟁이

미수감미어(眉叟甘味魚)는 두우쟁이로 비정된다. 잉어목 모래무지아과의 물고기로 한강, 압록강, 대동강 등 큰 강 하류의 모래바닥에서 산다. 다른 한자이름으로는 공지(貢脂), 공지(供旨), 행화어(杏花

魚)가 있다.

두우쟁이는 산란기가 되면 강 상류로 소상하는데, 김매순(金邁淳, 1776~1840)의 글에 봄이면 한강 상류 쪽으로 올라간다고 기록하고 있다.

"강 물고기 중에 맛이 있는 것으로 공지(貢脂)라 부르는 물고기가 있다. 큰 것은 한 자쯤 된다. 비늘이 잘고 살이 많다. 회로 먹어도 좋고 국을 끓여도 맛이 좋다. 매년 3월 초에 한강을 동쪽으로 거슬러 올라가서 미음[24]에서 멈춘다. 이런 일은 곡우 전후 삼일이 가장 두드러진다. 그 기간을 지나면 공지가 올라가는 것을 볼 수가 없게 된다. 한강변에 사는 사람들은 이런 것을 보고 절기가 빠르고 늦는 것을 안다(『대산집』, '열양세시기')."

두우쟁이가 봄이 되면 강을 거슬러 올라가는 것은 번식행위와 관련이 있다. 두우쟁이는 알을 돌에다 낳지 않고 수중에 낳아[浮卵] 물결을 따라 하류로 흘러가게 한다. 강 중상류 먼 곳에 알을 낳아 두어야 떠다니던 알이 서해바다에 올 즈음이 되면 부화가 이루어져 어린 새끼가 태어난다. 언제, 어느 곳에 알을 낳아야 바다에 도착할 때 새끼가 부화한다는 것을 두우쟁이는 본능적으로 알고 있는 것이다.

〈원문〉 眉叟甘味魚【미슈감미】身圓而飽, 鱗細而黝. 長不過三四寸. 産臨津上流, 每穀雨前後, 自水下逆流而上. 許眉叟穆, 居澄波江上, 喜食此魚, 土人因以名之云.

---

24 渼陰: 경기도 남양주시 수석동부근을 말하며 남양주시와 하남 미사리를 건너던 한강나루이다. 한강의 나루터 중 광나루에 버금가는 곳이었다.

20. 비필어(飛鱓魚)【날피리】

비늘이 하얗고 등마루가 푸른빛을 띤 검은색이다. 눈에 붉은 점이 있다. 배는 살짝 둥글고 꼬리에 가까워지면서는 점차 가늘어져서 언월도(偃月刀)의 형상과 같다. 4개의 아가미가 턱 아래에 있고, 2개의 지느러미가 등 위와 배 아래에 있다. 꼬리가 갈라진 것이 제비꼬리와 같다. 크기는 3~4치이다. 일명 필암어(鱓巖魚)라고 한다.

▍평설

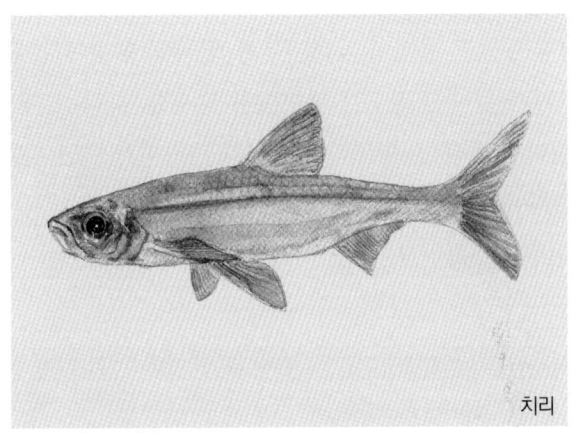

치리

어명고에 비필어라는 물고기는 '날피리'라고 한글로 병기되어 있다. 그리고 '일명 필암어'라 한다고 하였다. 날피리는 참피리와 함께 피라미로 비정되기도 한다(최기철, 2002).

어명고에서는 피라미를 '참피리'라고 한글로 병기하고 있다. '진짜 피라미'란 뜻이다. 반면 '비필어'는 한글로 '날피리'이다. 피라미 비슷한데 날랜 놈이란 뜻일 것이다. 또 설명 말미에 '일명 필암어(一名鱓巖魚)'라고 쓰여 있다. '피라미라고도 불린다'는 뜻이다. 어명고에는 저자가 직접 보고 확인한 고기에 대해서는 상당히 사실적으로 설명하고 있어 피라미가 2가지 물고기로 기록될 이유는 없다.

피라미, 피리란 이름은 여러 물고기의 별명이 되고 있다. 강원도에서는 버들개를 버들피리, 버들치는 참피리, 갈겨니는 황피리 혹은 참피리라고 부르고 있다. 수원 지방에서는 치리를 피라미로 부르기도 했다. 또 쉬리는 기생피리라 불린다.

어명고의 '날피리' 설명에 '배는 살짝 둥글고 꼬리에 가까워져서는 점차 가늘어져서 언월도[25]의 형상과 같다'고 한다. 언월(偃月)은 달이 누운 모양을 말한다. 또 '꼬리가 갈라진 것이 제비 꼬리와 같다.'고 한다. 이 모습은 피라미가 아니다. 이 묘사에 적합한 어종은 치리이다. 치리는 배가 둥글고 등선이 직선이어서 '언월도' 형상이다. 그리고 피라미는 꼬리가 갈라진 정도가 뚜렷하지 않지만, 치리는 '제비꼬리'처럼 깊게 갈라져 있다. 어명고의 비필어가 피라미가 아닌 다른 물고기라면, 강준치아과의 치리일 가능성이 크다. 실제 많은 낚시터에서 치리는 피라미라고 불리고 있다.

〈원문〉 飛鱓魚【날피리】鱗白,而脊黑帶靑.目有赤點.腹微圓,而近尾漸殺如偃刀形.四腮在頷下,兩鬐在脊上腹下.尾歧如燕尾.大者三四寸.一名鱓巖魚,필암이.

21. 적새어(赤鰓魚)【불거지】

머리가 몸과 같은 크기이고, 길이는 2~3치이다. 몸 전체가 엷은 붉은색인 까닭에 이렇게 이름을 붙였다. 강과 호수, 시내와 못 어디에나 있다. 파리를 먹기 좋아하므로 낚시할 때는 파리를 미끼로 쓴다.

---

25 偃月刀: 긴 손잡이에 폭이 넓고 긴 초승달 모양의 칼날을 부착한 무기이다.

4~5월에는 턱 아래와 입 주변에 모두 혹과 부스럼 같은 것이 나고 그 모양이 멥쌀이나 좁쌀 밥알이 덕지덕지 붙은 것과 같은데 색깔은 검푸르다.

▌평설

불거지

 어명고의 적새어(赤鰓魚)는 발정기인 피라미의 수컷을 말하며 오늘날에도 불거지라고 부른다. 피라미 수컷은 산란기가 되면 화려한 색깔을 띤다. 등은 청록색이고, 주둥이와 머리, 지느러미는 붉은빛을 띠며 옆구리에는 분홍색의 무늬가 나타난다. 수컷 피라미의 붉고 푸른 색깔은 '혼인색'으로 번식시기에 어류의 몸 표면에 나타나는 색깔이며 피라미의 경우 매우 뚜렷하다.

 어명고의 묘사에 있는 '턱 아래 입 주변에 혹과 부스럼' 같은 것은 추성(追星)이라는 것이다. 추성은 '잉어과 어류의 2차 성징으로 생식시기에 몸의 일부에서 피부의 표피가 두껍게 되어 사마귀처럼 돌출하는 작은 돌기'이다. 오늘날에도 번식기의 피라미는 수컷과 암컷의 체색이 달라서 다른 어종으로 인식되기도 한다.

〈원문〉赤鰓魚【불거지】頭與身等,長二三寸.通身微赤,故以名.江湖川澤,在處有之.喜食蠅,釣用蠅爲餌.四五月頷下吻邊,皆生疣瘤,其形如粳粟飯粒,纍纍粘着,其色蒼黑.

22. 안흑어(眼黑魚)【눈검정이】

형태와 색깔이 모두 비필어(飛鱷魚)와 비슷한데 비늘이 잘다. 눈이 크고 검다. 길이는 3~4치이다. 해가 질 무렵에는 얕은 물속에서 튀어 오르기를 좋아한다. 또한 파리 먹기를 좋아하므로 낚시할 때에는 파리를 미끼로 쓴다.

▍평설

안흑어(眼黑魚)는 잉어목 피라미아과의 물고기인 갈겨니로 비정된다. 한 어류 분포조사에 의하면 갈겨니는 우점 순위가 3위(5.9%)로 강계에 흔한 고기이다(최기철, 2002). 피라미보다 입이 더 크고 눈이 검으며, 비늘이 잘다. 번식기가 되면 수놈은 몸 옆에 노란색이 짙게 물들고 배에는 붉은 혼인색이 나타난다.

강 중·상류의 표층이나 중층의 맑은 물에서 살며, 1~2급수를 대표하는 물고기이다. 강계의 오염이 심화되고 서식처가 좁아지면서 산골의 맑은 물로 이동하고 있으며, 그 자리를 오염에 비교적 강한 피라미가 차지하고 있다.

갈겨니는 이 물고기의 평안도 방언이름이며, 강원도에서는 개리, 청평천에서는 눈검쟁이로 불리며, 물행베리(특히 큰 놈), 청지네, 청지내기 등의 다른 이름도 있다.

갈겨니는 단일종으로 알려져 왔지만 최근 갈겨니(Zacco platypus)와 유전자형이 다르고, 눈에 붉은 반점이 없는 종이 확인되어 참갈겨니

갈겨니

(Zacco koreanus)로 명명되었다. 우리나라에만 산다는 뜻에서 지은 이름이다(김익수, 2013).

〈원문〉 眼黑魚【눈검정이】形與色, 俱似飛鱓魚而鱗細. 眼大而黑. 長三四寸. 每日西春時, 喜遊躍淺水中. 亦喜食蠅, 釣用蠅爲餌.

23. 근과목피어(斤過木皮魚)【쎡적위】

모양은 붕어와 비슷하지만 검다. 입이 크고 비늘이 잘며 꼬리가 갈라지지 않았다. 등마루에서 꼬리에 이르기까지 긴 지느러미가 있는데 매우 거칠고 우둘투둘하다. 행동이 민첩하고 빠르며 돌 밑을 왕래하기를 숨바꼭질 하듯이 한다. 다만 등마루의 지느러미가 거칠고 우둘투둘하기 때문에 그물에 걸리기 쉽다. 큰 것은 길이가 8~9치이다. 작은 물고기를 삼켜먹는다. 또한 새우를 잘 먹기 때문에 낚시꾼들은 꼭 새우를 미끼로 쓴다.

▌평설

꺽지

어명고에는 근과목피어(斤過木皮魚)란 물고기를 한글로 '썩적위'로 병기하고 있는데, 이 물고기는 꺽지로 비정되고 있다. '도끼가 지나간 나무껍질 같은 물고기'란 한자 표현이 꺽지를 잘 묘사하고 있다(최기철, 2002). 그러나 어명고의 한글이름은 오히려 꺽저기라고 읽은 것이 타당해 보인다.

꺽지와 꺽저기는 같은 농어목 꺽지과 물고기로 생긴 모양이 매우 흡사하다. 『한국어류대도감』에는 꺽지와 꺽저기에 대해, "몸과 머리는 측편되었고, 체고는 높아 방추형이다. 머리는 크고, 눈은 머리의 등 쪽에 있다. 입은 크고 주둥이는 끝이 뾰족하다. 아래턱은 위턱보다 약간 길고…"로 설명이 거의 같지만(김익수, 2005), 크기는 꺽지(20cm)가 꺽저기(13cm)보다 좀 더 크다. 꺽지는 물속 돌 밑에 알을 낳지만, 꺽저기는 수초줄기에 알을 낳는다. 그러나 두 물고기 모두 알이 부화할 때까지 수놈이 산란장을 지키는 점은 동일하다. 꺽지는 우리나라의 특산 고유어종이다.

어명고에서 근과목피어가 "행동이 민첩하고 빠르며 돌바닥을 왕래

한다"고 표현한 것은 꺽지와 어울리지 않는다. 꺽지는 육식성 어류라 공격할 때는 행동이 민첩하지만, 활동 범위가 크고 이리저리 돌아다니는 고기는 아니기 때문이다.

〈원문〉 斤過木皮魚【꺽적위】形如鯽而黑. 口闊鱗細,尾不歧. 自脊至尾, 有長鬣,甚荒鬝. 其行捷疾,來徃石底,如迷藏然,而特以脊鬣荒鬝,故善罣網. 大者長八九寸. 能呑食小魚. 亦喜食蝦,故釣者必以蝦爲餌.

24. 전어(箭魚)【솔치】

몸이 납작하고, 등마루가 검고 배는 희며, 입은 둥글고 작다. 비늘이 희고 크며, 꼬리지느러미는 갈라져서 제비꼬리와 같다. 큰 것은 길이가 3~4치이다. 매년 여름에 장마로 강물이 불면 하류에서 떼를 지어 상류로 거슬러 오른다. 그 움직임이 몹시 빨라 활시위를 떠난 화살과 같다. 그래서 전어(箭魚)라고 이름이 붙었다. 낚시할 때에는 파리를 미끼로 쓴다.

▍평설

어명고에 전어(箭魚)는 '솔치'라 병기되어 있고, 현 표준명도 살치이다. 잉어목 강준치아과의 물고기로 치리와 매우 닮았지만, 살치(18~20cm)가 치리(15~20cm)보다 약간 더 크다. 하천의 흐름이 완만한 곳이나, 호수의 중층에 주로 산다. 어명고에서 살치의 모습과 형상을 잘 설명하고 있지만, 크기가 3~4치라고 한 것은 제대로 큰 성체를 보지 못한 때문인가 싶다. 살치의 한자이름 전어(箭魚)는 바닷물고기인 전어(錢魚)의 별명과도 같아서 혼동을 불러일으킨다.

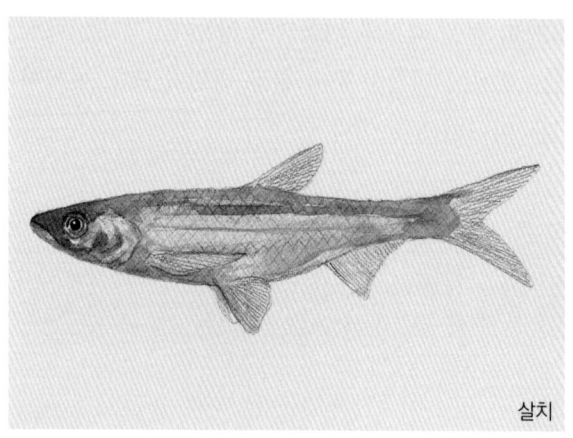
살치

〈원문〉箭魚【숄치】身扁脊黑腹白,口圓而小,鱗白而大,尾歧如燕尾.大者長三四寸.每夏月潦漲,自水下作隊而上.其行甚疾,如離弦之矢,故名箭魚.釣用蠅爲餌.

25. 야회어(也回魚)【야회어】

동쪽과 북쪽의 강과 호수에 있다. 비늘은 모래무지와 비슷한데 크기가 일정하지 않다. 행동이 몹시 빨라 갑자기 왔다가 갑자기 지나가는 까닭에 그런 이름을 붙였다. 맛이 매우 연하고 좋아서 회와 구이에 가장 알맞다.

▎평설

야회어의 실제 이름은 기존 어보나 어류도감에서 확인할 수 없다. 동쪽과 북쪽지방이라니 산골에서 나는 고기일지도 모른다. 야회어란 이름이 '잇달아 돌아가는 고기'를 말하니 떼를 지어 활발하게 움직이는 물고기일 것이다.

〈원문〉也回魚【야회어】東北江湖中有之. 鱗似沙魚, 大小無定. 其行甚疾, 悠徃悠回, 故名. 味甚脆美, 最宜膾炙.

26. 돈어(豚魚)【돗고기】

머리가 작고 배가 불룩하며 꼬리가 뾰족하고 갈라졌다. 주둥이가 작고 뾰족하며 등은 검고 눈이 작다. 모양이 돼지새끼와 같으므로 그런 이름을 붙였다. 물속의 돌 사이를 다니기를 좋아한다. 낚시할 때는 지렁이를 미끼로 쓴다.

■평설

돌고기

한자로 돈어(豚魚)라 하고 한글로 '돗고기'라 병기한 이 물고기는 잉어과 모래무지아과에 속하는 돌고기이다. 같은 과의 감돌고기, 가는돌고기와 모양이 비슷해 혼동을 준다. 고어에서 '돗'은 돝, 돈과 같이 쓰이며 주로 암퇘지를 말한다. 지방명이 여러 가지가 있지만 돼지를 뜻하는 자가 붙은 이름은 돋고기, 돗고기, 돝고기가 있다. 강원도 일부지역에서는 돌고기가 돼지처럼 쫄깃하고 맛이 좋아 돼지피리라고 부른다.

돌고기는 물살이 느린 강 중상류에 살며, 산란기가 되면 육식성 어류인 꺽지의 산란장을 찾아가 돌이나 바위 밑에 산란한다. 꺽지는 수컷이 산란장에서 알을 보호하는데, 돌고기는 꺽지의 산란장에 몰래 산란해서 제 알이 꺽지의 보호를 받게 한다. 뻐꾸기가 다른 새의 둥지에 알을 낳는 행위[托卵]와 흡사하다.

〈원문〉 豚魚【돗고기】頭小肚飽,尾尖而歧,喙小而尖,背黑眼小,形如豚子,故以名.好行石礫之中.釣用蚯蚓爲餌.

27. 영어(迎魚)【마지】

몸이 둥글고 머리가 크며 주둥이가 약간 뾰족하다. 흰 바탕에 검은 점이 있다. 길이는 3~4치이다. 강과 호수, 시내와 못 어느 곳에나 있다. 파리와 지렁이를 잘 먹는다.

▌평설

어명고에 영어(迎魚)로 나와 있고, 한글로 '마지'라고 병기한 고기는 표준명이 참마자이다. 잉어목 모래무지아과의 물고기이다. 참마자는 지방명이 여럿이 있지만 지금도 마디 혹은 마지라 부르는 지역이 있다. 또 경기도 청평천 근처에서는 수컷을 '참매자', 암컷을 '매자'라고 부르며 암수의 구별을 '참'의 유무에 따르기도 한다(김홍석, 2000).

일반인들은 참마자와 어린 누치를 혼동하기도 하지만, 참마자는 몸바탕에 있는 검은 점으로 구분할 수 있다. 참마자의 점은 성어가

참마자

되면 흐려지는데, 번식기의 수놈은 몸과 가슴지느러미가 짙은 황색을 띠어 아름답다. 보통 마자라고 불리고 있는데, 실은 마자란 고기는 없다. '참마자', '돌마자'는 있어도 마자란 고기는 없고, 다만 이들 무리의 통칭일 뿐이다.

〈원문〉 迎魚【마지】身圓頭大,喙微尖.白質黑點.長三四寸.江湖川澤,在處有之.好食蠅及蚯蚓.

28. 칠어(鯲魚)【치리】

칠어는 등이 황색이고 배는 희다. 입술은 뫼산[山]자 모양을 하였는데 위아래 입술이 요철이어서 서로 맞물린 것이 개 어금니 모양과 같다. 큰 것은 1자 남짓이고 작은 것은 5~6치이다. 강과 호수, 시내와 여울 여러 곳에 있다.

안: 『자서』에, "칠(鯲)은 음이 칠인데 물고기의 이름이다."라고 하

고, 그 형상은 말하지 않았다. 지금 세간에서 말하는 칠이어(七伊魚)라고 하는 것은 상스러운 말이고 뜻이 없는 까닭에 내가 그 음이 같은 것을 취하여 억지로 '칠(鯌)'이라고 이름을 붙인 것이다.

▌평설

끄리

한자로 칠어(鯌魚), 한글로 '치리'라고 병기한 물고기는 표준명이 끄리로 잉어목 피라미아과에 속한다. 끄리는 깨끗한 물이 흐르는 강이나 넓은 호수에 살며, 몸길이가 30cm 이상이고 수컷이 암컷보다 몸집도 크고 지느러미도 크다. 끄리 성상에 관한 옛 고찰은 『난호어명고』가 유일한 기록이다.

몸 빛깔은 등이 푸른빛을 띤 갈색, 배가 은빛이 도는 흰색인데 번식기가 되면 옆구리에 엷은 노란색 또는 엷은 붉은색의 혼인색이 나타난다. 수놈의 색깔이 더욱 진하고, 크기가 40cm가 넘는데 '바디끄리'라고 불리며, 암컷은 '초끄리'라고 불리기도 한다. 꺼리, 꽃날치, 꽃칠어, 물치리, 어위, 어이, 어휘, 칠이 등의 지방이름도 있다. 대동강에서는 '어희'라 부르기도 한다.

주로 서해와 남해로 흐르는 큰 하천에 분포하며 동해로 흐르는 하천에는 1975년 이후에 인공적으로 옮겨진 것이다. 최근 낙동강에 끄리가 증가하면서 우점종 지위까지 넘보고 있다. 하천이라고 하는 담수생태계는 해상, 육상생태계와는 달리 다른 담수생태계와는 단절되어 있다. 즉 한강과 낙동강은 거리상으로 멀리 떨어져 있지 않지만 어류의 자연스러운 교류는 일어나지 않는다. 누군가에 의해 끄리가 낙동강으로 옮겨져 정착하게 되어 낙동강의 이식종이 된 것이고, 침입자가 된 것으로 추측되고 있다.

〈원문〉鯵魚【치리】鯵魚,背黃腹白.脣作山字刑,上下脣凸凹,相入如犬牙然.大者尺餘,小或五六寸.江湖川澗,在處有之.案:『字書』,鯵,音七,魚名也,不言其形狀.余以今俗所謂,七伊魚者,哇俚無義,故取其音同,强名之曰鯵.

29. 유어(柳魚)【버들치】

몸이 둥글고 배가 불룩하며, 입이 뾰족한데 아래 주둥이가 조금 짧다. 꼬리가 작은데 끝이 갈라지지 않았다. 비늘이 잘며 아가미가 작다. 등은 엷은 검은색이며 배는 약간 희다. 강물의 버드나무 아래서 노는 것을 좋아하는 까닭에 그런 이름을 붙였다. 낚시할 때는 지렁이를 미끼로 쓴다.

■평설

어명고에는 유어(柳魚)를 '버들치'라고 한글로 병기하고 있다. 버들치의 오기로 보이며 현 표준명도 버들치이다. 잉어목 황어아과인 버

버들치

들치는 우리나라 전역의 하천과 호소에 널리 서식한다. 맑은 계류를 좋아하며 청정지역에 사는 1급수의 지표종이지만 환경오염에 대한 적응력이 강해 2급수 하천에서도 종종 발견된다.

버들치를 가리키는 사투리 이름에 '중태기', '중고기'가 있다. 사찰 근처의 청정함을 잘 유지하고 있는 하천에 많기 때문에 그런 이름이 붙은 것으로 보인다. 버들치와 비슷하게 생긴 버들개는 같은 종의 변이로 보는 어류학자도 있다. 어명고에서는 '버들치'만 기록하고 있지만, 당시의 분류학 수준으로 미루어 버들개를 두루 설명했을 가능성도 있다. 버들치와 비슷한 종류로 버들개, 동버들개, 금강모치, 연준모치 등이 있으며 버들치로 통칭된다.

〈원문〉 柳魚【버들치】身圓肚飽, 口尖而下嘴差短. 尾瑣而未歧, 細鱗小鰓, 背淡黑腹微白. 喜游河柳之下, 故以名. 釣用蚯蚓餌.

30. 언부어(堰負魚)【둑지게】

몸이 둥글고 머리가 납작하고 크다. 주둥이는 메기와 비슷하지만 조금 더 뾰족하다. 아랫입술이 약간 길어 윗입술을 싼다. 비늘이 아주 잘아서 없는 듯하다. 등은 누른빛을 띤 검은색인데 아롱진 무늬가 있고 배는 엷은 흰색이다. 길이는 5~6치이다. 강과 호수, 내와 못에 다 있다. 항상 제방 아래 엎드려서 떠나지 않는 까닭에 그런 이름을 붙었다.

안:『화한삼재도회』에, "석반어(石斑魚)의 형상이 탄도어(彈塗魚)와 비슷하나 머리가 크고 꼬리가 가늘며, 수염이 있고, 단단한 지느러미가 있다. 비늘이 잘아서 없는 듯하다. 등에는 아롱진 무늬가 있는데 엷은 검은색이고 배는 희며 큰 것은 3~4치 정도이다. 항상 바위에 엎드려 있으므로 석복어(石伏魚)라고 하였다."라고 하였는데, 지금 세간에서 말하는 언부어가 바로 석복어의 일종인 듯하다.

우안:『본초강목』에, "석반어는 일명 석반어(石礬魚), 일명 고어(高魚)인데, 남방의 계곡의 돌이 있는 곳에서 산다. 길이가 두세 치이고 흰 비늘에 검은 아롱진 무늬가 있으며, 수면에 떠서 다니다가 인기척이 들리면 휙 하고 깊은 곳으로 들어간다."라고 하였다.
『임해수토기』에 이르기를, "긴 것은 1자가량 된다. 무늬가 호랑이 무늬와 같다. 성질이 음란하여 봄에 뱀과 교접하므로 그 알에 독이 있다."고 하였다. 『남방이물지』에 이르기를, "고어(高魚)는 준어(鱒魚)와 비슷한데 암컷은 있지만 수컷이 없다. 2~3월에 물 위에서 도마뱀과 교합하므로 그 태가 사람에게 독하다."라고 하였다. 『유양잡조』에도 이르기를, "석반어는 뱀과 교합한다."고 하나 지금의 언부어가 과연 그러한지 모르겠다. 무릇 봄과 여름에 이 물고기를 먹을 때에는 꼭 알을 떼어내어야 한다.

▍평설

동사리

　어명고의 언부어(堰負魚)는 표준명이 농어목 동사리과의 동사리로 비정되어 있다(최기철, 2002). 비슷한 모양의 얼룩동사리가 있으나 동사리와 구별하기 어려우며 일반적으로 동사리와 구분하지 않는다. 산란기에는 수컷이 '구구, 구구' 소리를 내기 때문에 '구구리'라고 불리기도 하지만 이름이 비슷한 모래무지아과의 꾸구리와는 별도의 어종이다.

　어보에서는 중국과 일본의 문헌을 들어 언부어를 비정하고 있다. 그러나 『본초강목』에 나오는 석반어(石鱉魚), 고어(高魚)는 "수면에 떠서 다니다가 인기척이 들리면 휙 하고 깊은 곳으로 들어간다."고 하였는데, 이는 동사리의 성상과는 다르다. 동사리는 물 바닥에 살고 있고, 낮에는 사람 눈에 잘 띄지 않는 물고기이다.

　『화한삼재도회』의 석반어는 일본에서 이시부시[石伏]라고 불리는 것으로 학명은 Gymnogobius urotanea이며 우리나라의 망둑어과의 꾹저구를 말한다.

　동사리는 동사리과이고 꾹저구는 망둑어과이다. 그러나 이 두 물고기는 색깔과 모양도 비슷하고, 등지느러미가 2개인 점, 꼬리지느러미가 원형인 점도 같다. 게다가 어명고에서 "아랫입술이 약간 길어 윗입술을 싼다."고 본 점도 같다. 동사리의 사투리 이름에는 구구락지, 구구리, 구굴무치, 뚝저구, 뚝찌 등이 있고, 꾹쩌구는 꾸구리, 뚜거리 등의 비슷한 발음의 이름이 있다.

　이 물고기는 어명고의 저자가 직접 관찰한 내용이므로 동사리를 설명하려는 것으로도 보인다. 그러나 『화한삼재도회』를 인용하면서 오히려 혼란이 온다. 한국과 일본 모두가 중국 고서에 나오는 물고기 기록을 보고, 각기 자기 나라에 있는 비슷한 습성의 물고기에 그 이름을 붙이려 한 것이 아닐까.

〈원문〉 堰負魚【둑지게】身圓頭扁而大,喙如鮎魚而微尖.上唇短,下唇差長而上歛.鱗細疑無.背黃黑有斑文,腹微白.長五六寸.江湖川澤,在處有之.常伏堤堰之下,而不去,故以名.案:『和漢三才圖會』云,石斑魚狀似彈塗魚,而頭大尾細,有鬚,有硬鬐.鱗細如無.背有斑紋淺黑色,腹白.大者三四寸.常伏石間,故稱石伏魚.疑今俗所謂堰負魚,卽石伏魚之一種也.又案:『本草綱目』云,石斑魚,一名石礬魚,一名高魚,生南方溪澗水石處.長數寸,白鱗黑斑,浮游水面,聞人聲,則劃然深入.『臨海水土記』云,長者尺餘.其斑如虎文.性婬,春月與蛇交,故其子有毒.『南方異物志』云,高魚似鱒.有雌無雄.二三月,與蜥蜴合于水上,其胎毒人.『酉陽雜俎』亦言,石斑與蛇交.未知今之堰負魚亦然耶.凡春夏食此魚,宜去鮴.

31. 가사어(袈裟魚)【가ᄉ어】

『함양지』에, "용유담(龍游潭)은 함양부 남쪽 40리 지점에 있는데 못의 양옆에 암석이 평평히 퍼져 쌓인 것이 모두 갈리고 닦여진 것처럼 보인다. 물속에 한 종류의 물고기가 사는데 등에 중의 가사 문양이 있으므로 이렇게 이름이 붙었다."고 하였다.

이 물고기는 지리산 서북쪽 저연(豬淵)[26]에서 나와 매년가을 물결을 따라 내려와서 용유담에 이르러 멈춘다. 다음해 봄에 다시 물길을 거슬러 저연으로 돌아가므로 용유담 아래로는 없다. 이 물고기를 잡는 사람은 그때를 살펴 그물을 바위 폭포사이에 쳐둔다. 그러면 물고기가 뛰어오르다가 문득 그물위에 떨어진다. 저연은 달공사 근처에 있으니 바로 호남 운봉지역이다.

▎평설

산천어

어보에 기록된 가사어의 '습성이나 색깔로 보아 황어'라 비정되기도 하며(최기철, 2002), 또 물고기가, "가사와 같은 빨간 띠를 걸쳤다면 이는 혼인색으로 가사어가 황어에 틀림없다."는 국어학자의 의견도 있다(김홍석, 2000).

그러나 어명고에 황어가 별도로 기술되어 있고, 또 황어가 산란을 위해 바다에서 강을 따라 소상하기는 하지만, 함양의 지리산부근까지

---

26 豬淵: 지리산 반야봉 아래에 있는 내원암 동천의 상류이다.

올라온다는 점도 신빙성이 약하다. 가사어는 강 상류의 일정구간을 오르내리지만, 황어와 같은 강해형(降海型) 물고기가 아닌 것이다.

이수광의 『지봉유설』에, "가사어는 지리산 계곡물에서 사는데 길이가 한 자가 못된다. 색깔이 붉은 것이 송어와 같고 그 맛이 매우 좋다. 모습이 가사를 입은 중 같아 그 이름이 붙었다. 산 아래 사람들은 몇 년에 겨우 한 번 볼 수 있으니, 특이한 것이다. 어떤 이는 말하기를 소나무 기운이 감응되어 나온 것이라 한다."라고 기록되어 있다.

이덕무의 『청장관전서』에도 가사어에 대한 기록이 있다.

"지리산 속에 못이 있는데 그 위에 소나무가 죽 늘어서 있어 그림자가 항시 그 못 속에 쌓여 있다. 거기서 나는 물고기의 무늬가 매우 아롱아롱하여 가사 같으므로 이름을 가사어라 하니, 대개 소나무 그림자대로 변화한 것이다. 구하기가 매우 어려운데, 삶아서 먹으면 병이 없게 되고, 오래 살게 된다고 한다."

가사어를 묘사한 옛글에서 유추할 수 있는 점을 정리하면 다음과 같다.

첫째, 지리산과 같은 깊은 산의 계곡에서 사는 물고기이다. 둘째, 송어와 연어처럼 강을 오르내리지만, 바다까지 내려가지는 않는다. 셋째, 얼룩무늬가 있어 중의 가사를 닮았다. 넷째, 고기 이름이 생긴 연유가 소나무와 관계가 깊다. 다섯째, 색깔이나 습성이 송어를 닮았고 크기는 1자 정도이다.

산골 깊숙한 곳, 맑은 물에 사는 얼룩무늬가 있는 물고기 중 소나무와 가장 연고가 깊고, 송어를 닮은 고기가 가사어인데, 산골의 일정 지역인 함양에서 남원 운봉까지만 오간다고 한다. 송어의 육봉형인 산천어(山川魚)를 이르는 것으로 보인다.

〈원문〉 袈裟魚【가스어】『咸陽志』云,龍游潭在咸陽府南四十里,潭之兩傍,巖石平鋪積累,皆若磨礱然.水中有魚,背有紋如袈裟,故以名.魚出智異山西北猪淵,每秋順流而下,至龍遊而止.翌年春,復溯流歸猪淵,故龍遊以下無之.漁者,伺其時,設網巖瀑間,魚騰躍而上,輒落網中.猪淵在達空寺傍,卽湖南雲峯地也.

32. 국식어(菊息魚)【국식이】

삭령 용지(龍池)에서 난다. 몸이 둥글고 배가 불룩하며, 황색바탕에 검은 무늬가 있다. 비늘이 아주 잘고 머리와 꼬리가 뾰족하다. 길이는 1치를 채 넘지 못한다. 매년 4월에 우화강[27]에서 거슬러 올라와 용지로 들어온다. 이때에 배에 알이 가득한데 색깔이 샛노랗다.

■평설

어명고에 국식어(菊息魚), 한글로 '국식이'라고 병기된 고기의 현재 이름이 무엇인지는 확실치 않다. 어명고의 간단한 기술만으로는 어느 물고기라고 비정하기가 어렵다.

이 물고기가 나는 곳이 삭녕 용지라고 한다. 삭녕은 경기도 연천군과 강원도 철원군의 일부지역으로, 현재 지명은 경기도 연천군 중면 여척리이며 비무장지대 북방한계선 안에 있다. 이곳에서만 나는 특산어종이 무엇인지 밝혀져 있지 않다.

국식어가 잉어목 모래무지아과인 왜매치란 의견도 있지만(『한국민족대백과사전』) 확실한 근거는 제시하지 않고 있다. 또 비슷한 발음의 이름을 가진 물고기에 꾹저구가 있고 국작어, 국저구, 꺽저구, 꾹적

---

27 羽化江: 강원도 철원군 삭령(朔寧) 지역에 있는 강이다.

어, 뚝지구, 죽저구 등의 사투리 이름이 있다. 혹시 어명고의 저자가 우리 이름 꾹저구를 음차하여 국식어라 이름붙인 것일 수도 있다. 그러나 꾹저구는 크기가 10cm 정도인데 어명고에서 국식어의 크기가 1치에 불과하다는 묘사와는 어울리지 않는 점이 있어 단정할 수 없다.

〈원문〉菊息魚【국식이】出朔寧龍池. 身圓腹飽, 黃質黑文. 鱗極細, 頭尾尖, 長不過一寸. 每四月, 自羽化江溯流入龍池. 是時, 子滿腹, 其色正黃.

33. 점(鮎)【머여이】

몸이 미끄럽고 끈적이기 때문에 점(鮎)이라고 하고, 이마가 고르고 평평하기 때문에 이(鮧)라고 한다. 큰 것은 제(鯷)라고 하는데, 제의 음은 제(題)이어서 제(鯠)와 같다. 『설문』에, "제(鯷)는 큰 메기이다."라고 하고, 『전국책』에서, "제의 껍질로 만든 갓을 쓰고, 붉은색 차조기로 꿰맨 옷을 입는대[鯷冠秋縋]."의 주에 '제는 대점(大鮎)'이라고 한 것이 바로 이것이다.

입이 크고 배가 불룩하며 지느러미가 길고 꼬리는 좁아진다. 두 눈은 위로 펼쳐져있고 4개의 아가미는 가로로 벌려있다. 강과 시내 도처에 있다. 흐르는 물에서 자라는 것은 푸른빛 도는 흰색이고 고인 물에서 자라는 것은 푸른빛을 띤 황색이다. 점(鮎)의 살은 회나 구이에는 적당하지 않고 고깃국으로 끓이는 것이 좋을 뿐이다. 어떤 사람이 이르기를, "비늘이 없는 물고기는 대체로 독이 있으므로 많이 먹어서는 안 된다."고 한다.

『동의보감』에 이르기를, "점(鮎)에는 세 종류가 있는데 입과 배가 다 큰 것은 이름이 화(鱯)【음은 호(戶)】이고, 배가 푸르고 입이 작은 것은 이름이 점(鮎)【음은 염(廉)】이며, 입이 작으며 등이 누렇고 배가 흰 것은 이름이 외(鮠)【음은 위(危)】이다."라고 하였다.

안: 이 설은 본래 이천의 『의학입문』에 근거한 것인데, 이천은 또한 보승의 『촉본초』를 답습하여 오류를 범한 것이다. 이시진은 『본초강목』에서 그 잘못을 변별하여 이르기를, "점은 모두 입이 크고 배가 커서 입이 작은 것은 있지 않다. 호(鱯)는 점과 같지만 입이 턱 아래 있으며 꼬리에 두 갈래가 있으니 본래 점과 같은 종류가 아니다. 위(鮠)[28]가 곧 호(鱯)이니 남쪽 사람들이 사투리 때문에 '위'로 음이 바뀐 것이므로 서로 다른 사물이 아니다."라고 하였다. 그 말이 믿을 만하다.

우안: 『본초강목』에, "이어(鯬魚)는 일명 언어(鰋魚)라고 하니, 그 이마가 낮게 누웠기 때문에 언(鰋)이라고 한다."고 하였는데 이 설은 옳지 않다. 언(鰋)을 점(鮎)이라고 한 것은 모씨의 『시전』에서 비롯되었는데, 모씨 또한 『이아』를 오해하여 잘못을 범한 것이다. 『이아』의 「석어」에는, "이(鯉)·전(鱣)·언(鰋)·점(鮎)·예(鱧)·환(鯇)이다."라는 글이 있다. 이 여섯 가지 물고기는 사람들이 쉽게 알고 있어서 풀이가 필요 없기 때문에 『이아』에서 일일이 낱개의 이름을 들어 그 항목을 내세운 것이지, 진실로 이(鯉)를 전(鱣)으로 해석하고, 언(鰋)을 점(鮎)으로 해석하며, 환(鯇)으로 예(鱧)를 해석한 것이 아니다.

허신이 오인하여 전(鱣)을 이(鯉)로 해석한 까닭에 『설문해자』에서 이(鯉)를 전(鱣)이라고 하였고, 모공이 오인하여 점(鮎)을 언(鰋)으로 해석한 까닭에 『시전』에서 '언(鰋)은 점(鮎)이다'라고 하였으며, 손염은 오인하여 환(鯇)을 예(鱧)로 풀이한 까닭에 그의 설명에, "예(鱧)는

---

28 鮠는 원음이 외이나, 어명고의 저자가 음이 위(危)로 기록하고 있다. 이하 모두 鮠는 위로 적는다.

환(鯇)이니 같은 물고기다."라고 하였다. 그러나 이들 물고기는 종류와 형상이 판이하게 달라 연관성이 없는데도 억지로 부합시킨 것이다. 그러므로 곽박이 『이아』를 주해할 때 옛 설을 따르지 않았고 그 형상과 이름을 각각 서술하여 여섯 가지 물고기의 이름으로 결정하였다. 논자들이 이를 옳게 여긴다.

이천이 이(鯉), 전(鱣), 환(鯇), 예(鱧)에 대해서 모두 각각 이름과 모양을 서술하였고, 한 사물이면서 두 이름을 가진 것이라고 말한 적이 없는데, 유독 언(鰋)과 점(鮎)에 대해서는 『모전』의 잘못을 다시 답습하였으니 그것이 무슨 이유인지는 모르겠다.

▍평설

메기

점(鮎), '머여이'의 표준명은 메기이다. 메기목 메기과 물고기인 메기는 오염에 민감하지 않고 물이 깨끗하지 않아도 잘 사는 환경적응력 덕분에 우리나라 전 지역의 강과 호수에 두루 분포한다. 물살이 느린 강 중·하류의 돌 틈이나 바닥 근처에서 산다. 야행성으로 낮에는 강바닥이나 돌 사이에 숨어 있다가 밤에 먹이를 찾아 활동하는데,

작은 물고기나 수생곤충, 올챙이 등 수중동물을 잡아먹는다.

  몸이 길고 전체적으로 원통 모양이지만 머리는 위아래로 납작하고 몸 뒤쪽은 옆으로 납작하다. 눈은 작고 두 눈 사이가 매우 넓다. 입은 크고, 입수염은 두 쌍이며 콧구멍 옆에 달린 수염은 길어서 가슴지느러미까지 닿는다. 몸에는 비늘이 없이 점액으로 뒤덮여 있다. 지역이나 개체에 따라 몸 색깔의 변이가 심하며 불규칙한 얼룩무늬가 있고, 배 부분은 연한 노란빛을 띤다. 메기과에는 메기와 비슷한 이름에 비슷하게 생긴 미유기가 있다. 미유기는 메기보다 작은 한국 고유종인 별도의 어종이지만 경기도와 함경도 지방의 옛말에서는 둘 다 메기라고 부른다.

  어보에서는 제(鯷), 호(鱯), 위(鮠) 등 중국의 여러 메기 종류를 검토하고 있지만, 우리나라 메기과 물고기는 메기, 미유기 2종뿐이다. 우리는 메기를 점(鮎)이라 쓰고 있지만, 일본에서는 은어의 한자이름이어서 혼동을 준다.

〈원문〉 鮎【머여이】身滑而黏,故謂之鮎,額平而夷,故謂之鯷. 其大者,謂之鯷,鯷音題,與鮧同.『說文』,鮧,大鮎也.『戰國策』鯷冠秫縫注,鯷,大鮎,是也.巨口飽腹,長鬚殺尾,兩目上陳,四鰓橫張.江川池澤,在處有之.生流水者,色靑白,生止水者,色靑黃.其肉不中膾炙,但可作羹臛.或云,無鱗之魚,大抵有毒,不可多食也.『東醫寶鑑』云,鮎有三種,口腹俱大者,名鱯【音戶】,背靑口小者,名鮎【音廉】,口小背黃腹白者,名鮠【音危】.案:此說,蓋本李梴『醫學入門』之說,而李又襲韓保昇『蜀本草』,而誤者也.李時珍『本草綱目』,辨其訛曰,鮎,皆大口大腹,竝無口小者.鱯似鮎,而口在頷下,尾有兩歧,本非鮎之一種.鮠,卽鱯,南人方音轉爲鮠,非二物也.其言信矣.又案:『本草綱目』云,鯷魚,一名鰋魚,以其額之低偃,故名鰋,此說非矣.以鰋爲鮎,始自毛氏『詩傳』,而毛又誤解『爾雅』,而致訛也.『爾雅釋魚』,有鯉·鱣·鰋·鮎·鱧·鯇之文.蓋此六魚,人所易喩,無俟訓

> 釋.故『爾雅』歷擧單名,以立其目,固非以鱧釋鯉,以鮎釋鰻,以鯇釋鱧也.
> 許愼誤認,以鱧釋鯉,故『說文』曰,鯉,鱧也.毛公誤認,以鮎釋鰻,故『詩傳』
> 曰,鰻,鮎也.孫炎誤認以鯇釋鱧,故其說曰,鱧鯇,一魚也.然此諸魚種類
> 形狀迥異,無緣强合.故郭璞註『爾雅』,不從舊說,各著其形狀名號,定爲
> 六魚之名.論者是之.李氏於鯉・鱧・鱧・鯇,皆各著名狀,未嘗謂一物
> 兩名,而獨於鰻鮎,復襲毛傳之謬,未知其何說也.

34. 예(鱧)【가물치】

예(鱧)에는 양쪽 아가미 뒤에 모두 일곱 개의 아롱진 무늬가 있는데 북두칠성을 닮았다. 밤에는 반드시 머리를 들고 지느러미를 모아 북쪽을 향하는 자연스런 예가 있는 까닭에 글자에 예(禮)자가 들어있다. 어떤 이는 말하기를, "다른 물고기의 쓸개는 모두 쓰지만 오직 가물치만은 쓸개가 단술처럼 달기 때문에 글자에 예(醴)자가 들어있다."고 하였다. 색깔이 검은 까닭에 현례(玄鱧), 오례(烏鱧)라는 호칭이 더 있다. 몸에 꽃무늬가 있으므로 또 문어(文魚)라고도 한다.

『본초강목』에서 여(蠡)라고 하였는데, 여는 나(螺)자와 통용되니 역시 색깔이 검은 것을 말한 것이다. 도홍경이 이르기를, "이는 물뱀[公蠣]29이 변화된 것이다. 지금에 보니 뱀과 교접하기를 좋아하므로 맛이 비린내가 심하여 요리로 쓰이는 경우는 드물다. 다만 치질을 치료하고 해충을 죽이는 약효가 있다. 그러므로 어부가 이 물고기를 잡으면 다른 고기보다 값을 2배는 더 받을 수 있다. 그러나 7개의 별무늬가 분명해야 상품에 들고 그 별이 5개, 혹은 6개인 것은 약효가 아주 떨어진다."고 하였다.

---

29 중국 물뱀의 한 종류로 소갈병을 치료하고, 사지에 번열이 날 때 약으로 쓴다고 한다.

곳곳에서 나는데 압록강 상·하류에 가장 많다. 예로부터 이 물고기를 북방어(北方魚)라고 하는데 성질이 차고 색깔이 검기 때문만은 아니다.

▮평설

가물치

가물치는 농어목 가물치과의 물고기이다. 어명고에서 가물치가 '뱀과 교접하기를 좋아하므로 맛이 비린내가 심하다'고 묘사된 것은 가물치의 생김새에서 비롯된 것이다. 가물치는 머리 모양이 파충류, 특히 뱀과 비슷한 점이 있다. 그래서 영어로는 스네이크피시(snake fish)라 불리고, 중국에서도 사두어(蛇頭魚)라 불린다.

정약용이 쓴 『아언각비』에 가물치는 '감을치'로 기록되어 있다. '감을'은 고어로 '검다'는 의미이고 중국에서 가물치를 오어(烏魚), 현어(玄魚), 흑어(黑魚)라 부르는 것과 의미가 서로 통한다.

가물치는 여성의 산후 조리용 보양식품으로 사랑받고 있는 대표적인 토종 물고기로 가모치(加母治)라고도 불린다. 『동의보감』에는, "성질이 차고 맛이 달며 독은 없고 부은 것을 내리고 오줌이 잘 나오게 하며 5가지 치질을 치료하지만 부스럼이 있는 사람은 먹어서는 안 된다."고 설명하고 있다.

가물치는 공기호흡이 가능해 탁한 물에서도 생존하는 등 생명력이 강하며, 겨울에는 깊은 곳의 진흙이나 해캄 속에 묻혀서 동면한다. 비가 올 때는 습지에서 뱀처럼 기어 다니기도 한다. 수온이 높을 때는 아가미호흡보다 주로 공기호흡을 하는데, 아가미 가까운 곳에 부속 호흡기관이 있어 이것으로 공기를 호흡한다.

〈원문〉 鱧【가물치】兩腮之後,皆有七斑點,以象北斗. 夜必仰首拱北,有自然之禮, 故字從禮. 或曰, 諸魚膽皆苦, 惟鱧膽, 甘如醴, 故字從醴也. 其色玄, 故又有玄鱧 · 烏醴之稱. 身有花文, 故又曰文魚. 『本草』謂之蠡, 蠡與螺通, 亦言其色黑也. 陶弘景謂, 是公蠣所化. 至今好與蛇交, 氣味鮓惡, 罕充庖廚. 特以有治痔 · 殺蟲之功, 故漁者得之, 值倍他魚. 然七星分明者, 始入品, 其五六星者, 功殊劣也. 處處有之, 鴨綠江上下流最多. 自古謂是北方之魚, 蓋不獨以性寒色玄也.

35. 만리어(鰻鱺魚)【비암쟝어】

모양이 선(鱓)과 같지만 배가 흰 까닭에 일명 백선(白鱓)이라고 한다. 또 살모사와 비슷한 까닭에 사어(蛇魚)라고 하기도 한다. 등에 누런 줄이 있는 것을 금사리(金絲鱺)라고 한다. 조벽공의 『잡록』에 이르기를, "만리어(鰻鱺魚)는 수놈은 있지만 암놈은 없다. 그림자를 가물치에게 비치게 하면 그 새끼가 가물치 지느러미에 붙어서 생겨난다. 그러므로 만례(鰻鱧)라고 한다."고 하였다.

그러나 지금 조사해 보니, 만려어는 4~5월에 알을 낳는데 갓 깨인 새끼는 바늘처럼 가늘어 일본 사람들이 이것을 침만리(針鰻鱺)라고 한다. 반드시 가물치에 그림자를 비추어 새끼를 낳게 하는 것은 아니다. 뱀장어는 겨울과 봄에는 굴속에 들어박혀 있다가 오월이 되어서야 나와 돌아다니기 시작한다. 이때에 잡은 것이 맛이 좋다. 곳곳에 있는데 강 속의 큰 것은 길이가 두어 자가 된다. 육질이 단단하고 기름기가 많아 불에 구우면 냄새가 좋으니, 꼭 해충을 죽이고 중풍을 그치게 하는 약효 때문에 귀하게 여기는 것만은 아니다.

▎평설

뱀장어

만리어(鰻鱺魚), '빅암쟝어'는 민물장어인 뱀장어를 말한다. 뱀장어목 뱀장어과로 강에서 자라지만 성숙해지면 바다로 가서 산란을 하고, 어린 뱀장어는 다시 강으로 돌아와 3~4년이면 성숙해진다.

어명고에서는 중국문헌의 '뱀장어에는 암놈은 없다.'는 설을 부정하고 있다. 높이 평가되어야 할 대목이다. 어명고에서는 뱀장어가 4~5월에 알을 낳는다고 보고 있다. 1970년대까지 뱀장어의 번식과정은 과학적으로 명확하게 밝혀져 있지 않았다. 뱀장어는 알→유생→실뱀장어→성어의 성장단계를 밟는데, 원양의 심해에서 산란하고 있어 실제로 알을 보기 어렵다.

　뱀장어는 예전부터 여러 약효가 있는 것으로 알려져 있다. 『산림경제』에는 "뱀장어는 강과 호수에 살고 어디든지 있다. 드렁허리 같으나 배가 크고 비늘이 없으며, 푸른빛을 띤 황색이다. 대개 뱀 종류이다. 5색이 갖추어진 것이 효과가 더욱 좋다. 악창 및 부인의 음호(陰戶)가 충으로 가려운 것을 치료한다."고 하였다. 또 『동의보감』에도, "뱀장어를 말렸다가 방안에서 태우면 모기가 물로 변한다."고 하였다.

〈원문〉 鰻鱺魚【빅암쟝어】狀如鱔, 而腹白, 故一名白鱔. 又似蝮蛇, 故亦稱蛇魚. 背有黃脉者曰, 金絲鰻. 趙辟公『雜錄』云, 鰻鱺有雄無雌, 以影漫于鱧魚, 則其子皆附于鱧鬐而生. 故謂之鰻鱧. 然以今驗之, 鰻自於四五月生子, 初生細如針芒, 日本人謂之, 針鰻鱺, 未必皆影鱧而産也. 鰻於冬春蟄穴中, 至五月始出游, 此時取者味美. 在處有之, 江中大者, 長或二三尺. 肉緊而多脂膏, 燔炙香美, 不專以其殺蟲·已風之功而貴之也.

36. 선(鱔)【드렁허리】

　황색바탕에 검은 무늬가 있는데 배 전체가 누렇기 때문에 황선(黃鱔)이나 황선(黃䱉)이라는 이름이 있다. 뱀장어와 비슷하지만 길고, 뱀과 비슷하지만 비늘이 없다. 큰 것은 길이가 2~3자가 된다. 뱀장어처럼 겨울에는 숨어 있고 여름에 나온다.

　『본초강목』에 이르기를, "어떤 종류는 뱀이 변한 것이므로 사선(蛇鱔)이라고 한다. 독이 있어 사람을 해치므로, 항아리에 물을 넣어 선(鱔)을 기른다. 밤에 등불로 비추어보면 뱀이 변한 것은 목 아래에 반드시 흰 점이 있다. 몸 전체가 물위에 뜨는 것은 버린다."고 하였다.

오늘날 선을 먹는 사람은 마땅히 이 방법을 이용하여 분별해야 한다.

■평설

드렁허리

드렁허리는 드렁허리목 드렁허리과의 단일종이다. 드렁허리는 꼬리지느러미 외에는 지느러미가 없어 뱀으로 오인하기 쉽다. 드렁허리는 하천과 바다를 오가는 뱀장어와 달리 일생동안 논과 호수 및 하천에 산다. 낮에는 진흙 속과 돌 틈에 숨어 있다가 야간에 나와서 작은 동물과 물고기를 잡아먹는다.

드렁허리는 물에서 목만 내 놓고 구강 옆면의 볼을 부풀려 공기를 마시는 공기호흡을 한다. 아가미가 위축되어 있어 물속에서의 호흡이 활발하지 못하기 때문이다. 드렁허리는 성장 도중에 성전환을 하기도 한다. 각박한 환경에서 생존하고, 후대를 퍼트리기 위한 생존전략의 하나인 것이다.

드렁허리는 논바닥에 구멍을 파고 숨어 지내는 일이 많고, 논두렁을 뚫고 다니기 때문에 논물이 다 빠져 나가고, 논둑이 무너지기도 한다. 이 때문에 드렁허리는 천수답 농사를 짓은 농부에게 미움의 대상이 되었다. 드렁허리란 이름도 '논두렁을 헌다.'는 데서 나왔다는 옛말이 있다.

〈원문〉 鱔【드렁허리】黃質黑章,而其腹全黃,故有黃鱔·黃鉏之名.似鰻而長,似蛇而無鱗.大者長二三尺.冬蟄夏出,與鰻鱺同.『本草綱目』云, 一種蛇變者,名蛇鱔.有毒害人,以缸貯水畜鱔.夜以燈照之,其蛇化者,項下必有白點.通身浮水上,卽棄之.今之食鱔者,宜用此法辨之.

37. 니추(泥鰌)【밋구리】

추(鰌)에는 세 가지가 있다. 먼 바다에 사는 것을 해추(海鰌)라고 하는데 바로 고래[鯨]의 다른 이름이다. 큰 강에 사는 것을 강추(江鰌)라고 하고, 도랑과 얕은 진흙물속에서 사는 것을 니추(泥鰌)라고 한다. 손염이 『이아』의 습추(鰼鰌)[30]를 풀이하며, "습(鰼)은 예사[31] 작은 것이다. 예사 것은 진흙탕 물에 익숙하여 맑은 물을 싫어한다."고 하였다.

『장자』「경상초」에 이르기를, "예사 도랑에서 큰 물고기는 몸을 돌릴 수 없다."고 하였는데, 이는 고래에 대한 것이며, 모든 니추를 말한 것은 아니다. 드렁허리와 비슷하게 생겼지만 길이가 짧고 머리가 뾰족하며 누른빛을 띤 검은색이다. 침을 흘려 스스로 묻혀 미끄럽게 하여 잡지 못하게 하며, 진흙 속에 숨어서 다른 물고기와 암수가 된다. 그 살에 기름기가 많아 맛이 있다. 시골사람들이 잡으면 맑은 물속에

---

30 鰼鰌: 미꾸라지 습, 미꾸라지 추로 한 뜻이다.
31 尋常: 고대 중국에서 尋은 8자이고, 常은 16자를 나타내기도 했다. 어보의 심상은 상대적으로 '얼마 안 되는' 짧은 거리를 의미하기도 하며, 대수롭지 않다는 뜻도 가지고 있다.

넣어 진흙과 해감을 모조리 토해내기를 기다려서 고깃국을 끓이는데 별미이다.

▍평설

미꾸리

어명고에는 한자로 추(鰌), 한글로 '밋구리'라고 병기해서 오늘날의 미꾸라지 종류를 설명하고 있다. 해추는 고래이고, 강추(江鰌)는 모양은 드렁허리와 비슷하지만, 머리가 뾰족하고 몸은 둥글며 색깔은 검푸르며 비늘이 매우 자잘한 우리나라에 없는 중국의 대형 미꾸라지 종류이다.

추(鰌)는 '미꾸라지 추'자이며 현재의 이름도 미꾸라지이다. 미꾸라지와 미꾸리는 이름이 비슷하고 잉어목 미꾸리과의 가까운 친척간이지만 별도의 어종으로 분류된다. 구태여 구분하자면 미꾸라지는 '몸이 미꾸리에 비해 크며 전체적으로 가늘고 길다. 몸은 미꾸리보다 옆으로 더 납작하고 머리는 위아래로 납작하며, 비늘이 좀 더 크다'는 차이 정도이다. 그리고 미꾸라지는 미꾸리보다 수염이 길고 좀 더 납작하다는 점에서 '납작이'로, 미꾸리를 '동글이'라 부르기도 한다.

미꾸라지 종류들은 물속에서 방귀를 뀐다. 이들 종류는 창자호흡을 하기 때문에 이 과정에서 창자에 있던 공기가 항문으로 나오게 된다. 물속에서 공기방울이 뽀글뽀글 올라오면 미꾸리들이 있다고 봐도 좋을 것이다. 그래서 '밑이 구리다'에서 밑구리가 밋구리, 미꾸리로 바뀌어 이름이 되었다고 한다. 그러나 옛글에서는 '워낙 미끄러워 손으로 잡기 어려워서[滑疾難握] 밋그라지'라고 설명하기도 한다(『물명고』).

〈원문〉 泥鰌【밋구리】鰌有三焉.生海洋曰,海鰌,卽鯨之一名也.生大江曰,江鰌,生溝渠淺淖中曰,泥鰌.孫炎解『爾雅』鰼鰌曰,鰼尋也,尋習其泥,厭其淸水.『莊子』「庚桑楚」云,尋常之溝,巨魚無所還其體,而鯢鰌爲之,制皆泥鰌之謂也.似鱓而短,首銳而色黃黑.有涎以涎以自染,濡滑難握,穴處泥中,與他魚爲牝牡.其肉多脂肥美,野人捕之,貯淸水中,俟吐盡泥濁,作爲羹臛,詑爲異味.

38. 하돈(河豚)【복】

몸이 짧고 배가 불룩하며, 입이 작고 꼬리가 모지라졌다. 이빨은 있지만 지느러미가 없다. 등은 푸른빛을 띤 검은색인데 누런색무늬가 있고, 배 아래는 흰데 빛은 나지 않는다. 물건에 닿으면 성질을 내어 배를 공처럼 부풀리고 물위로 오른다. 그러므로 일명 분어(噴魚)라고도 하고 기포어(氣包魚)라고도 하며 취토어(吹吐魚)라고도 한다.

『산해경』에서 말한 적규(赤鮭),『논형』에서 말한 "규어(鮭魚)의 간이 사람을 죽인다."는 말과, 뇌공의『포자론』에서 말한 규어(鯢魚),『일화자』에서 말한 호어(鰗語),「촉도부」에서 말한 후태(鯸鮐),『본초집해』에서 말한 후이(鯸鮧)가 모두 이 물고기이다.

옛글에, "하돈의 심장과 간, 머리는 단장초[32]보다 더 독하다."고 하였다. 또 "간과 알이 입에 들어가면 혀를 문드러지게 하고 배에 들어가면 창자를 문드러지게 한다."고 하였다. 『본초강목』에 이르기를, "색깔이 엷은 검은색이고 점무늬가 있는 것은 반어(斑魚)라는 하는데 독이 매우 심하다."고 하였다. 어떤 이는, "3월 이후에는 반어를 먹을 수 없다."고 하며, 어떤 이는, "등마루 뼈 양변에 붉은 피가 도는 살이 있는 것, 창자와 위 뒤에 나비 모양의 뼈가 있는 것, 고기의 색깔이 푸른빛 도는 흰색이고 물에 던지면 움직이는 것은 모두 독성이 강해서 사람을 죽게 한다."고 하였다.

수달은 물고기를 잡아먹기를 좋아해서 동자개나 자가사리와 같은 큰 물고기도 즐겨 잡아먹고, 그리고 작은 물고기도 많이 잡아먹지만 하돈만은 전혀 먹지 않으니 하돈에 독이 있음을 알기 때문이다. 오늘날 목숨을 버려가면서까지 하돈을 먹는 사람은 정말 이른바 사람이면서 수달만도 못한 어리석은 자들이다.

나원의 『이아익』에 이르기를, "하돈은 나오는 때가 있으니 장강의 남쪽에서 가장 먼저 잡는데 대체로 동짓날에 난다. 까닭에 논자가 『주역』의 '중부(中孚)' 괘를 해설하면서 '믿음이 복어에까지 미친다.'라고 하였으니, 바로 이 물고기를 의미한 것이다. 중부(中孚)는 11월 동지의 괘인데, 이 물고기가 감응해서 오니 이는 믿음이 드러난 것이다."라고 하였다.

지금 하돈이 오는 것은 한식 이후인데 복사꽃이 피면 독이 있어 먹을 수가 없다. 남과 북의 동식물이 나는 철이 같지 않은 것이 또 이와 같다.

---

32 野葛: 단장초를 말하며, 호만등과의 1년생 식물이며 독성이 강하다.

평설

황복

복어는 복과 어류의 총칭으로 참복, 황복, 까치복, 은복 등 여러 종류가 있으며 일반적으로 복어라 할 때는 참복을 가리킨다. 어명고에서 한자로 하돈(河豚), 한글로 '북'으로 병기된 고기는 복어목 참복과의 황복으로 비정된다.

바다에 사는 황복은 알을 낳으러 서해에 접한 강으로 올라온다. 산란기에만 강에서 잡히며 맛이 좋아 고급어종에 속한다. 황복은 4월 말에서 6월 말에 강으로 올라와서 바닷물의 영향을 받지 않는 자갈이 깔린 여울바닥에 알을 낳는다. 알에서 깨어난 어린고기는 바다로 내려가서 자란다. 황복은 임진강에서 많이 잡히는 것으로 알려져 있으나, 옛글에는 한강 상류까지 올라간 흔적도 많이 있다.

황복은 난소를 비롯하여 간과 장, 피부에 강한 독이 있다. 복어의 독성분은 테트로도톡신(tetrodotoxin)인데, 이 독은 강한 신경독소로 말초신경을 마비시킨다. 복어를 먹으려면 물로 깨끗이 씻어야 하기 때문에 '복어 한 마리에 물 서 말'이라는 옛 속담이 있다. 그 맛과 독성 때문에 '복어는 먹고 싶고, 죽기는 싫고'라는 일본속담도 있다.

어명고에서 주역 중부를 해설하면서 '신의가 돈어(豚魚)에까지 미친다[信及豚魚]'라고 한 부분을 고전번역에서, "돼지나 물고기는 무지한 동물인데, 사람의 신의가 워낙 진실하면 그 동물도 능히 감동시킬 수 있다."는 것으로 보기도 한다. 이는 봉건군주의 어진 다스림을 강조한 말이다. 그러나 돈어는 돼지와 물고기가 아니라 황복[河豚]으로 보아야 하며, 신(信)은 때, 소식, 믿음 등 여러 의미가 있어 달리 해석할 수 있다. 해마다 일정한 시기에 계절에 감응하여 약속한 것[信]처럼 황복이 강으로 오르는 것을 이른 것으로 봄이 타당할 것이다.

〈원문〉河豚【북】[33] 身促肚飽, 口小尾禿. 有齒無鬣, 背靑黑有黃文, 腹下白而不光. 觸物則嗔怒, 澎漲如氣毬, 浮於水上, 故一名嗔魚, 一名氣包魚, 一名吹吐魚. 『山海經』所謂, 赤鮭, 『論衡』所謂, 鮭肝死人, 電[34]公『炮炙論』所謂, 鯸魚, 『日華子』所謂, 鯸魚, 『蜀都賦』所謂, 鯬鯠, 『本草集解』所謂, 鯸鮧, 皆此魚也. 舊稱河豚心肝及頭, 毒於野葛. 又云, 肝及子入口爛舌, 入腹爛腸. 『本草』云, 色淡黑, 有文點者, 名斑魚, 毒尤甚. 或云, 三月以後, 則斑魚不可食. 或云, 脊骨兩邊, 有赤血肉者, 腸胃後有骨, 如胡蝶形者, 肉色靑白, 投水如動者, 皆有大毒殺人. 蓋獺喜食魚, 大魚如鱨鰥之類, 亦健啖小魚, 而皆不食, 河豚知其有毒也. 今之捨命啖河豚者, 眞所謂人而不如也. 羅願『爾雅翼』云, 河豚, 其出有時, 江陰得之最早, 率以冬至日有之, 故說者解易, 信及豚魚, 以爲卽此物. 中孚, 爲十一月冬至之卦, 此魚應之而來, 是信之著也. 今河豚之來, 乃在寒食後, 桃花發, 則有毒不可食, 南北物候之不同, 又如是矣.

---

33 '북'은 '복'의 오자이다.
34 '電'은 '雷'의 오자이다.

39. 황상어(黃顙魚)【자가사리】

모양은 메기와 비슷하지만 작다. 배도 누렇고 등도 누런데다 푸른 색을 띠고 있다. 아가미 아래에 2개의 횡골(橫骨)이 있고, 수염이 두 개이며 지느러미가 3개이다. 무리를 지어 다니면서 알알거리는 소리를 낸다. 사람이 잡으면 날카로운 가시로 사람을 쏜다. 『시경』에서 말하는 상(鱨), 『시경』의 주에서 말하는 황협어(黃頰魚), 『집운』에서 말하는 앙알(鮼軋), 『본초강목』에서 말하는 황알(黃䰵)과 황앙(黃鮼)이 모두 이 물고기이다. 우리나라 사람들은 사람을 쏘기 때문에 석어(螫魚)라고 한다. 강과 호수, 시내나 못이 있는 곳에 산다.

▎평설

자가사리

어명고에 황상어(黃顙魚), '자가사리'로 올라 있는 물고기의 표준명은 자가사리(정문기, 1991) 혹은 동자개(최기철, 2002)로 학자에 따라 달리 비정되고 있다. 자가사리는 메기목 퉁가리과의 물고기이고, 동자개는 메기목 동자개과로 과가 다르다.

두 물고기는 사는 곳도 비슷하고, 모양도 닮은 점이 없지 않다. 게다가 가슴지느러미에 날카로운 가시가 달려있어 찔리면 무척 아프게 하는 점도 같다. 어류학자의 의견이 엇갈리지만, 어명고 저자가 한글로 자가사리라고 기록한 점을 살리고 싶다. 또 어명고에서는 앙사어(鮟絲魚)란 이름으로 동자개를 별도로 기술하고 있다.

자가사리와 같은 퉁가리과의 물고기인 퉁가리는 자가사리와 구별하기가 쉽지 않다. 퉁가리도 지방이름이 황석어(경북 영양), 짜가사리라고도 한다. 동자가사리라는 비슷한 이름의 물고기도 있다. 어명고에서는 이들 물고기를 두루 부른 명칭일지도 모른다.

〈원문〉黃頬魚【자가사리】形類鮎魚而小.腹黃,背黃帶靑.腮下有二橫骨,兩鬚三鬐.羣遊有聲軋軋然.人執之,則有利刺螫人.『詩』所謂,鰋.『詩註』所謂,黃煩魚.『集韻』所謂,鮋軋.『本草』所謂,黃軋·黃鮋,皆此物也.東人以其螫人,謂之螫魚.江湖川澤,在處有之.

40. 앙사어(鮟絲魚)【퉁쟈기】

계곡물이나 하천에 있는 비늘이 없는 작은 물고기이다. 모양은 메기와 비슷하지만 누른빛을 띤 갈색이며, 입이 크고 톱니처럼 생긴 잔 이빨이 있다. 작은 물고기를 잘 잡아먹고, 꼬리에 작은 갈래가 있다. 큰 것은 7~8치이고 개구리와 같은 소리를 낸다. 등지느러미에 가시가 있어 사람을 쏜다. 살이 엷고 맛이 좋지 않다.

▎평설

어명고에 앙사어(鮟絲魚), 한글로 '퉁쟈기'라고 병기되어 있는 고기의 표준명은 동자개이다. 저자가 어명고를 저본으로 「전어지」를 쓸 때에는 '동즈기'라 고쳤으니, 어명고의 한글이름은 오기로 보인다.

동자개

 앙사어를 자가사리나 퉁가리로 볼 수도 있지만, '꼬리가 약간 갈라졌다.'는 표현은 동자개에 해당된다. 자가사리의 꼬리지느러미는 갈라짐이 없는 원형이다. 동자개의 꼬리지느러미 모양은 어보에서 묘사된 것처럼 약간 갈라졌다. 자가사리처럼 지느러미로 사람을 쏘아 한자명으로 황석어(黃螫魚)라고 불리기도 한다.
 메기목 동자개과의 물고기에는 동자개, 꼬치동자개, 눈동자개 등이 있는데, 전문가가 아니면 구분하기가 쉽지 않다. 동자개는 빼가리, 황쟈개, 챠가사리, 자가사리, 황빠가, 황어 등의 지방 사투리 이름이 있지만, 그중 빠가사리가 가장 알려져 있다. 빠가사리는 '동자개가 적을 만나면 가슴지느러미에 있는 가시를 뒤로 젖히고 지느러미 아래의 관절을 마찰시켜 빠각빠각하는 소리를 낸다고 해서 얻은 별명'이다(김익수, 2014).
 동자개는 사는 곳에 따라 색깔이 차이가 있다. 큰 강에서 사는 놈은 검은색보다 노란색이 강해서 다른 어종인 것 같이 보이기도 한다.

〈원문〉 鮧絲魚【통쟈기】溪河中無鱗小魚也. 形似鮎, 而黃褐色, 口闊有

細齒如鉅[35].善呑小魚.尾有小歧.大者七八寸.有聲如蛙.有鬐刺螫人. 肉薄味短.

41. 빙어(氷魚)【빙어】

길이가 겨우 두어 치이다. 비늘이 없고 몸 전체가 희고 맑아서 두 눈의 검은 점으로 식별할 수 있을 뿐이다. 빙어가 오는 때는 반드시 동지를 전후한 때여서 얼음을 뚫고 그물을 던져 잡는다. 입춘 이후에는 색깔이 점차 푸르러지고 나오는 것도 점차 드물어지다가, 얼음이 녹으면 볼 수 없는 까닭에 빙어(氷魚)라고 한다. 지금 속칭 백어(白魚)라고 하는 것은 색깔을 말한 것이다.

『화한삼재도회』에서 이르기를, "빙어는 늦가을 무렵부터 겨울초엽에 이르기까지 어살에 모인 것을 뜰채로 잡는다."라고 하였는데, 대체로 일본의 계절이 우리나라보다 1~2개월 이르기 때문이다. 또『화명초』를 인용하여 빙어를 소(魣)라고 하였다. 그러나 지금 자서(字書)를 상고해 보면, 다만 "소(魣)는 잔물고기이다."라고만 말하였을 뿐 형상을 분명하게 밝히지 않아서, 과연 곧 이 물고기인지는 알지 못하겠고, 또한 중국에도 이 물고기가 있는지도 알 수 없다.

우리나라의 한강에서 나는 것이 가장 좋고, 장단의 임진강, 평양의 대동강의 것이 그 버금가며, 호서의 금강 상·하류 및 호남의 함열 등지, 영남의 김해 등지에도 있다.

▮평설

빙어(氷魚)는 바다빙어목 바다빙어과의 작은 물고기로 예로부터

---

35 '鋸'의 오자로 보인다.

빙어

빙어라고 불려왔다. 또 지방에 따라서는 동어(凍魚, 충남과 전남), 과어(瓜魚), 공어(公魚), 공어(空魚)라고도 불렸다.

어명고에 기록된 빙어(氷魚)의 표준명은 학자에 따라 엇갈리고 있다. 백어(白魚)라고 불리기도 한다는 점에서 바다빙어목 뱅어과의 '붕퉁뱅어'로 비정되기도 한다(최기철, 2002). 그러나 『한국어도보』에는 빙어(氷魚)의 현재명이 빙어로 기재되어 있다(정문기, 1991).

어명고에 나오는 빙어 설명의 요점은 '색깔이 희대[白魚]'는 점, '한겨울에만 나오고 더워지면 사라진다는 점'이다. 바로 빙어의 성상이다. 빙어는 주로 강이나 호수에도 살지만 원래는 바다와 강을 오르내리는 종이다. 현재 소양호나 춘천호에 살고 있는 빙어는 강과 바다로 오가는 성질을 잃어버리고 민물에 적응한 육봉형이다.

어명고에서 저자가 '바닷물고기 중 확인하지 못한 것[論海魚未驗]'에서 회잔어(膾殘魚)를 검토하면서 백어(白魚)라고도 불리는 회잔어가 빙어가 아닌 이유를, "색상이 자못 지금의 빙어와 같지만 빙어는 강에서 나는 것이지 바다에서 나는 것이 아니다[色狀頗似今之氷魚, 而氷魚産江不産海]."라고 적시하고 있다. 또 봄이 되면 색깔이 푸르게 된다는 것은 뱅어의 속성이 아니다. 어명고의 빙어는 바닷물고기인 뱅어가 아닌 민물에서 나는 오늘날의 빙어를 설명하고 있는 것이다.

〈원문〉氷魚【빙어】長僅數寸.無鱗而,通身白瑩,但可辨兩目黑點.其來必以冬至前後,鑿氷投網而取之.立春以後,色漸靑出漸稀,氷泮則不可見,故名氷魚.今俗呼爲白魚者,言其色也.『和漢三才圖會』云,氷魚,自秋末至冬初,聚魚梁,以攩網取.蓋日本時候,差先於我國一兩月矣.又引『和名抄』謂,氷魚名鮂.然考之字書,但云鮂細魚,不明言形狀,未知果卽此魚,而中華之有此魚,亦未可知也.我東之産,漢江者最佳.長湍之臨津江平壤之大同江者,次之.湖西錦江上下流及湖南咸悅等地嶺南金海等地,亦有之.

42. 침어(鱵魚)【공지】

비늘이 없는 작은 물고기인데 큰 것도 불과 2~3치이다. 몸은 빙어와 같은데, 등에 실처럼 가는 무늬가 푸른색과 흰색으로 뒤섞여 있다. 주둥이에 바늘(針) 같은 검은 가시가 하나 있는 까닭에 『본초강목』에 이르기를, "속명이 강태공조침어(姜太公釣針魚)이다."라고 하였다. 우리나라의 공지(公持)라는 이름 역시 위의 문장을 줄인 것이다.

물위에 떠다니는 것을 좋아하여 어부가 밤에 배를 타고 횃불을 밝혀 물을 비추면 많은 물고기가 모여드는데 그물을 이용해서 잡는다. 한강 상·하류 및 임진강, 대동강, 금강 등 대체로 빙어가 나는 곳에는 모두 있다. 3월에 처음 나오고 늦여름이 되면 볼 수 없다. 어떤 사람은 말하기를, "빙어가 봄이 되면 이 물고기로 변한다."라고 하는데, 이치가 혹 그럴 수도 있을 것이다.

우안: 왕사의의 『삼재도회』에 이르기를, "침구어(針口魚)는 입이 바늘과 같고 머리에 붉은 점이 있다. 배 양쪽에 머리에서 꼬리에 이르기까지 은색과 같은 흰 줄이 있다. 몸은 가늘고 꼬리는 갈라졌다. 길이가 3~4치이다."라고 하였다. 색깔과 모양을 말하는 것은 침어(鱵魚)와 흡사하지만, 다만 2월간에 바다에서 난다고 하니, 이것은 너무도 의심스럽다. 아마도 한 류(類)이면서 2개의 종(種)인 것이 하나는 강에 있고 하나는 바다에서 나는 것이 아닌가 싶다. 아니면 침어가 강에서 바다로 나간 것인가.

▍평설

줄공치

어명고에 침어(鱵魚)와 '공지'로 기록된 것은 오늘날 공치라고 부르는 물고기 종류이다. 공치는 동갈치목 학공치과의 물고기의 총칭으로 줄공치, 학공치, 살공치가 이에 속한다. 공치 종류들은 연안과 내만에 주로 살고, 기수역에도 올라온다.

공치 종류는 모두 주둥이 끝이 뾰족하며 아래턱이 가늘고 길어 침 같이 보인다. 강태공조침어(姜太公釣針魚)라는 별명은 공치의 부리 모양에서 비롯되었다. 공치의 부리가 가늘고 긴 것이 바늘과 같아서이다. 전설의 낚시꾼인 강태공은 곧은바늘[直針]을 썼다고 한다. 이 곧은바늘은 강태공이 '낚시로 고기 잡을 마음이 없었다'는 비유로 쓰이지만, 실은 곧은바늘도 훌륭한 낚싯바늘의 한 종류였다. 공지(公持)란 말은 '강태공[公]이 지녔던[持] 낚싯바늘'이란 문장을 줄인 것이다.

공치 종류에서 줄공치와 학공치가 흔한 편이고, 모두 연안에 살며 기수역으로 올라온다. 두 물고기를 구분할 수 있는 특징은 줄공치가 주둥이 끝이 검은색이지만, 학공치는 주둥이 끝부분이 짙은 주황색인 점이다. 어명고의 공치 설명에 '주둥이에 바늘 같은 검은 가시'가 있다고 하였으니 이는 줄공치를 묘사한 것이다. 『삼재도회』를 인용하면서 '머리에 붉은 점이 있다'고 한 것은 학공치의 특징을 설명한 것으로 보인다. 어명고의 저자가 줄공치와 학공치의 차이를 분명하게 인식하고 있었는지는 확실치 않다.

공치가 30~40cm까지 자라는 물고기인데도 어명고에서는 '크기가 커봐야 불과 2~3치'라고 하였다. 어명고 저자가 잘못 본 것이거나 어린 공치를 묘사한 것일 수도 있다. 어명고 설명의 말미에서 공치 종류가 강에 있는 것으로 알고 있는데, 바다에도 비슷한 것이 있다는 것에 대해, '하나는 바다에서 나는 것이 아닌가 싶다. 아니면 침어가 강에서 바다로 나간 것인가' 하는 의문을 표하고 있는 것은 당시에 공치의 성상을 제대로 몰랐던 것으로 보인다. 공치 종류들은 기수역에서 많이 살아서 민물에서도 볼 수 있다. 학공치는 속명으로 꽁치, 공미리라고도 불리고 있어 혼동을 준다.

〈원문〉 鱵魚【공지】無鱗小魚也,大者不過數三寸.體如氷魚,而背有縷紋,靑白相間,喙有一黑刺如鍼,故『本草』云,俗名姜太公釣針魚.我東之俗呼公持,盖亦省文也.好浮遊水上,漁者夜乘船,爇炬照水,則衆魚畢集,

用盤罩取之.漢江上下流,及臨津·大同江·錦江等,凡產氷魚處,皆有之.三月始出,至深夏,則不可見.或云氷魚到春月,變爲此魚,理或然也.又案:王思義『三才圖會』云,針口魚口似針,頭有紅點,腹兩旁自頭至尾,有白路如銀色.身細尾歧,長三四寸.其言色狀,恰是鐖魚,而但云二月間出海中,此殊可疑.豈一類二種,一在江一出海耶.抑鐖魚自江放諸海耶.

43. 승어(僧魚)【즁곡이】

비늘이 없고 지느러미가 있으며, 입이 뾰족하고 배가 불룩하다. 색깔은 엷은 검은색이고, 큰 것이 불과 3~4치이다. 곳곳에 다 있는데, 특히 산골짜기의 계곡에 있는 웅덩이에서 사는 것을 좋아한다. 맛이 깊지 않고 기름기가 없어 속칭 승어(僧魚)라고 하니, 그 맛이 담백해서 채소와 다름없음을 말하는 것이다.

▎평설

중고기

어명고에 승어(僧魚), '즁곡이'로 오른 물고기의 현 표준명은 중고기이다. 잉어목 모래무지아과에 속하며 중테기, 중고기(강원), 중타리(충북), 중태기(충남북), 중태미(충북)란 방언이름도 있다. 중고기의 비늘이 워낙 잘아서 어명고에 비늘이 없다고 묘사되고 있다. 배가 불룩하다는 표현은 생긴 모습 바로 그대로이며, 거의 흔적만 남은 미세한 수염이 1쌍 있다.

중고기는 한국 고유특산종으로 서해와 남해로 흐르는 하천에 분포하고 있다. 번식기가 되면 수컷은 주황색을 띠고 몸통과 지느러미, 눈은 분홍색으로 변한다. 산란기는 대개 5~6월로 암컷이 산란관을 내어 재첩이나 조개 몸에 알을 낳는다. 하천에 조개 무리가 적어지면 이 중고기가 사는 터전도 좁아지는 것이다.

〈원문〉僧魚【즁곡이】無鱗有髻,口尖肚飽,色微黑.大者不過三四寸.處處有之,尤喜生山谷溪澗洿池中.味薄無脂,俗呼僧魚,爲其味淡,與茹素無異也.

44. 문편어(文鞭魚)【그리치】

비늘이 없고 색깔이 검으며 몸은 납작하면서 짧다. 꼬리가 길고 좁아서 모양이 수꿩의 긴 꼬리와 같다. 산골 냇가의 돌 사이에 많이 산다.

▎평설

어명고에는 간단히 설명된 문편어(文鞭魚), '그리치' 의 표준명은 대농갱이다. 그렁채, 그렁체, 그렁치, 그리치, 자개, 자개미 등 많은 사투리 이름이 있다. 메기목 동자개과로 머리는 가로로 납작하지만, 몸 아래쪽은 세로로 납작해서 '무늬 든 채찍 같은 고기[文鞭魚]'란 이름이 잘 어울린다. 짙은 노란 갈색에 불규칙한 반문이 있는 점은 동

대농갱이

자개와 같으나 몸이 가늘고 길어서 쉽게 구분된다.

하천의 중류나 하류의 비교적 물이 맑은 모래와 진흙바닥에 서식하며 압록강, 대동강, 한강에 분포하고 있다. 최근 개체 수가 감소 경향을 보이고 있어 보호가 필요한 어종이다.

〈원문〉 文鞭魚【그리치】無鱗色黑, 身扁而短. 尾長而狹, 形如雄雉長尾. 多生山川石礫中.

45. 망동어(望瞳魚)【망동이】

강과 호수에서 사는 비늘이 없는 물고기이다. 미꾸라지와 비슷하게 생겼지만 길이가 짧고, 머리가 크고 꼬리가 뾰족하다. 아가미 아래에 2개의 지느러미가 발처럼 붙었다. 등은 검고 배는 엷은 검은색이다. 눈이 크며 눈동자가 튀어나와 마치 사람이 눈에 힘을 주고 먼 곳을 바라보는 모양과 같은 까닭에 망동어(望瞳魚)라고 한다. 탄도어(彈塗魚)와 매우 흡사하게 생겼지만 바다에 있는 것은 탄도어라고 하고, 강에 있는 것은 망동어라고 한다.

■평설

문절망둑

　어명고에 망동어(望瞳魚), '망동이'로 오른 고기는 망둥이를 말한다. 망둥이는 망둑어과 물고기의 총칭이어서 실제 망동이란 별종의 고기는 없는 셈이다. 농어목 망둑어과에는 왜풀망둑, 문절망둑, 흰발망둑, 점줄망둑, 줄망죽, 도화망둑, 수염문절, 숨이망둑, 누늬망둑, 짱뚱어, 점망둑, 댕기망둑, 풀비늘망둑, 두건방둑, 날개망둑, 살망둑, 꾹저구, 얼룩망둑, 갈문망둑, 풀망둑 등등 50여 종이 넘는 물고기가 있다. 거의가 다 망둥어로 불리고 있다.
　어명고의 망동이가 강에 사는 어류를 논한 글이어서인지, 한 어류학자는 이를 기수역에 사는 '말뚝망둥어'로 비정하고 있다(최기철, 2002). 망둑어과 고기는 좌우의 배지느러미가 둥근 빨판으로 변형되어 다른 물건에 쉽게 붙을 수 있는 것도 있다. 또 가슴지느러미가 발달되어 기거나 뛰기에 적합한 것도 있다. 망둥이는 물 밖으로 나오면 공기호흡을 할 수 있어, 습기가 있는 상태에서는 수십 시간 물에 들어가지 않고도 살 수 있고 직사광선에서도 잘 견딘다.

〈원문〉 望瞳魚【망동이】江湖間無鱗魚也. 似鮊而短. 頭大尾尖. 頷下兩鰭如足. 背黑腹淡黑. 眼大睛突. 如人努目望遠狀. 故名望瞳. 蓋與彈塗魚酷相似. 在海曰彈塗. 在湖曰望瞳.

46. 내어(䴰魚)【밀어】

한강 상류에서 나는데, 밀알처럼 잘기 때문에 내어(䴰魚)라고 이름이 붙었다. 내(䴰)는 밀[小麥]이다. 밀어가 나타나는 것은 초여름인데, 물가에 사는 사람들은 삼베이불을 그물삼아 물가에 펴서 잡는다.

솥 안에 두부를 3~5덩이 넣고 물을 붓고 이 물고기를 넣는다. 불을 때서 물이 뜨거워지면 물고기가 모두 두부 속으로 뚫고 들어가는데, 이를 가늘게 잘라 국을 끓이면 색다른 맛이라고 자랑할 만하다. 속칭 밀어(密魚)라고 하는 것은 우리나라 방언으로 소맥(小麥)을 밀이라고 부르기 때문이다.

▌평설

어명고에 내어(䴰魚), '밀어'로 기록된 물고기는 오늘날 표준명도 밀어이다. 밀어는 농어목 망둑어과의 민물고기로 흔히 망둥이로 불리기도 한다. 하천, 호수, 늪 등 비교적 물이 맑고 바닥에 자갈이나 모래가 깔려 있는 곳에서 서식하며 돌 밑에 잘 숨으며, 강 하구의 민물과 바닷물이 뒤섞인 기수역에서도 널리 살고 있다. 은빛무늬를 띠고 있다고 해서 은문어(銀文魚)라고 하며, '을문이'란 이름도 있다.

어명고에서 '삼베이불을 물가에 펴서 잡는' 방법은 '장금취어법(張

밀어

衆取魚法)'이라 하며 『임원경제지』「전어지」에 다음과 같이 설명하고 있다.

"내어는 한강 두모포[36]에서 나며 세간에서는 밀어(密魚)라고 한다. 매년 소만 후 망종 전에 삼베이불로 떠서 잡는다. 그 방법은 홑 삼베이불을 구해 좌우에 각각 한 길 남짓 되는 장대를 단다. 강변에 모래가 쌓이고 조수가 왕래하는 곳에 펴둔다. 고기가 조수를 따라 삼베이불 위로 올라오기를 기다려 두 사람이 마주하여 좌우의 장대를 잡고 일시에 같이 들어올린다. 그러면 물은 새어 나가고 고기만 남는데 한 번 들어 2~3되의 고기를 잡을 수 있다. 미리 노구솥 등 취사도구를 휴대하고서 모래밭으로 가서 밥을 짓고 고기를 끓이는데 이것이 특이한 별미이다."

〈원문〉 䖘魚【밀어】産漢水上流, 細如䖘粒, 故以名. 䖘, 小麥也. 其出以初夏, 濱水居人, 以布衾張于水濱, 罩取之, 鼎鐺內, 置豆腐三五塊, 注水入

---

36 豆毛浦: 성동구 옥수동에 있던 나루터이다. 중랑천이 이곳에서 한강과 합수한다고 하여 두뭇개이고, 한자로 표기한 것이 두모포이다.

魚,燒令水熱,則魚皆鑽入豆腐中,乃細切作羹,詑爲異味,俗呼爲密魚,方言呼小麥爲密也.

47. 구(龜)【거북】

『주역』에 십붕(十朋)37에 관한 글이 있다. 『이아』에서 신(神)·영(靈)·섭(攝)·보(寶)·문(文)·서(筮)·산(山)·택(澤)·수(水)·화(火)의 10구(龜)를 열거하였다. 대개 거북의 종류에는 10가지가 있으나 우리나라에 많이 나타나는 것은 알지 못한다. 다만 바다에서 고기를 잡는 사람들이 때로 간혹 그물에 잘못 걸려 든 거북을 얻는 경우는 있다.

하지만 거북은 신이하게 변하여 거처에 일정함이 없으니, 아마도 깊은 산과 큰 못에는 자연히 신(神)·령(靈)·보(寶)·문(文)의 거북 종류가 있는데도 사람들이 단지 쉽게 마주치지 못하는 것이 아닌가 싶다. 본초학에서는 거북의 등딱지는 반드시 구멍이 나고 불에 구워 오래된 것을 귀하게 여기는데, 후세에는 거북점으로 쓰는 경우가 드물어 단지 산 거북을 잡아다 그 등딱지를 잘라낼 뿐이다. 우리나라 사람들이 혹간 큰자래(黿)의 등딱지를 거북딱지로 속여서 파니 잘 분별해야 한다.

▌평설

거북은 파충류 거북목에 속하는 거북 종류의 총칭이다. 거북류는 특수한 피부와 등딱지 및 배딱지를 가지는 점에서 뱀과 악어 같은 다

---

37 十朋: "육오는 혹 더해 주면 열 벗이 도와주는지라, 거북점도 능히 어기지 못한다(六五或益之,十朋之,龜弗克違)."라고 하였다(『주역(周易)』「손괘(巽卦)」).

거북

른 파충류와는 구별된다. 일부 바다거북류를 제외하고 현존하는 거북의 대다수는 강이나 못·늪에 살면서 육지 생활도 하는 수륙양서의 습성을 갖고 있다.

어명고에서는 거북을 '신이한 것'으로 쉽게 볼 수 없다고 하며, 간단히 기술하고 있다. 거북이란 이름이 거북 종류의 총칭, 통칭이기 때문에 어명고의 거북이 어떤 종류를 설명하는지는 확실히 알 수 없다.

우리나라에는 바다거북, 장수거북, 남생이, 자라 등 4종이 알려져 있으나 이 4종은 모두 과(科)가 다르다. 푸른바다거북, 붉은바다거북, 매부리바다거북, 장수거북 등이 우리 바다에 서식하는 바다거북 종이나 개체수가 적어 국내외적으로 보호받고 있다.

고대 중국 은나라 시대에는 거북의 배딱지나 짐승의 뼈를 불에 태워서 그 균열 상태를 보고 군사, 제사, 수렵 등의 국가대사와 길흉화복을 점쳤다. 거북점은 많은 점 중에서도 가장 신성하며 권위가 있었는데, 이후 주나라 대에는 역점(易占)[38]으로 교체되어 점차로 쇠퇴하였다.

---

38 易占: 역(易)의 육십사괘(六十四卦)를 오행에 배정하여 길흉을 판단하는 점이다.

우리나라에서 큰자래[黿]의 등딱지를 거북딱지 대신으로 쓴다는데, 큰자라는 우리나라에 없는 거북종류이다. 중국에서 딱지를 들여온 것인지 아니면 자라의 딱지를 말하는 것인지 알 수 없다.

〈원문〉龜【거북】『易』有十朋之文.『爾雅』列, 神·靈·攝·寶·文·筮·山·澤·水·火十龜. 蓋龜之類有十, 而我東未知多見. 惟海漁者, 時或得誤入於網者. 然龜有神變, 居無定處, 豈深山大澤, 自有神·靈·寶·文之種, 而人特未易覯耶.『本草』龜版, 必貴鑽灼陳久者, 而後世鮮用龜卜, 只得採生龜, 鋸取其甲. 東人徃徃以黿甲僞售, 宜辨之.

48. 별(鼈)【자라】

자라는 절뚝거리며 걸으므로 별(鼈)이라고 한다. 등딱지가 둥글기 때문에 단어(團魚)라고 한다.『양어경』에서 말한 신수(神守),『고금주』에서 말한 하백종사(河伯從事) 같은 것도 또한 모두 자라의 미칭이다. 물에서도 살고 육지에서도 산다. 큰 등마루가 옆구리까지 이어져 있다. 귀가 없어 눈으로 듣고, 수놈이 없어 뱀이나 큰자래[黿]과 짝짓기를 한다. 그러므로『회남만필술』에, "원(黿)의 기름을 태워 별(鼈)을 불러들일 수 있다."라고 하였다. 강과 호수 내와 늪 곳곳에 있다.

요즘 사람들이 요리로 쓰는 경우는 드문데 오직 숭양[39] 사람들만이 몸의 음기를 돕고 피로를 푸는 효력이 있다 하여 갖가지 양념을 해서 끓여서 먹는데 아주 훌륭한 요리이다. 자라는 모두 살로 된 치마가 있어 등딱지의 네 가장자리를 감싼다. 혹 치마가 없어 머리와 발을 오므릴 수 없는 것을 납(納)이라고 하는데 독이 있어 먹을 수

---

39 嵩陽: 중국 낙양 인근의 지명으로 유명한 소림사가 있다.

없다. 또 발이 3개인 것을 능(能)이라고 하는데 찬 기운이 심하고[40] 독이 있어서 먹으면 사람이 죽는다.

▎평설

자라

　자라는 거북목 자라과에 속하는 파충류로 우리나라에는 단일종이 서식한다. 하천이나 연못, 늪에서 물고기와 게나 개구리 등의 수서동물을 잡아먹는다. 5~7월에 물가의 흙에 구멍을 파고 산란한다. 네 다리는 크고 짧으며 발가락 사이에 물갈퀴가 있는데, 알을 낳을 때를 빼고는 거의 물 밖으로 나오지 않는다.
　자라의 다른 이름은 단어(團魚) 외에도 왕팔(王八), 각어(脚魚)가 있다. 옛 우리 이름에는 '쟈라' 또는 '자라'라 하였고 '쟈리'라고도 불렀다. 오늘날에도 '자래'라는 방언으로 불리기도 한다.
　어명고에서는 자라를 하백종사(河伯從事)라 하였다. 하백은 민속에서 '물을 맡아 다스리는 신' 즉 하신(河神)을 말한다. 하백은 '사람

---

40 寒: 몸의 한 부분이 찬 기운으로 인해 추위를 느낄 정도로 차거나 찬 것 따위가 닿아 통증이 있다. 한증은 몸 안에 찬 기운이 들어가서 생기는 병으로 중풍과 유사하다.

의 얼굴에 물고기의 몸을 하였다'고 하며 강에 사는 물고기들을 관원으로 거느렸다. 하백사자(河伯使者)인 악어, 하백종사(河伯從事)인 자라, 하백도사소리(河伯度事小吏)인 오징어 등이 바로 그들이다. 그 중 자라가 맡은 종사는 조선시대에는 '종8품 군직'이어서 하급 장교인 셈이다.

납과 능이라는 자라는 『화한삼재도회』에서 중국의 고대자료를 인용하여 기술한 것인데, 능은 다리가 3개이어서 3족별[三足鼈]이라고 하며 상상 속의 자라로 보인다.

『화한삼재도회』의 능, 3족별

〈원문〉 鼈【자라】其行鼈鼈,故謂之鼈.其甲團圓,故謂之團魚. 若『養魚經』,所謂神守,『古今注』,所謂河伯從事,又皆鼈之美稱也. 水居陸生, 穹脊連脅. 無耳,以目爲聽. 無雄與蛇黿匹,故『淮南萬畢術』云,燒黿脂可以致鼈也. 江湖川澤,在處有之. 今人罕以充庖廚,惟嵩陽人謂有補陰治勞之功,和五味煮食,詫爲珍膳. 凡鼈皆有肉裙,圍在甲之四緣. 其或無裙,而頭足不縮者,名曰納,有毒不可食. 又有三足鼈,其名曰能,大寒有毒,食之殺人.

49. 원(黿)【큰자라】

큰자래[黿]는 강과 호수나 깊은 못에서 사는데 자라와 비슷하게 생겼지만 크다. 등에는 울퉁불퉁한 혹이 있는데 푸른빛을 띤 황색이고, 머리는 크며 목은 누렇고, 창자가 머리에 속해 있다. 도홍경이 이르기를, "원(黿)이 늙으면 변하여 도깨비[魅]가 되므로 위급하지 않으면 먹지 말라."고 하였다.

평설

어명고의 큰자라는 우리나라에 없는 자라 종류이다. 큰자라는 옛 글에도 '자라의 큰 것이다[鼈之大者]'라 설명되어 있을 뿐(『훈몽자회』) 실체를 기록한 글은 없다. 원(黿)자는 사람 이름에 쓰이거나, 자라와 같은 의미로 쓰이고 있다. 우리 글에 혹간 큰자라가 나오기는 하지만, 이는 중국의 신화를 관용적으로 인용한 것이 대부분이다. 어명고의 내용이 중국문헌을 인용하는 수준에서 간단히 기술된 것이 이해가 간다.

중국의 원(黿, Pelochelys cantorii)은 체장이 80~120cm에 달하는 담수자라 중 최대종인데 남단어(藍團魚), 녹단어(藍團魚), 라두원(癩頭黿)이라는 별명으로도 불린다.

『화한삼재도회』의 큰자라

중국 큰자라(Pelochelys cantorii)

〈원문〉 黿【큰자라】生江湖深潭中, 似鼈而大. 背有瘣癗, 其色青黃. 大頭黃頸, 腸屬於首. 陶弘景曰, 黿老而能變爲魅, 非急勿食之.

50. 해(蟹)【게】

게는 그 종류가 다양하며 이로운 것과 독이 되는 것이 다르니, 분변함이 자세하지 못함은 바로 『이아』를 읽었어도 익숙하지 못한 것이다. 여러 번 배우기에 힘쓰면 죽은 자는 드물 것이다.

강소성과 절강성에서 나는 것은 『우항잡록』에서 풍시가가 언급한 것이 꽤 상세하다. 우리나라에서 나는 것은 이익의 『성호사설』 또한 잘 갖추어 기술하였다. 지금 그 전문을 나란히 기재하여 보는 자들로 하여금 참고하여 변증하고 알 수 있도록 하고자 한다.

『우항잡록』에 이르기를,

"절강성의 게에는 몇 가지 종류가 있다. 한 종류는 추모(蝤蛑)인데 남쪽사람들이 발도(撥棹)라고 하는 것으로 힘이 '노를 뽑을만함'을 말한다. 두 집게발이 매우 강하여 호랑이와 싸울 수 있는데 호랑이가 그 게를 이기지 못한다. 한사리[大潮]가 되면 껍데기를 벗는데, 한 번 껍질을 벗을 때마다 한 번 자란다.

다른 한 종류는 심(蟳)이라고 하니 바로 추모(蝤蛑) 중의 큰 것인데 두 집게발에 털이 없다. 다른 한 종류는 옹검(擁劍)이라고 하는데 한쪽 집게발은 크며 한쪽 집게발은 작다. 항상 큰 집게발로 싸우고 작은 집게발로 먹는데, 걸보(桀步)라고도 부른다.

다른 한 종류는 호심(虎蟳)이라고 하는데 큰 것은 호랑이무늬가 있다. 다른 한 종류는 초조(招潮)라고 하는데 껍데기가 희다. 조수가 밀려오려 하면 구멍에서 나와 집게발을 들어 맞이한다. 다른 한 종류는 탄도(灘塗)라고 한다. 다른 한 종류는 석균(石蜠)이라고 한다. 다른 한 종류는 봉강(蜂江)이라고 한다. 다른 한 종류는 팽기(蟛蜞)라고 하는데, 게와 비슷하지만 털이 있고 붉으며 성질이 아주 차다. 다른 한 종류는 팽월(彭越)이라고 하는데 곧 팽활(蟛螖)이다. 다른 한 종류는 갈박(竭朴)라고 하는데 팽기(蟛蜞)보다 크고 검고 아롱진 무늬가 있다. 큰 집게발로 해를 가리고 작은 집게발로 먹는다.

다른 한 종류는 사구(沙狗)라고 하는데 모래 속에 구멍을 파고 사람을 보면 달아난다. 간혹 사구(沙鉤)라고도 하며, 모래 속을 갈고리로 뒤쳐서 잡는데 맛이 아주 좋다. 다른 한 종류는 수환(數丸)라고 하는데 다투어 흙을 뭉쳐 덩어리를 뭉치는데 300개를 채우면 밀물이 이른다. 다른 한 종류는 노호(蘆虎)라고 하는데 두 개의 집게발이 아주 붉으며 먹을 수가 없다. 다른 한 종류는 의(蟻)라고 하는데 팽월과 비슷하지만 작다. 다른 한 종류는 점(蠘)이라고 하는데 살이 껍데기에 싸여 있고 누런 장이 많다. 그 집게발이 매우 날카로워 풀을 베듯 물건을 자르는데 먹으면 풍병을 일으킨다."

라고 하였다.

『성호사설』에 이르기를,

"포구와 바다에 게가 많은데, 내가 본 것에는 10가지 종류가 있다. 여항의 『십이종변』 및 『해보』, 『본초』 등의 설과 비교해 본 결과, 혹 게의 형태도 지역에 따라 다르고 간혹 살펴서 아는 것에도 옳음과 잘못이 있어 모두 다 부합하지는 않는다.

방해(螃蟹)란 것은 약에 넣으며, 맛이 좋은데 2개의 집게발과 8개의 작은 발이 있으며 곳곳에 다 있다. 추모(蝤蛑)란 것은 도홍경의 '집게발이 강하여 호랑이와 다툰다'는 설로 살펴본다면, 이는 바다 가운데 있는 큰 게인 듯하다. 붉은 껍데기테두리에 뿔로 된 가시가 있는데 곧 속칭 암자(巖子)라는 것이다.

발도자(撥棹子)란 것은 뒷발이 넓고 얇은 것이 노(棹)처럼 생겼으며, 물을 헤치며 떠다닌다. 속칭 관해(串蟹)라고 하는 것은 눈자위에 꼬챙이같이 생긴 두 개의 뿔이 있기 때문이다. 갈박(竭朴)이란 것은 팽활

(蟛螖)보다 크고, 껍데기에 검은 아롱진 무늬가 있으며, 집게발이 새빨갛다. 늘 큰 집게발로 햇빛을 가리고 작은 집게발로는 먹이를 먹는다. 아마도 이것은 지금의 농해(籠蟹)인 듯한데, 눈자위의 끝이 삼태기[籠]와 비슷하기 때문이다. 암컷은 두 집게발이 모두 작다.

팽활(蟛螖)이란 것은 또한 팽월(彭越)이라고도 하는데, 지금은 속칭 팽해(彭蟹)라고 한다. 사구(沙狗)란 것은 팽활(蟛螖)과 흡사한데, 모래에 구멍을 만들고 사람을 보면 꺾어서 길을 바꾼다. 지금은 속칭 갈해(葛蟹)라고 하는 것이 있는데, 눈자위가 편편하면서 길고 털이 있으며, 다닐 때는 구불구불 길을 바꾸기 때문에 잡기가 어려우니 아마도 이것이 사구(沙狗)인 듯하다.

의망(倚望)이란 것의 크기는 팽활(蟛螖)과 비슷하며, 늘 사방을 두리번거리면서 두 집게발을 들고 일어서서 먼 데를 바라본다. 오늘날 속칭 황통(黃通)이라는 것이 바로 이것이다. 단오 날 밤에 반드시 해초 위에 빼빼하게 둘러 모이는데, 지역사람들은 그네뛰기를 한다고 한다. 불을 밝히고 잡는데, 셀 수 없을 정도이다. 다만 팽활(蟛螖)과 비교하여 조금 클 뿐이다.

노호(蘆虎)란 것은 팽기(蟛蜞)와 비슷한데, 집게발이 새빨갛고 먹을 수가 없다. 지금 속칭 적해(賊蟹)란 것이 있는데 등딱지에 작은 아롱진 무늬가 있다. 팽기(蟛蜞)라는 것은 팽활(蟛螖)보다는 크고 보통 게보다는 작으며, 팽월(彭越)과 비슷하지만 조금 크고 털이 있다. 논고랑 가운데에 구멍을 뚫고 다니니, 이는 곧 채도명(蔡道明)이 잘못 먹었다가 거의 죽을 뻔했다는 종류이다.

속칭 마통해(馬通蟹)란 것은 독이 있고, 또 속칭 율해(栗蟹)라는 것은 팽활(蟛螖)과 같은데, 등딱지가 납작하고 털이 있으며 집게발과 발은 뾰족하고 짧으며 조금 붉다. 이것은 여항의 12종류에도 보이지 않는다. 이른바 옹검(擁劍)·망조(望潮)·석균(石䐃)·봉강(蜂江)의 종류는 어부들을 찾아가 물어도 모두 알지 못하였다."

안: 지금 여항의 12종과 풍시가의 14종을 서로 비교하여 차이나는 것들을 살펴보면 추모(蝤蛑), 팽기(蟛蜞), 팽활(蟛螖), 갈박(蝎朴), 사구(沙狗), 노호(盧虎)의 여섯 종은 두 설이 서로 부합하고 또한 우리나라에도 있는 것이다. 옹검(擁劍), 초호(招潮), 석균(石蝐), 봉강(蜂江) 이 4종은 풍시가와 여항의 설이 서로 부합하긴 하지만 우리나라에서는 어떤 이름인지 모르겠다.

의망(倚望)은 여항의 설에는 나타나지만 풍시가의 설에는 나타나지 않고, 심(蟳), 호심(虎蟳), 수환(數丸), 온(螾), 점(蟻)은 풍시가의 설에는 나타나지만 여항의 설에는 나타나지 않으니, 우리나라에도 이 5종이 있는지 없는지는 모르겠다. 풍시가는 발도(撥棹)가 추모(蝤蛑)의 다른 이름이라고 하였고, 여항은 별도의 다른 종류라고 하였다. 지금 『도경본초』를 상고하니, "추모(蝤蛑)는 남쪽 사람들이 발도자(撥棹子)라고 하는데 그 뒷다리가 노와 같기 때문이다. 일명 심(蟳)이다. 조수가 드나드는 것에 따라 껍질을 벗는데, 조수가 한 번 들었다 물러나면 한 번 자라니, 그 큰 것은 되만 하고 작은 것은 술잔만하다. 두 집게발이 사람 손만 한 것이 다른 게와 다른 점이다. 그 힘이 매우 강하여 8월에는 호랑이와 싸울만한데 호랑이가 그 게만 못하다."라고 하였다. 여기에 근거해 보면 추모(蝤蛑)·발도(撥棹)·심(蟳) 세 가지는 곧 같은 것이면서 이름이 다른 것이다.

초조(招潮)를 여항은 망조(望潮)라고 했는데, 글자가 다르지만 뜻이 같으니 각각 방언을 따른 것이다. 봉강(蜂江)은 마땅히 방강(蚌江)으로 써야 한다. 『본초강목』에 "2개의 집게발이 매우 작아 돌만한 것이 방강(蚌江)이다."라고 하였다. 방(蚌)을 간혹 봉(蜂)으로 쓴 것은 글자가 유사하여 잘못 전해진 것이다.

점(蟻)은 『자서』를 상고해 보건데 벌레 이름에서만 말하고 게류는 말하지 않았다. 점(蠘)이라고 이름 지은 것은 『민중해착소』에, "점은 게와 비슷한데 껍데기가 크고 집게발에 모가 난 톱니가 있다."고 하였다. 『도경본초』에, "게의 껍데기가 넓고 누런 것이 많은 것을 점이라고 한다. 남해 중에서 나는데 그 집게발이 가장 예리하여 풀을 베는 것처럼 물건을 자른다. 점(蠘)은 절(蠘) 혹은 직(蟧)의 와전인 듯하다."고 하였다.

우안: 이시진이 "시내나 계곡의 바위 구멍 속에서 살며, 작고 껍데기가 딱딱하고 붉은 것이 석해(石蟹)이니, 시골사람들이 먹는다. 바다 속에는 홍해(紅蟹)가 있는데, 크면서 색깔이 붉다. 비해(飛蟹)는 날 수 있다. 선화국(善花國)에 백족해(百足蟹)가 있다. 바다 속의 게에 크기가 엽전만 하면서 배아래 또 느릅나무 꼬투리만한 작은 게가 있는데 해노(蟹奴)이다. 방(蚌)의 배 안에 사는 것은 여노(蠣奴)이고, 또 기거해(寄居蟹)라고도 한다. 모두 먹을 수가 없다. 게의 뱃속에 벌레가 있는데, 작은 목별자⁴¹만하면서 흰 것은 먹을 수 없다."고 하였다. 이것은 또한 여항과 풍시가 두 사람이 수록하지 못한 것이다.

지금 바닷가의 어부들이 간혹 잡어를 잡는 그물 안에서 아주 큰 게를 잡는데, 껍데기와 집게발이 모두 새빨갛다. 다리 속의 살을 말려 포를 만들면 크기가 돼지 다리만한데, 나도 일찍이 본 적이 있으니 홍해(紅蟹)인 듯하다. 해노(解奴)와 여노(蠣奴) 또한 이따금 있지만 오직 백족해(百足蟹)만은 아직 보지 못하였다. 선화(善花)는 『유양잡조』에는 선원계(善苑系)라고 하였으니, 이는 먼 지방의 특이한 소문이라 정설로 삼을 수가 없다.

게는 옆으로 기는 것을 좋아하므로 『고공기』에서는 '모로 다닌다

---

41 목별(木鼈): 박과에 딸린 여러해살이 덩굴식물로 씨를 목별자(木鼈子)라 하며 약으로 쓴다.

[仄行]'고 하였고, 가공언의 『소』에서는 방(螃)이라고 하였다. 게가 기어갈 때는 곽삭[42]거리는 소리를 내므로 양웅의 『방언』에서는 곽삭이라고 하였다. 게는 누런 속이 있고 창자가 없다. 그러므로 『포박자』에서는 무장공자(無腸公子)라고 하였다. 수놈은 배딱지가 길고 암놈은 배딱지가 둥글다. 그러므로 『광아』에서 이르기를, "수놈은 한의(蜅䗣)라고 하고 암놈은 박대(博帶)라고 한다."고 하였다.

세상에서는 이르기를, "게는 8월에 배 안에 까끄라기가 나는데, 이것을 동쪽으로 해신(海神)에게 보내며, 보내지 못한 것은 먹을 수가 없다."고 하였다[43]. 이 설은 본래 단성식의 『유양잡조』에 근거하였는데 황당한 이야기[齊諧]에 가깝다. 대체로 게는 서리가 오기 전에 먹이를 먹기 때문에 독이 있다. 서리가 온 뒤에 게가 숨으려 하기 때문에 맛이 좋다. 구종석의 『본초연의』에 이르기를, "게를 잡을 때는 8~9월에 '게가 넘쳐날 때[蟹浪]'이다. 이때에 누런 알이 껍데기에 가득 찬다."고 하였는데 이 말이 믿을 만하다.

▌평설

어명고에서 여러 종류의 게를 설명하고 있지만, 사실적인 설명이 있는가 하면 중국의 책을 인용해 변증하려고 한 결과 허황된 이야기도 있다. 또 우리나라에 없는 것을 어렵게 설명하고 있어 난삽한 감도 들지만 잘 살펴보면 게의 생태에 관한 세밀한 관찰도 있다.

어명고의 설명 중 이해하기 힘든 것을 살펴본다. "『이아』를 읽어

---

42 郭索: 곽은 성곽이나 둘레를, 삭은 얽히고 꼬인 모습을 각각 뜻한다. 게가 다리를 요란스럽게 놀리며 걷는 모습을 표현한 것이다.
43 『본초강목』에는 "음력 8월 전에는 벼 까끄라기 같은 작은 덩어리들이 뱃속에 있다. 동쪽 해신에게 보내졌다가 까끄라기가 떨어진 후 보내지기를 기다리므로, 음력 8월이 지나야 먹을 수 있다. 서리가 내릴 때 맛이 더 좋다. 서리가 내리기 전에는 독이 있다."고 하였다.

참게

익숙하지 않기 때문이다. 여러 번 배우기에 힘쓰면 죽은 자는 드물 것이다."라는 구절은 진나라 채모(蔡謨, 호 道明)가 뱀게[蛇蟹]를 논에 사는 방게인 줄 알고 먹고 죽을 뻔하고는 『이아』를 읽었으되 숙독하지 못한 까닭'이었다고 한탄했다는 고사에서 나온 이야기이다. 『이아』에는 게의 종류에 대해 상세한 해설이 있다(『세설』).

'큰 조수[大潮]44에 따라 퇴각하여 한 번 껍데기를 벗으면 한 번 자란다.'는 게의 성장 과정을 말한다. 딱딱한 껍데기가 있는 게는 일정 시기마다 껍데기를 벗으면서 성장한다. 게는 매미처럼 묵은 껍데기를 벗는데, 이때는 게가 말랑말랑하며 곧 새 껍데기가 딱딱하게 굳는다. 게는 성장하고 나서도 소형 종은 1년에 2~3회, 대형 종은 1회 정도 탈피한다. 또 사고로 잃은 다리도 탈피 과정에서 재생된다.

수환(數丸)이라는 게를 설명하면서 '다투어 땅을 뭉쳐 덩어리를 뭉쳐 300개를 채우면 조수가 이른다.'고 하였다. 게 종류는 갯벌에 살며 썰물이 지면 구멍에서 나와 개흙을 먹어 유기물을 섭취하고 흙덩이

---

44 음력 보름과 그믐 무렵에 간만의 차가 가장 커져서 밀물이 가장 높은 때로 한사리, 대조(大潮)라고 한다.

I. 민물고기　129

를 배설한다. 배설물을 유난히 둥그렇게 모래 경단처럼 많이 만드는 게는 엽랑게이다. 게는 갯벌의 청소부로서 갯벌의 정화와 생태 유지의 기본 역할을 하는 귀중한 동물이다. 어명고의 설명처럼 꼭 300개가 되는지는 모르지만 그만큼 많은 덩어리를 남긴다는 것일 게다.

게는 전 세계에 4,500여 종이 알려져 있으며 한국에는 183종이 분포하며 바다에서 나는 것이 대부분이다. 따라서 어명고의 수많은 게를 모두 현재의 이름으로 비정하기는 실로 어렵다. 고서와 물명고에 나오는 정보를 가지고 어명고에 기록되어 있는 게의 현재 이름을 비정해 본다.

추모(蝤蛑), 발도(撥棹)는 꽃게이다. 그러나 '집게발이 지극히 강하여 호랑이와 싸울 수 있는데 호랑이가 그 게만 못하다'는 구절은 중국의 허풍을 그대로 옮긴 것으로 보인다. 『자산어보』에는 심(蟳)도 추모(蝤蛑)와 같은 것을 보고 있고 꽃게로 비정된다(정문기, 1991). 관해(串蟹)도 꽃게의 일종을 말하고 있다. '꽃'의 15세기 형태는 '곶'이어서 '꽃게'는 『고금석림』에 곶게(串蟹)와 화게(花蟹)로 표기되어 있다.

방해(螃蟹), 팽기(蟛蜞)는 오늘의 방게이다. 『물명고』에도 '最小無毛, 방궤'라 설명되어 있다. 어명고에서 방게와 비슷하게 묘사된 팽활(蟛螖)은 돌장게로 비정되고 있다(정문기, 1991).

한쪽 집게발이 더 큰 갈박(竭朴), 옹검(擁劒), 걸보(桀步)는 어명고에 농게(籠蟹)라고 나와 있으며 오늘의 농게이다. 『물명고』에는 '농발이'라고 나와 있는데 경기도 서해안에서는 오늘날에도 농발이라고 부른다.

사구(沙狗), 사구(沙鉤)는 『물명고』에 '츩발이'라고 설명되어 있고, 『자산어보』에는 백해(白蟹)라고 나와 있다. 오늘날의 칠게로 추정된다. 칠게는 앞발 두 개가 유난히 희다. 초조(招潮)는 일본에서 '시오마네키'라 부르는데 게인데, 우리말로는 꽃발게로 번역되고 있다.

'그 집게발이 가장 예리하여 풀을 베는 것처럼 물건을 자른다'고 묘사된 점(蠞)은 『자산어보』에는 무해(舞蟹)로 나와 있으며, 오늘날의 벌덕게로 비정되고 있다(정문기, 1991).

이외에도 석해(石蟹)는 민물에 사는 가재를 이르는 것이며, '크면서 색깔이 붉은' 홍해(紅蟹)는 오늘날의 홍게로 보인다. 특히 '크면서 색깔이 붉고, 맛있다'는 표현에서 그런 추정이 가능하다.

율해(栗蟹)에 대해 어명고에는 간략하게 설명되어 있지만, 『자산어보』에는, "뒤쪽이 뾰족하고, 머리가 넓으며 빛깔은 검고, 등은 매미 같으며, 다리는 모두 가늘고 1자가량이다. 두 집게 발의 길이는 두 자이고 입은 거미를 닮았다. 뒤로나 옆으로는 가지 못하고 앞으로 향해 갈 수 있다. 맛이 달콤하기가 밤 같다. 그러므로 그런 이름이 주어진 것이다."라고 하였다. 맛이 좋다는 점, 크기와 걷는 방식으로 보아 밤게로 추정된다. 밤게는 행동이 매우 느리고 옆으로 기지 않고 집게다리를 비스듬히 들고 앞으로 걷는데, 몸에 손을 대면 집게다리를 좌우로 뻗고 걷는 다리를 움츠린다.

어명고에 나오는 조개의 뱃속에 있는 려노(蠣奴), 기거해(寄居蟹)는 오늘날에는 '속살이 게'라고 부르는 것이고, 콩을 닮았다고 해서 영어로는 피크랩(pea crab)라 부른다. 조갯국을 먹을 때 혹간 보이는 손톱보다 작은 게가 바로 이것이다.

어명고에 해랑(蟹浪)이란 말이 나온다. 직역하면 '게 물결'이다. 중국 송나라의 부굉이 쓴 『해보』에, "제운 지방에 사는 사람들이 밤이면 횃불을 들고 물가에 가는데, 게가 어지럽게 모여드는데 이를 해랑이라 한다[濟鄆居人, 夜則執火於水濱, 紛然而集, 謂之蟹浪]."고 한데서 출전되었다. 한여름이 지날 때 물이 빠진 갯벌에는 게들이 떼를 지어 부지런히 먹을 것을 찾아 움직이고 있다. 잿빛 갯벌에 같은 빛깔의 게들이 점점이 움직이는 것이 갯벌이 살아 굼실거리는 듯하다.

이런 광경을 '게 물결'이라 해도 좋을 것이다. 그러나 어명고에서 '8, 9월 해랑이 일어날 때'라고 표현했다. 특정한 시기를 말하는 것이다. 가을이 되면 강에서 살던 참게는 바다로 내려간다. 점점이 물에 떠서 흘러내려가는 게 떼를 묘사한 말이 '게 물결[蟹浪]'인지도 모른다.

〈원문〉蟹【게】品類式繁, 良毒亦異, 辨之不精, 則其不爲讀『爾雅』不熟, 幾爲勸學, 死者幾希矣. 其産江浙者, 馮時可『雨航雜錄』, 言之頗詳. 其産我東者, 李瀷『星湖僿說』, 亦備述之. 今竝載其全文, 令覽者參互辨証而得之.『雨航雜錄』曰, 浙蟹有數種, 一曰蝤蛑, 南人謂之撥棹, 言力可撥棹也. 兩螯[45]至强, 能與虎鬪, 虎不如. 隨大潮退殼, 一退一長. 一曰蟳, 乃蝤蛑之大者. 兩螯無毛. 一曰擁劒, 一螯大, 一螯小, 常以大螯鬪, 小螯食, 又名桀步. 一曰虎蟳, 大者有虎斑文. 一曰招潮, 殼白, 潮欲來, 出穴擧螯迎之. 一曰灘塗, 一曰石蜠, 一曰蜂江, 一曰蟛蜞, 似蟹有毛而赤, 性極寒. 一曰彭越, 卽彭螖也. 一曰竭朴, 大於彭蜞, 黑斑有文, 以大螯障日, 用小螯以食. 一曰沙狗, 穴沙中, 見人則走. 或曰沙鉤, 從沙中, 鉤取之也. 味甚美. 一曰數丸, 競搏土作丸, 滿三百而潮至. 一曰蘆虎, 兩螯[46]正赤, 不可食. 一曰蟚, 似彭越而小. 一曰蟻, 肉殼而多黃, 其螯最銳, 斷物如芟刈焉, 食之行風氣.『星潮僿說』曰, 浦海多蟹, 余所見者, 有十種. 與呂亢十二種辨及『蟹譜』,『本草』諸書校勘. 或物形隨地有別, 或察識有得失, 不盡合也. 螃蟹者, 入藥味佳, 二螯八跪, 處處皆有. 蝤蛑者, 以陶隱居螯强鬪虎之說觀之, 恐是海中大蟹也. 赤匡有角刺, 卽俗名嚴子者也. 撥棹子者, 後足濶薄如棹, 蕩水浮行. 俗名串蟹, 以匡有兩角如串也. 竭朴者, 大於蝥蜻, 殼黑斑有文章, 螯正赤, 常以大螯障日, 小螯取食. 恐是今之籠蟹也, 以其匡梢似籠也. 雌者兩螯俱小. 蝥蜻者, 亦稱彭越, 今俗名彭蟹也. 沙狗者, 似蝥蜻, 壞沙爲穴, 見人則屈折易道. 今有俗稱葛蟹者, 匡甌而長有毛, 其行屈折易道難獲, 恐是此物也. 倚望者大如蝥蜻, 常東西顧眄, 擧兩螯, 以足起望. 今有俗名黃通者, 正是此物. 端午之夜, 必簇擁海草上, 土人謂之戱秋千. 明

---

45 '螯'(집게발 오)의 오자로 보인다.
46 '螯'의 오자로 보인다.

火取之,無箄.但比蟚蝪差大耳.蘆虎者,似蟚蜞,螯正赤,不可食.今有俗名賊蟹者,匡有小斑文.蟚蜞者,大於蟚蝪,小於常蟹,同彭越而差大有毛.耕穴田畎中,卽蔡明道誤食幾死者.俗名馬通蟹有毒,又有俗名栗蟹者,如蟚蝪,匡匾有毛,螯足尖短微赤,不見於呂亢十二種.彼所謂擁劒・望潮・石蜠・蜂江之類,訪之漁戶,皆不識.案:今以呂亢十二種・馮時可十四種,參互較勘,則蝤蛑・蟚蜞・蟚蝪・蝎朴・沙狗・蘆虎六種,兩說相合,而亦吾東之所有也.擁劒・招潮・石蜠・蜂江四種,馮呂兩說相合,獨不知在吾東爲何名.倚望見於呂說,而不見於馮說.蟳・虎蟳・數丸・蝠・蟣,見於馮說而不見於呂說,未知吾東亦有此五種否也.撥棹,馮以爲蝤蛑一名,呂以爲另是一種.今考『圖經本草』云,蝤蛑,南人謂之撥棹子,以其後脚如棹也.一名蟳.隨潮退殼,一退一長,其大者如升,小者如盞楪.兩螯如手,所以異於衆蟹也.其力至強,八月能與虎鬪,虎不如也.據此則蝤蛑・撥棹・蟳三者,卽一物二名也.招潮,呂作望潮,字異意同,各從方言也.蜂江,當作蚌江.『本草』云,兩螯極小如石者,蚌江也.蚌或作蜯,字似而訛也.蟣,考之『字書』,但云蟲名竝無蟹類.名蟣者,『閩中海錯疏』云,蟣似蟹而大殼,螯有稜鋸.『圖經本草』云,蟹殻闊而多黃者,名蟣.生南海中,其螯最銳,斷物如芟刈,疑蟣是蟣或蟣之訛也.又案:李時珍云,生溪澗石穴中,小而殼堅赤者,石蟹也,野人食之.海中有紅蟹,大而色紅.飛蟹能飛.善花國有百足之蟹.海中蟹大如錢,而腹下又有小蟹如楡莢者,蟹奴也.居蚌腹者,蠣奴也,又名寄居蟹.竝不可食.蟹腹中有蟲如小木鼈子而白者,不可食.此又呂馮二家之所未收也.今海漁者,或於雜魚網中,得絶大蟹,殼與螯足,皆正紅.脚內肉,乾作脯臘,大如豬脚.余亦曾見之,疑卽紅蟹也.蟹奴・蠣奴,亦徃徃有之,惟百足蟹未之見焉.善花,『西陽雜俎』作善苑系,是荒服異聞,不可典要者也.蟹好旁行,故『考工記』謂之仄行,賈公彦疏謂之螃,蟹行則其聲郭索,故揚雄『方言』謂之郭索.有黃無腸,故『抱朴子』謂之無腸公子.雄者臍長,雌者臍團,故『廣雅』云,雄曰蜋螘,雌曰博帶也.世謂蟹於八月腹中有稻芒,東輸海神未輸不可食.其說本出段成式『酉陽雜俎』,近於齊諧.盖蟹於霜前食物,故有毒.霜後將蟄,故味美.寇宗奭『本草衍義』云,取蟹,以八九月,蟹浪之時.是時黃滿殼.此言信矣.

51. 방(蚌)【가쟝자근됴기】

방(蚌)은 합(蛤)과 같은 종류이면서 모양이 다르다. 긴 것을 방(蚌)이라고 하고, 둥근 것을 합(蛤)이라고 한다. 간혹 방(蚌)이 곧 합(蛤)이라고 하는데 잘못된 것이다. 강과 바다나 내와 포구에 모두 있다. 『본초강목』에, "방 중의 큰 것은 길이가 7치이고, 작은 것은 길이가 3~4치이다."라고 하였는데, 우리나라에서 나는 큰 것은 오직 바다에만 있다. 강이나 포구, 내와 못에서 사는 것은 모두 잘아서 손가락 끝 부분만하다. 껍데기 바깥은 누른빛을 띤 검은색이고 안쪽은 회색을 띤 흰색이다. 살은 맛이 별로 없어서 바다 속의 대방(大蚌)의 맛만 못하다. 일본인은 가라스가이[烏貝]라고 부른다.

▎평설

방(蚌), 그리고 한글로 '가쟝자근됴기'라고 병기하며 민물조개를 설명하고 있으나 어떤 조개인지 비정하기 어렵다. 우리 민물조개는 말조개, 작은 말조개, 칼조개, 귀이빨대칭이, 대칭이, 작은 대칭이, 펄조개, 도끼조개, 두드럭조개, 곳체두드럭조개, 백합말조개의 10여 종이 있으나, 어명고의 '가장 작은 조개'가 어떤 종인지 비정하기 어렵다. '일본인은 오패(烏貝, 가라스가이)라 부른다'고 했지만 일본에서는 오패는 말조개[馬蛤, 馬刀]를 말한다. 그러나 말조개는 어보에 별도로 설명되어 있고, 민물조개 중 비교적 큰 것이어서 방(蚌)이 '말조개'를 지칭한다고 보기는 어렵다. 방(蚌)은 민물에 살고, 몸이 길고 크기가 작은 조개의 통칭으로 보인다.

〈원문〉蚌【가쟝자근됴기】與蛤同類而異形. 長者曰蚌, 圓者曰蛤. 或謂蚌卽蛤, 則非矣. 江海川浦, 皆有之. 『本草』謂蚌之大者長七寸, 小者長三四寸. 我東之産, 其大者, 惟海中有之. 生江浦川澤中者, 皆細小如指頭.

其殼外黃黑,內灰白.肉亦味薄,不如海中大蚌之美也.日本人呼爲烏貝.

52. 마도(馬刀)【믈십죠기】

일명 마합(馬蛤) 혹은 제합(齊蛤)이다. 강이나 바다, 내와 못에 모두 있다. 방(蚌)과 비슷하지만 작고, 모양이 좁고 길다. 살로 젓갈을 담글 수 있다.

▮평설

말조개

말조개는 석패목 돌조개과의 조개로 이매패류에 속한다. 껍데기의 길이가 8cm가량으로 민물조개 중 큰 것이다. 검고 둥글고 큰 것이 암말의 생식기와 닮아 말씹조개라 불렸으나 순화어인 말조개로 이름을 바꿨다.

하천과 호수 등의 진흙이나 모래가 섞인 흙에서 서식하며 살은 식용을 하기도 하지만 맛은 그다지 없다. 겉껍데기에는 물결무늬가 있으나 닳아 없어진 것도 많으며, 껍데기 내면은 백색이고 진주광택이 강해서 세공재료로 쓰인다.

〈원문〉馬刀【믈십죠기】一名馬蛤, 一名齊蛤. 江海川澤, 皆有之. 似蚌而小, 形狹而長. 肉可爲鮓.

53. 현(蜆)【가막죠기】

역시 방(蚌) 종류 중에서 작은 것이다. 껍데기가 검다. 계곡물의 진흙바닥에서 산다.

▎평설

재첩

현(蜆), '가막죠기'로 어명고에 기록된 조개는 재첩이다. 가막조개는 『훈몽자회』에는 '가막죠개'로 되어 있고, 『표준국어대사전』에 '가무락조개'로 올라있다. 재첩은 한강 이남의 강에 서식하는 몸길이가 25mm 정도 되는 백합목 재첩과의 민물조개로 특히 섬진강 하구에서 많이 난다. 지방이름으로 가막조개, 가무라기, 가무락, 강각, 깜바구, 황합, 흑첩, 흑합 등의 이름이 있다. 재첩은 모래나 진흙 속의 유기물이나 플랑크톤, 조류 등을 걸러먹는데, 모래바닥에서 서식하는 것은 누른빛을 띤 갈색을, 진흙 펄에서 사는 것은 검은색을 띠는데 색깔, 크기 등이 지역에 따라 변이가 심하다.

〈원문〉蜆【가막죠키】亦蚌之小者也. 其殼黑. 生溪澗水泥之中.

54. 전라(田蠃)【울엉이】

세간에서는 나(蠃)를 라(螺)라고 부른다. 전라(田蠃)는 모양이 달팽이와 비슷하지만 뾰족하고, 껍데기가 나선형 무늬를 이루며, 푸른빛을 띤 황색이다. 논과 호수와 도랑가에 산다.

▌평설

우렁이

전라는 어명고에 '울엉이'로 병기하고 있고 현재명은 우렁이로 비정된다. 논우렁이과의 연체동물로 단백질이 풍부하며 식용, 약용으로 널리 쓰인다. 소택지의 진흙에 살지만, 논에도 많아 이름에 전(田)자가 들었다. 논우렁이, 논고둥, 강우렁, 논고디 등 방언이름이 있으며, 토라(土螺)라고도 부른다. 우렁이는 논과 하천의 바닥에 쌓인 유기물을 청소해 주기 때문에 자연계의 유기적 순환에 큰 구실을 한다. 요즘에는 자연 생태계에서는 보기가 힘들어졌고, 식재료로 쓰이는 것은 양식된 것이다.

〈원문〉田蠃【울엉이】蠃俗作螺. 狀類蝸牛而尖, 殼作旋文, 其色靑黃. 生水田及湖瀆岸.

55. 와라(蝸蠃)【달핑이】

크기가 손가락 끝부분만한데 껍데기가 우렁이보다 두꺼우며 시내와 계곡물에서 난다. 봄에 채취하여 먹는데 청명이 지나면 그 속에 벌레가 구멍을 뚫고 그 안에 있기 때문에 먹을 수 없다. 일명 나사(螺螄)라고 한다.

▌평설

어명고에 와라(蝸螺), '달핑이'로 기록된 것의 현 표준명은 다슬기이다. 다슬기는 중복족목 다슬기과의 연체동물로 길이가 2cm가량이며, 검은 갈색이나 누런 갈색이고 때로는 흰 얼룩무늬가 든 것도 있다. 나선형으로 비비꼬여있는 몸체 때문에 와라란 이름을 얻었다.『물명고』에는 물달팡이, 빈틀조개로 기록되어 있다. 지금도 베틀조개

다슬기

(경기), 베틀올갱이(충청), 베틀우렁(충남) 등의 사투리 이름이 흔히 쓰이고 있다. 다슬기는 하천과 호수 등 물이 깊고 물살이 센 곳의 바위틈에 서식하고 있으며, 폐흡충[47]의 중간숙주이므로 날로 먹어서는 안 된다.

〈원문〉蝸蠃【달핑이】大如指頭,而殼厚於田蠃,産川溪中.春月採食,過淸明,則有蟲穴其內,不可食矣.一名螺螄.

---

47 폐에 기생하는 디스토마.

Ⅱ. 바닷물고기

Ⅱ. 바닷물고기

〈원문〉海魚

1. 석수어(石首魚)【조긔】

몸이 납작하고 비늘이 잘다. 등마루가 엷은 검은색이며 몸 전체가 누른빛 도는 흰색인데 윤기가 난다. 머리에 흰 돌이 2개가 있는데 옥처럼 반짝인다.『영표록』에서는 석두어(石頭魚)라고 하였고,『절강지』에서는 강어(江魚)라고 하였으며,『임해이물지』에서는, "작은 것은 추수(踏水)이고, 그 다음 가는 것은 춘수(春水)이다."라고 했는데 모두 같은 것의 이름이다.

전여성의『유람지』에 이르기를, "매년 4월에 먼 바다로부터 오는데 비단을 몇 리에 걸쳐 편 것과 같으며 그 소리가 우레와 같다. 바다사람들이 죽편(竹篇)으로 물 밑바닥을 더듬다가 그 소리를 들으면, 바로 그물을 내려 물의 흐름을 가로질러 잡는다. 민물을 끼얹으면 모두 비실비실 힘이 없다. 초수(初水)에 온 것이 좋고, 이수(二水)나 삼수(三水)[48]에 온 것은 물고기 크기도 점점 적어지고 맛도 점점 떨어진다."라고 하였다. 그 오는 시기와 고기 잡는 방법을 말한 것이 모두 우리나라의 것과 부합한다.

동해에서는 나지 않고 오직 서해와 남해에서만 난다. 곡우 전후에 무리를 이루고 떼를 지어 남해에서 서쪽으로 빙 돌아 올라온다. 때문

---

48 初水: 어민들은 어획하는 바닷물의 기간을 일반적으로 세물[三水]로 나누어 부른다. 곧 두수(頭水), 이수(二水), 삼수(三水), 혹은 초수(初水), 왕수(旺水), 화수(花水)라고 한다.

에 조기잡이는 호남의 칠산[49]에서 시작해서 황해도의 연평도[50] 바다에서 왕성하며 관서의 덕도[51] 앞 먼 바다에서 끝난다. 이곳을 지나면 중국 등래[52]의 바다로 들어간다. 상인들의 무리가 구름처럼 모여들어 배로 사방에 실어 나르고, 소금에 절여 건어를 만들고 소금에 담가 젓갈을 만든다. 나라 안에 흘러넘치는데 귀천을 가리지 않고 모두 귀한 생선으로 여기니, 대개 바다고기 중에 가장 많고 가장 맛있는 것이기 때문이다.

▌평설

참조기

어명고에 석수어(石首魚), '조긔'로 올라 있는 물고기는 오늘날의 조기이다. 조기는 농어목 민어과의 물고기인 참조기, 보구치, 수조기

49 七山: 호남 군산부근의 바다를 말한다.
50 延平島: 원래 황해도에 속했지만 지금은 인천 옹진군 연평면인 대연평도와 소연평도의 두 개의 섬이다. 1960년대까지 대표적인 조기 어장이었다. 어보에는 延坪島를 延平島라고 쓰고 있다.
51 德島: 황해도 북서 해상의 섬으로 바다가 얕아 좋은 산란장을 이루며 조기잡이로 유명하다.
52 登萊: 중국 산동성에 있던 登州와 萊州를 같이 부른 이름이다.

따위를 통틀어 이르는 이름(총칭)이며, 표제어 석수어는 참조기를 이르고 있다.

조기가 서해로 올라오는 과정은 어명고에서는 '초수(初水)에 온 것이 좋고, 2수나 2수에 온 것은 물고기 크기도 점점 적어지고 맛도 점점 떨어진다.'고 하였지만 꼭 참조기의 이동만을 묘사한 것 같지 않다. 참조기와 더불어 황강달이, 부세 등이 비슷한 시기에 서해로 올라오며 크기가 다르기 때문이다.

어보에서 조기는 물속에서 우레 소리를 내며 죽편(竹篇)으로 소리를 듣는다고 했다. 참조기는 산란기에 소리를 내서 우는 습성이 있다. 우는 소리는 암수 모두 내며 어군탐지기가 보급되기 전에는 어부들은 구멍이 뚫린 대통[竹筒]으로 물속의 소리를 듣고 조기 어군을 파악했다.

조기를 비롯한 민어과 어류의 '머릿속에 있는 돌'은 이석(耳石)이라는 것으로 '동물의 내이(內耳)에 있는 골편'을 말한다. 이석에는 성장연륜이 나타나 이것으로 어류의 나이를 알 수 있다. 이석은 두석(頭石), 뇌석(腦石), 어수석(魚首石)이라고도 불리며 가루를 내서 중이염 치료제로 쓰이고, 요로결석에도 효과가 있다. 또 이석은 『식료본초』와 『본초강목』에 '흥분하여 기절하는 증상을 치료한다.'고 나와 있다.

〈원문〉石首魚【조긔】身扁鱗細,脊淡黑,通身黃白滋潤. 首有白石二枚, 瑩潔如玉. 『嶺表錄』謂之石頭魚, 『浙志』謂之江魚, 『臨海異物志』謂, 小者爲蹹水, 其次名春水, 皆其一名也. 田九成[53]『遊覽志』云, 每歲四月, 來自海洋,綿亘數里,其聲如雷. 海人以竹篇探水底,聞其聲,乃下網截流取之. 潑以淡水,皆圉圉無力. 初水來者佳, 二水三水來者, 魚漸少而味漸減. 其言來候與漁法,皆與我東合. 我東東海無之,惟産西南海. 穀雨前後, 成

---

53 『유람지』는 『서호유람지』의 줄인 이름으로 田九成이 아니라 田汝成이 썼다.

羣作隊,自南迤西,故其漁之也,始自湖南之七山,盛于海西之延平海,終于關西之德島前洋.過此以徃,入登萊之海矣.商旅雲集,船輪之四,鹽鮥爲鯗,鹽醃爲醯.流溢國中,貴賤共珍之.蓋海族之最繁最美者也.

2. 황석수어(黃石首魚)【황셕슈어】

수원과 평택 등지의 연해에서 나는데, 모양은 조기와 비슷하지만 작고 색깔은 짙은 황색이다. 알이 크고 맛이 좋으며, 소금에 절여 젓갈을 만들어 북쪽으로 서울로 수송하는데 부유한 이들의 좋은 반찬이 된다.

안: 『정자통』에서 이르기를, "무(鰅)는 종(鯼)과 비슷하지만 작다. 일명 황화어(黃花魚)라고 하는데 복주(福州)와 온주(溫州)에서 많이 난다."고 하였다. 『온해지』에 이르기를, "황령어(黃靈魚)가 즉 소수어(小首魚)인데 머리에 역시 돌이 있다."고 하였으니 아마도 이 물고기인 듯하다.

우안: 『정자통』에서 말한 종(鯼)은 곧 석수어를 가리켜 말한 것인데, 대개『이물지』나『이아익』등의 서적을 답습하여 잘못된 것이다. 종(鯼)은 강이나 호수에서 나는데 글자를 종(鯮)으로 쓰기도 한다. 모양과 색깔, 성질과 맛이 석수어와는 판이하게 다르다.

■평설

어명고에 황석수어(黃石首魚), '황셕슈어'라 올라 있는 고기의 오늘날 표준명은 황강달이이다. 고서에는 황강달어(黃江達魚), 황석슈어(『재물보』)라고도 나와 있다. 민강달이, 황새기, 강달이, 깡달이와 같

황강달이

은 지방이름도 있다. 황강달이로 젓갈을 만들면 황새기젓이라고 부르는데 한자 황석어(黃石魚)가 황새기 혹은 황세기로 전화된 것이다.

참조기와 같은 민어과 물고기로서, 남해안에서 많이 잡힌다. 황강달이는 참조기와 닮아 혼동되기도 하지만, 몸이 참조기보다 좀 작으며 색깔이 더 노랗다.

어명고에서는 황석수어가 중국의 종(鯼)이 아닌 것을 논하고 있다. 종(鯼)은 우리 한자사전에서 조기 혹은 황석수어를 뜻한다. 그러나 중국의 종(鯼) 혹은 종(鯮)은 조기나 황석수어와는 전혀 관련이 없는 잉어과에 속하는 대형 물고기이다. 황전(黃鱒), 황찬(黃鑽), 황협어(黃頰魚), 간어(竿魚), 수노호(水老虎), 대구감(大口鹹)이라고도 부른다. 학명은 Elopichthys bambusa이고. 영명은 Yellowcheck carp인데 우리나라에는 없는 물고기이다.

〈원문〉 黃石首魚【황셕슈어】水原·平澤等地海汯産, 形如石首魚而小, 色深黃. 其鮾大而味佳, 鹽醃爲醢, 北輸于京, 爲豪貴珍膳. 案:『正字通』云, 鮂似鯼而小, 一名黃花魚, 福溫多有之.『溫海志』云, 黃靈魚, 卽小首

魚,首亦有石,疑卽此魚也.又案:『正字通』所謂鰵,卽指石首魚而言.蓋沿襲『異物志』·『爾雅翼』諸書而誤也.鰻生江湖中,字或作鱃,形色性味,與石首魚判異.

3. 민어(鰵魚)【민어】

서해와 남해에서 나며 동해에는 없다. 생김새는 석수어와 비슷하지만 크기가 4~5배이다. 등마루가 검고 배는 회색을 띤 흰색이며 짧은 지느러미가 등마루에서 꼬리에 걸쳐 있다. 어가에서 잡는 것은 매년 한여름이며, 암놈에게는 알이 가득한 알집이 있는데 2개의 알집이 한곳에 달린 것이 숭어의 알과 같다. 알은 거칠고 끈적이지 않으며 소금에 절여서 파는데 서울의 귀한 집의 좋은 반찬이 된다.

부레가 심히 끈적이고 기름기가 있는데 다른 물고기의 부레와는 아주 달라 물건을 붙이면 매우 단단히 붙는다. 나라 안의 장인들이 사용하는 아교가 모두 이 물고기의 부레이다. 살은 껍질과 비늘에 붙어 있는데 머리와 꼬리를 잘라내고 소금에 절여 사방으로 내다 팔면 손님 접대나 제삿날에 쓰는 반찬이 된다. 관서지방 사람들이 건어[54]를 만든 것이 더욱 좋다. 대체로 바다고기 중에 많은 수요가 있는 것 중에서 이 물고기만큼 요긴한 것이 없다.

속칭 민어(民魚)라고 하는데 『본초』에 어떤 이름으로 되어 있는지 모르겠다. 『동의보감』에는 아마도 곧 회어(鮰魚)인 것 같다고 했는데, 이는 『의학입문』에, "회어(鮰魚)는 남해에서 나며 부레는 아교를 만들 수 있다."라는 문장을 답습하여 헤아린 것이다. 하지만 회어(鮰魚)는 곧 위어(鮠魚)로 일명 호어(鱯魚)인데 장강과 회수사이에서 나는 비늘이 없는 물고기이다. 곽박이 이르기를, "호어(鱯魚)는 메기와

---

54 淡鱶: 담담하게 간을 하여 말린 고기.

비슷하지만 크고 흰색이다."라고 하였다. 이시진은, "준(鱒)과 비슷하지만 코가 짧다."고 하였다. 그 산지와 색깔, 모양은 석수어와 판이하게 다르니 지금의 민어(民魚)가 아닌 것이 분명하다.

대개『의학입문』은 진장기의『본초습유』를 답습하여 잘못되었고,『본초습유』는 또 두보의『습유기』를 잘못 보아 더욱 와전된 것이다.『본초습유』에 이르기를, "위어(鮠魚)는 바다에서 나는데 크기가 석수어만하고 회를 만들면 하얀 눈과 같다. 수(隋)나라 오도(吳都)에서 위어회(鮠魚膾)를 올렸다."라고 하였다. 그 설은 본래『습유기』에서 나왔는데,『습유기』에서는 면어(鮸魚)라고 하였고 일찍이 위어(鮠魚)라고 한 적은 없다. 위(鮠)와 면(鮸)은 글자가 서로 비슷하여 마침내 이와 같은 일이 있게 된 것이니, 금(金)과 은(銀), 그리고 어(魚)와 노(魯)자와 같은 비슷한 글자를 구별 못하는 잘못을 범한 것이다.

지금 살펴보건대『습유기』에 이르기를, "수나라 대업(大業) 6년에 오군(吳郡)에서 바다의 면어(鮸魚)회를 바쳤다. 그 방법은 5~6월에 4~5자 되는 큰 면어(鮸魚)를 잡아서 회를 만든다."라고만 했을 뿐 면어가 무슨 고기인지를 분명히 말하지 않았다.『정자통』에 이르기를, "석수어는 일명 면(鮸)이라고 하는데 동해와 남해에서 난다. 배 안에 흰 부레가 있는데 아교를 만들 수 있다."고 하였다. 이러한 이유로 바로 면어가 석수어라고 한 것이다.

그러나 지금의 석수어는 크기가 불과 1자 남짓이니, 어찌 4~5자가 되는 것이 있을 수 있겠는가. 또 물고기 부레 가운데 찰지고 미끄러워 물건을 능히 붙일 수 있는 것은 오로지 지금의 속칭 민어뿐인 것이다. 석수어의 부레가 다른 물고기의 부레와 같은지, 장인이 작업에 쓰는지는 확실치 않다. 그러나『정자통』에는 석수어의 흰 부레로 아교를 만든다고 말하고 있다.『본초강목』에도 또한 이르기를, "석수어의 부레로 아교를 만드는데 물건을 붙이면 매우 단단하다."라고 하였다. 이는 또한 중국인들이 지금의 속칭 민어를 석수어의 큰 것으로 보았던 것 같다. 그러나 민어의 머릿속에 돌이 없으므로 두 물고기는 한 가지 물건이 아닌 것이다.

단지 풍시가의 『우항잡록』에는 면(鮸)과 석수어가 둘 다 보인다. 석수어를 주석하여 이르기를, "작은 것을 모어(鯗魚), 또는 추어(踏魚)라고 하고, 가장 작은 것을 매수(梅首), 또는 매동(梅童)이라 하며, 그 다음 것을 춘래(春來)라고 하니, 머릿속에 바둑알 같은 흰 돌이 있다."고 하였으며, 면어를 주석하여 이르기를, "모양이 노어(鱸魚)와 비슷하나 살이 거칠다. 아가미가 셋인 것은 면(鮸)이고 넷인 것은 모면(茅鮸)이니, 『낙청지』의 민어(鰵魚)이다."라고 하였다.

내가 이러한 설을 확인하고 비로소 우리나라에서 말하는 민어(民魚)는 『습유기』의 면어(鮸魚)이며 『낙청지』의 민어(鰵魚)로 확정하였다. 민(鰵)은 『집운』에 음이 민(愍)으로 되어 있으니, 우리나라 사람들이 민어(民魚)라고 부르는 것은 음이 비슷해서 와전된 것이다.

▌평설

민어는 농어목 민어과의 물고기로 같은 과에 속하는 조기, 강달이, 부세 등과 모양과 서식형태가 비슷하지만, 크기가 60~90cm로 대형종이다. 한자이름은 민어(鰵魚), 민어(民魚), 면어(鮸魚)이며, 시문에는 면어(綿魚)라고 나와 있기도 한다. 민어는 우리 서남해안에서 많이 나며 지방에 따라 개우치, 홍치 또는 어스래기 등의 다른 이름으로 불리기도 한다.

민어는 주로 수심 40~120m의 펄 바닥에서 주로 서식하며, 낮에는 바다 저층에 있다가 밤이 되면 물위로 이동하는 습성이 있다. 민어 무리는 가을에 제주도 근해로 이동하여 겨울을 나고, 봄이 되면 다시

민어

북쪽으로 이동하여 생활한다. 여름이 되기까지 계속 서해를 따라 북상하여 인천의 근해에서 산란한다.

민어 부레는 약재로서뿐 아니라 전통 접착제를 만드는 원료이기도 했다. 어명고에서는 아교라고 표현했지만, 물고기의 부레로 만드는 풀은 어교(魚膠) 혹은 부레풀이라 한다. 민어 부레로 만든 것이 가장 접착성이 좋아 '민어풀'이라고 부른다. 민어 부레풀은 들러붙는 힘이 아교보다도 뛰어나 주로 공예품을 만들 때, 나무를 덧붙이거나, 자개 장식인 나전의 화각을 붙이는 데 쓰인다. 민어풀은 수용성이라 화각의 무늬 밖으로 밀려나온 풀을 물로 쉽게 씻어낼 수도 있어 편리하다. 또 활의 몸체를 만들 때 여러 재료를 붙이는 데에도 쓰였으며 화학접착제가 일반화되기 전까지는 가장 많이 쓰이던 접착제였다.

중국의 고문서에서는 민어를 석수어 즉, 큰 조기로 본 경우가 많았다. 어명고에서는 중국자료를 분석해서 석수어가 민어가 아님을 논증하고 있다. 그 주요 기준이 민어의 부레와 조기의 이석이다. 현재 중국에서는 민어를 대미어(大米魚), 약칭으로 미어(米魚)라고 부르며, 별칭으로 민어(鰵魚), 민자(敏子), 민어(敏魚), 면어(鮸魚)라고 부른다. 학명이 우리 민어(Miichthys miiuy)와 일치한다.

　어명고에서 인용한 『습유기』는 왕가(王嘉, ?~B.C.2)가 쓴 책이며, 두보(杜寶)가 쓴 책은 『대업잡기』이다.

〈원문〉 鰵魚【민어】生西南海中,東海無之.形類石首魚,而其大四五倍.脊黑腹灰白,有短鬣緣脊亘尾.漁戶之取之也,每在深夏,其雌者有鮴滿胞,兩胞並蒂如鯔魚鮴,而粒露不黏,鹽䱌貨之,爲京貴珍膳.其脬最黏膩,迥異他魚之脬,膠物甚固.國中工匠所用之膠,皆此魚之鰾也.其肉連皮鱗,頭尾剖張鹽䱌,貨于四方,爲賓祭日用之羞.關西人作淡鯗尤佳.凡海魚之用殷需,繁莫此若也.俗呼民魚,獨不知在『本草』作何名.『東醫寶鑑』, 疑卽䱋魚,此因『醫學入門』有䱋魚,生南海,鰾可作膠之文而意之也.然䱋卽鮸魚,一名鱥魚,江淮間無鱗魚也.郭璞云,鱥似鮎而大,白色.李時珍云,似鱒而鼻短.其産地與色狀,與石首魚判焉不同,其非今之民魚也明矣.蓋『醫學入門』淞襲陳藏器『本草拾遺』而誤,『本草拾遺』又錯看杜寶『拾遺記』,而轉輾訛舛.『本草拾遺』云,鮸生海中,大如石首魚,作膾如雪.隋朝吳郡,進鮸魚膾.其說本出『拾遺記』,而『拾遺記』作鮑魚,不曾云鮸魚也.鮸鮑字相似,遂有此,金銀魚魯之誤耳.今案:『拾遺記』但云,隋大業六年,吳郡獻海鮸鱠,其法五六月,取大鮸四五尺者爲鱠,而不明言鮸是何魚.『正字通』云,石首魚一名鮸,生東南海中,腹內白鰾,可作膠,則是眞以鮸爲石首魚耳.然今石首魚大不過尺餘,安得有四五尺大,且諸魚鰾中黏膩能膠物者,惟今俗所謂民魚爲.然石首魚之鰾,與他魚鰾同未嘗.爲工匠所取用,而『正字通』旣言,石首白鰾可作膠.『本草綱目』亦云,石首鰾作膠,黏物甚固.此又似中華人以今俗所謂民魚,作石首之大者.然民魚腦中無石,二魚終非一物也.惟馮時可『雨航雜錄』,鮸與石首兩見.注石首曰,小者曰鰉魚,又名踏魚.最小者梅首,又名梅童.其次名春來,腦中有白石如棊子.注鮸魚曰,狀似鱸而肉粗,三腮曰鮸,四腮曰茅鮸,『樂淸志』所謂鰵魚是也.余得是說而始定,東俗所謂民魚,卽『拾遺記』之鮸魚,『樂淸志』之鰵魚.鰵,『集韻』音愍,東人之呼爲民魚,音近而訛也.

4. 시(鰣)【준치】

시어(鰣魚)는 오는 것에 정해진 때가 있는데, 매년 4~5월에 이르기 때문에 글자가 '시(時)'자를 따른 것이니 곧 우리나라 세간에서 말하는 진어(眞魚)이다.『동의보감』이나『산림경제보』등의 책에서 모두 '곧 지금의 웅어[葦魚]'라고 한 것은 잘못이다.

안:『이아』에 "구(鯦)는 당호(當魱)이다."라고 하였고, 곽박의 주에 "바다고기이다. 편(鯿)과 비슷하나 비늘이 크다. 살지고 맛있으며 가시가 많다. 지금 강동(江東)에서 가장 크고 3자가 되는 것을 당호라고 부른다."라고 하였다. 형병의『소』에서 이르기를, "바로 시어(鰣)는 물고기 중 큰 것이다."라고 하였다. 지금 웅어[葦魚]는 강에서 잡으니 바다에서 있는 것이 아닌데, 어찌 바다고기라고 하는가. 이것이 웅어가 시어가 아닌 첫 번째 이유이다.

편(鯿)은 바로 방어(魴魚)이다. 몸이 넓적하고 네모지므로 방어라고 한다. 지금 웅어는 칼처럼 좁고 긴데, 어찌 방어와 비슷하다고 하겠는가. 이것이 시어가 아닌 두 번째 이유이다.

시어의 비늘은 다른 물고기와 비교하여 상당히 크다. 그러므로 곽박이 이미 "비늘이 크다."고 하였고, 이시진도 "부인들의 꽃비녀[55]를 만들 수 있다."고 하였는데, 지금의 웅어는 비늘이 잘아서 없는 것 같은데, 어찌 비늘이 크다고 하겠으며, 또 어찌 비녀를 장식할 수 있겠는가. 이것이 시어가 아닌 세 번째 이유이다.

당호는 길이가 3자인데 지금 웅어 중에서 아주 큰 것이라야 길이가 1자 남짓을 넘지 못하니, 어찌 3자라고 말할 수 있겠는가. 이것이 웅어가 시어가 아닌 네 번째 이유이다.

---

55 花鈿: 꽃비녀 혹은 여자의 얼굴을 화장하여 붙이는 꽃 장식.

이 네 가지를 진어(眞魚)와 비교해 보면 구구절절이 부합하고, 웅어와 대조해 보면 사사건건 들어맞지 않는다.

우안: 원달의 『금충술』에 이르기를, "시어가 그물에 걸리면 움직이지 않으니 그 비늘을 보호하기 위해서이다."라고 하였고, 『본초강목』에도, "시어는 물위에 떠서 다니는 것을 좋아하므로, 어부가 그물을 물에 몇 치만 담가서 잡는다. 한번 그물에 비늘이 걸리면 더는 움직이지 않는데 물에서 나오자마자 바로 죽는다."라고 하였다. 지금 어가에 물어보면 진어만 그렇고 웅어는 그렇지 않으니 이것도 하나의 명확한 증거이다. 어떤 이는 말하기를, "『의감』의 설명은 아마도 『본초강목』에서 말한 '은처럼 색깔이 희고 살에 잔가시가 많다.'고 한 말을 답습한 것이니 그 모양이 웅어와 흡사하다."라고 한다. 그렇다면 시어의 색깔이 희고 가시가 많은 것을 또 어찌 웅어에게 넘겨준단 말인가.

▎평설

준치

어명고에서 한자이름을 시(鰣)라 하고 '쥰치'라고 병기한 것은 오늘날의 준치이다. 준치는 청어목 청어과의 바닷물고기로 제주도 서남해의 따듯한 바다에 살며 산란하기 위해 4~7월에 북쪽으로 올라온다. 강 하구나 기수역의 바닥이 모래나 진흙인 곳에서 산란한 후 서해안 및 남해안에 흩어져 서식하다가 가을이 되면 남쪽으로 이동하여 월동한다. 서해안, 특히 금강에서 15km 상류까지 거슬러 올라가 산란하기도 한다. 방언이름으로는 준어, 왕눈이, 빈징어라고 하며 한자이름으로 진어(眞魚), 시어(時魚), 전어(箭魚), 조어(助魚), 준어(俊魚)라는 명칭이 있다.『훈몽자회』에는 한글로 '쥰티'라 기록되어 있기도 하다.

준치가 '진어(眞魚)라 불리는 것은 생선 중에 가장 맛있어 참스러운 물고기'라는 뜻에서이고, 여름이 되면 사라졌다가 다음해 봄에 나타나는 습성 때문에 시어(時魚)라 불리기도 한다. 준치는 매년 초여름 바다에서 강으로 올라와 알을 낳게 되는데, 이때의 맛을 최고로 친다. 중국의 장강 하류에서 잡히는 준치는 맛이 좋아서 천하제일의 생선[天下第一鮮]이라고 했다. 그러나 준치는 뼈가 많은 고기여서 요리할 때 억센 가시를 잘 발라내야 한다. 그러기에 중국 송나라의 문인 팽연재(彭淵材)가 세상을 살면서 느낀 5가지 아쉬운 점을 '준치에 뼈가 많다一恨鰣魚多骨'고 첫 번째로 꼽을 만큼 뼈도 많지만 맛도 좋은 생선인 것이다.

어명고에서는 중국의 옛 문헌을 들어 준치를 검토하고 있다. 그러나『본초강목』과 같은 중국문헌에서 나오는 시어(鰣魚)는 우리 준치와는 다른 종류이다. 준치는 학명이 Ilisha elongata이며 이 학명과 일치되는 중국 물고기는 늑어(鰳魚)라고 부르며 화륵어(火鰳魚), 회어(鱠魚), 백린어(白鱗魚), 백력어(白力魚), 춘어(春魚), 황즉어(黃鯽魚)라는 별명으로 불리는 종류이다. 일반적인 체장은 25~40cm이다.

중국에서 시어(鰣魚)라고 부르는 물고기는 학명이 Hilsa reevesi로 우리 준치와는 다르다. 몸이 납작하고 길이가 70cm가 되며 은백색인 물고기로 황해해역에서 산다. 이 시어는 알을 낳기 위해 강으로 소상하며 예로부터 중국임금에게 공물로 바치는 양자강의 대표적인 유명 어종이다. 중국 고전에서는 이 물고기를 시(鰣)로 기록한 것이다.『이아』에서 구(鯦)와 당호(當魱)라고 하며 '가장 큰 것은 3자가 된다'고 한 것은 이 어종을 지칭한 것일 수 있다.

〈원문〉鰣【쥰치】其來有時, 每以四五月至, 故字從時, 卽東俗所謂眞魚也.『東醫寶鑑』・『山林經濟補』諸書, 皆謂卽今之葦魚也, 誤矣. 案:『爾雅』, 鯦, 當魱, 郭註云, 海魚也. 似鯿而大鱗, 肥美多鯁, 今江東呼其最大長三尺者, 爲當泜[56],『邢疏』云, 卽鰣魚之大者也. 今葦魚取之於江, 不在於海, 安得謂海魚. 其非鰣一也. 鯿, 卽魴也. 以其身廣而方, 故謂之魴. 今葦魚, 狹長如刀, 安得云似魴. 其非鰣二也. 鰣鱗視他魚頗大, 故郭旣云大鱗, 李時珍亦云, 可作婦人花鈿. 今葦魚鱗細疑無, 安得云大鱗, 又安得以餙花鈿. 其非鰣三也. 當魱其長三尺, 今葦魚絶大者, 長不過尺餘. 安得云三尺. 其非鰣四也. 凡此四者, 喩之於眞魚, 則節節符合, 擬之於葦魚, 則件件牴牾. 又案: 袁達『禽蟲述』云, 鰣魚, 罥網而不動, 護其鱗也.『本草綱目』亦云, 鰣性浮遊, 漁人以絲網沈水數寸, 取之. 一絲罣鱗, 卽不復動, 才出水卽死. 今詢之漁戶, 惟眞魚爲然, 而葦魚則否, 此又一明證也. 或曰『醫鑑』之說, 盖因『本草』所謂色白如銀, 肉多細刺, 其形容, 葦魚惟肖也. 然則鰣魚之色白多刺, 又何渠讓於葦魚耶.

5. 늑어(勒魚)【반당이】

『본초강목』에 이르기를, "늑어(勒魚)는 배에 단단한 가시가 있어 사람을 힘들게 하기 때문에 이렇게 이름이 지어졌다. 동해와 남해에서 4~5월에 어부들이 그물을 쳐 놓고 기다리고 있다가 물속에서 소리가 들리면 이 물고기가 이른 것이다. 1, 2, 3차례 오고 나서야 그친다.

---

56 '魱'의 오자이다.

모양은 준치와 비슷하지만 눈이 작고 비늘이 잘다. 배 아래에 단단한 가시가 있고 머리 아래에도 뼈가 있어 합치면 학의 부리 같은 형상이다. 말린 것은 늑상(勒鯗)이라고 한다. 덜 익은 참외의 꼭지에 늑상을 꽂고 하룻밤 두면 익는다."고 하였다.

안: 이것은 곧 우리나라의 소어(蘇魚)이다. 서해와 남해에서 나는데 우리나라의 서해와 남해는 중국의 동해와 남해이다. 5월에 어부들이 통발을 설치하여 잡는데 강화와 인천 등지가 가장 번성하다. 몸이 납작하고 비늘이 희다. 배에는 강한 가시가 많고 머리 아래에 2개의 뼈가 있다. 가시는 뾰족하면서 길고 끝에 미늘이 달려있어서 물건이 걸린다. 그 형태와 색깔, 산지, 나는 철이 모두 『본초강목』과 부합하니 소어(蘇魚)가 늑어(勒魚)라는 것은 의심할 것이 없다.

▌평설

위: 밴댕이, 아래: 반지

어보에서는 『본초강목』에 기록된 늑어(勒魚) 내용을 그대로 인용한 후, 필자 나름의 고찰[案]을 통해 소어(蘇魚)라고 비정하고 있다.

그러나 『본초강목』에서 논한 중국의 늑어는 학명이 Ilisha elongata로 준치를 말한다.

어명고의 소어는 일반적으로 밴댕이(Sardinella zunasi)로 비정되고 있다. 그러나 어명고의 '배에는 강한 가시가 많고 머리 아래에 2개의 뼈가 있다'는 점, '가시는 뾰족하면서 길고 끝에 미늘이 달려있다'는 점은 청어과 밴댕이가 아니라 멸치과 반지(Setipinna tenuifilis)의 특징이다.

반지는 크기가 20cm 정도로 몸이 옆으로 납작하고 머리는 작다. 등은 연한 암갈색을 띠고 배 쪽은 흰색을 띤다. 『한국어도보』에서도 반지의 모습을, "머리 밑에 두 개의 가시가 있어 뾰족하고 긴 갈고리가 되어 있다. 배쪽의 아래에 있는 억센 가시와 머리 밑의 뼈가 합쳐져 학 부리 모양을 하고 있다(정문기, 1991)."고 묘사하고 있다. 어명고의 고찰과 일치하는 묘사이다. 반지는 우리나라 서해, 남해에 서식하며 무리를 지어 이동하여 5~6월에 산란한다. 소어(충남), 고소어(古蘇魚), 늑어라고도 불리며, 경기도 지방에서는 밴댕이, 반댕이 등으로도 불리지만 밴댕이와는 다른 어종이다.

밴댕이는 청어과로 몸길이는 15cm 정도로, 옆으로 납작하며 가늘고 길다. 등은 청록색, 배 부분은 은백색을 띤다. 몸집이나 비늘, 몸 색깔 등이 멸치와 비슷하지만 멸치보다 훨씬 납작하고 아래턱이 위턱보다 긴 것으로 구분된다. 청소어(靑蘇魚), 빈징어(충남), 빈지매, 반당이라고도 불린다.

반지와 밴댕이는 소어(蘇魚)란 이름으로 같이 불리며 『표준국어대사전』에도 소어가 밴댕이와 반지로 올라 있을 정도로 두 물고기 이름이 혼용되고 있다. 어명고에서 설명한 소어(蘇魚)란 물고기는 반지를 말하는 것인지, 아니면 밴댕이를 말하는 것인지 확실치 않다. 그러나 어보의 설명 내용만으로는 반지일 가능성이 더 크다.

소어(蘇魚)는 조선시대 왕실에서도 중요하게 여기는 물고기였다. 말려서 먹기도 했지만, 가장 중요한 용도는 젓갈[蘇魚醢]이었다. 왕실 식용을 위해 소어잡이를 나라에서 직접 관리했다. 사옹원(司饔院)에 소어를 잡기 위한 직소인 소어소(蘇魚所)를 안산[57]에 두었고, 소어소 는 소에 소속된 어민과 어장을 관리하면서 잡힌 것을 거두어 사옹원 에 바쳤다. 소어소에서 잡았던 물고기는 서해에서 소어라고 불렀던 밴댕이었고 주로 젓갈을 만들었다.

〈원문〉 勒魚【반당이】『本草綱目』云,勒魚腹有硬刺勒人,故以名.産東南海中,以四月·五月,漁人設網候之,聽水中有聲,則魚至矣.有一次·二次·三次乃止.狀如鰣魚,小皆細鱗.腹下有硬刺,頭下有骨,合之如鶴喙形.乾者謂之勒鯗.甜瓜生者,用勒鯗骨,揷蒂上一夜,便熟.案:此卽我東之蘇魚也.産西南海,我東西南海,固中國之東南海也.五月漁人設籃取之,江華·仁川等地最盛.身扁鱗白,腹多硬刺,頭下有兩骨.刺尖長而有鐵,以鉤物.其形色産地時候,皆與『本草』合,蘇魚之爲勒魚也,無疑矣.

6. 독미어(禿尾魚)【도미】

서해와 남해에서 나며 동해에도 있다. 모양이 붕어[鯽] 같지만 더 크며, 큰 것은 두어 자가 된다. 꼬리가 짧으며 갈라지지 않은 것이 가 위로 잘라서 뭉툭한 것 같아서 이름이 독미어(禿尾魚)이다. 독미어의 이름이 와전되어 방언으로 도미(道尾)라고 한다. 붉은색과 검은색의 두 종류가 있는데 그 검은 것은 속칭 흑도미(黑道尾)라고 하고 붉은 것은 속칭 적두도미(赤豆道尾)라고 한다. 사시사철 있지만 어가에서

---

57 安山: 경기도에 있는 서해안 임해 공업도시로 계획된 신도시 지역의 앞바다 를 말한다.

잡는 때는 3월이 많으니 조기를 잡고 난 이후이다. 그러므로 서울에 이르는 것이 매년 4월초파일 전후이다.

어떤 이는, "이것이 바로 서(鱮)인데, 서는 양자강과 회수사이에서 독미어라고 하니, 이것이 그 증거이다."라고 하였다. 그러나 『시경』에 이르기를, "늘 즐겁고 행복한 한(韓)나라 땅이여, 내와 못이 매우 크고 너르며, 방어(魴魚)와 서어(鱮魚)가 크기도 하다."라고 하였고, "해어진 통발이 어살에 있고, 그 물고기는 방어와 서어로다."라고 하였다. 이 서어는 강과 시내에서 나는 것이지 바다에서 나는 것이 아니다. 또 『서정부』에서 이르기를, "아름다운 방어의 도약하는 비늘과 흰 서어[素鱮]의 떨치는 지느러미."라고 하였으니 여러 물고기 중에 서어의 색깔이 가장 희기 때문에 소여(素鱮)라고 한 것이다. 지금 독미어는 붉지 않으면 검어서 반드시 서어라고 볼 수 없다.

어떤 이는 말하기를, "'곽박이 이르기를, 용(鱃)이 련(鰱)과 비슷하나 검다. 용(鱃)을 혹 용(鱅)으로 쓰는데 련(鰱)은 서(鱮)의 다른 이름이다.'라고 하였으니, 지금 세상에서 말하는 흑도미는 즉 용(鱅)의 종류인 것 같다."고 한다.

우안: 『성호사설』에 이르기를, "복건 사람 임인관(林寅觀), 진득(陳得) 등이 명나라 영력제 시절의 책력을 지니고 제주도로 표류해 왔는데[58] 세간에서 독미어라고 부르는 것을 보고 '이는 교력어(蛟鱺魚)이다.'라고 말했다."는데 『본초강목』에서 찾아보았으나 이런 이름은 없었으니 아마도 남방의 방언인 듯하다.

---

58 명나라가 청나라에게 망한 후 상영(常瀛)의 아들이 1645년에 황제로 즉위하여 영력(永曆)으로 개원하였고 바로 해외로 도피하였다. 1667년에 복건(福建) 사람 임인관(林寅觀)·진득(陳得)·증승(曾勝) 등 95명이 제주 대정현에 표류하였는데, 자신들이 명나라 유민인 것을 영력(永曆) 21년(1667)의 책력을 가지고 증거로 삼았다.

▌평설

참돔

어명고에 독미어(禿尾魚), '도미'라 올라 있는 고기는 오늘날의 도미를 말하는 것이다. 그러나 도미는 특정 물고기의 이름이 아니라 도미 종류를 통틀어 말하는 총칭이다. 참돔, 감성돔, 붉돔, 청돔, 황돔, 긴꼬리돔, 줄돔 등등 여러 가지가 도미라고 총칭되는 것이다. 그중에서도 참돔[眞鯛]은 도미과의 물고기의 대표주자이다. 어명고의 도미는 참돔을 가리키는 것이다.

어명고에서는 도미의 이름을 확인하면서 중국의 독미어(禿尾魚)에 대해 검토하고 있다. '독미어는 서(鱮)인데, 서는 강수(江水)와 회수(淮水)사이에서 독미어(禿尾魚)라고 한다'는 설에 대해, 백련어[鰱]는 민물고기여서 독미어가 아님을 논증하고 있다. "본초에 방어는 일명 편어이고, 축항편과 아주 비슷한 것은 도미이다(魴魚一名鯿魚, 而似是楂頭縮項者卽도미也)."라는 기록(『광재물보』)이 있듯이 도미가 편어로 잘못 알려져 있다. 그러나 중국의 편어는 민물고기이어서 도미라 볼 수 없다고 본 어명고 저자의 판단이 올바른 것이다.

다산 정약용도 『아언각비』에 해즉(海鯽)을 도미라 비정하고 '海鯽

者, 俗所謂道味也.'] 있으며, 『경상도지리지』에 도미는 도음어(都音魚)로 기록되어 있다. 오늘날 중국에서는 도미의 한 종류인 감성돔을 해즉(海鯽), 부어(鮒魚)라고 부르고 있다.

〈원문〉禿尾魚【도미】出西南海,東海亦有之.形如鯽而大,大者數尺.尾短無歧如剪禿然,故名禿尾.方言訛爲道尾.有赤黑兩種,其黑者,俗呼墨道尾,赤者,俗呼赤豆道尾.四時皆有,而漁戶之取之也.多在三月,取石首魚之後,故其至京,每在四月,燈夕前後也.或謂此卽鰽也.鰽,江淮之間,謂之禿尾魚,此其證也.然詩曰,孔樂韓土,川澤訏訏,魴鰷甫甫.又曰,敝笱在梁,其魚魴鰥,是鰽爲江湖川澤之産,而非海魚也.又『西征賦』云,華魴躍鱗,素鰽揚鬐.蓋諸魚中,鰽色最白,故曰素鰽.今禿尾魚,不赤則黑,未見其必爲鰽也.或曰郭璞云,鮥似鱮而黑,鮥或作鱅,鱮是鰽之別名,疑今俗所謂黑道尾,卽鱅之類也.又案:『星湖僿說』云,福建人林寅觀·陳得等,齎永曆曆,漂到濟州,見俗所謂道尾魚曰,此蛟蠟魚也.考之『本草』無此名,疑南方方音也.

7. 청어(靑魚)【비웃】

청어는 색깔이 푸르기 때문에 이런 이름이 붙었다.

안:『도경본초』에 이르기를, "청어는 강이나 호수에서 나는데, 잡는 것이 일정한 때가 없다. 환어(鯇魚)와 비슷하지만 등이 새파란 색깔이고 머릿속에 침골(枕骨)이 있는데 삶아서 햇볕에 말리면 호박(琥珀)과 같다. 삶아서 두들기면 술그릇이나 빗과 빗치개를 만들 수 있다."라고 하였다.『본초강목』에 이르기를, "청(靑)은 또 청(鯖)이라고도 쓰는데 색깔로 이름을 붙인 것이다."라고 하였으니, 이것이 본초 관련서에 기록된 청어이다.

우리나라의 청어는 이와 달리 강이나 호수에는 나지 않는다. 겨울에 관북의 먼 바다에서 나고, 늦겨울에서 초봄에 동해를 따라 남해로 돌아 영남의 먼 바다에 이르러 그 생산이 더욱 번성하다. 또 서해로 돌아 황해도의 해주 앞바다에 이르면 더욱 살이 찌고 맛이 있다. 청어가 다닐 때에는 천 마리 만 마리가 무리를 지어 조수를 따라 휩쓸려서 이르는데 3월이 되어서야 그친다. 우리나라의 청어는 『본초강목』에서 말한 청어와 이름은 같지만 실제는 다르다. 그러므로 『동의보감』에서 『본초강목』의 청어를 주석하기를, "우리나라의 청어가 아니다."라고 한 것이다.

다만 『화한삼재도회』에서 이르기를, "청어(鯖魚)는 모양이 환(鮠)과 비슷하나 비늘이 잘다. 큰 것은 1자 4~5치 정도가 된다. 등은 새파란 색깔인데 가운데에 푸른빛을 띤 검은색바탕에 연한 아롱진 무늬가 있으니 새끼줄을 감아 놓은 것 같다. 꼬리 주변의 양쪽에 서로 맞대어 가시지느러미가 있다. 살은 달고 연한 신맛이 난다. 쉽게 부패하는데 하룻밤을 지나고 난 것은 사람을 취하게 한다. 4월중에 수만 마리가 물결에 떠서 다니므로 낚시질하거나 그물질하지 않고서도 잡을 수 있다."라고 하였다. 그 수만 마리가 물결에 떠서 다닌다는 것은 우리나라의 청어가 아니고서는 어찌 그럴 수 있단 말인가? 이것으로 우리나라와 일본의 청어는 똑같이 바다에서 나지만 『본초강목』에서 말한 청어는 강과 호수에서 나는 다른 종류인 것을 알 수 있다.

『화한삼재도회』에서도, "청어는 등의 방골(傍骨)을 잘라내어 두 마리를 소금에 절여 한손으로 만든다. 색깔이 자줏빛 나는 붉은색인 것이 가장 좋다. 멸치 기름을 발라 말리면 색깔이 좋다."고 하였다. 우리나라의 청어도 말린 것이 자줏빛 나는 붉은색인 것을 귀하게 여긴다. 말리는 법은 등을 가르지 않고 새끼줄로 엮어 햇볕에 말린다. 이렇게 하면 멀리 보내거나 오래 보관해도 상하지 않는다. 속칭 관목

(貫目)이라고 하는 것은 두 눈이 새끼줄로 꿸 수 있을 만큼 투명한 것을 말하는 것이다. 잡는 즉시 배 위에서 말린 것이 품질이 우수하다고 한다.

▌평설

청어

청어목 청어과 물고기인 청어(靑魚)는 어명고에 한글로 '비웃'이라고 기록되어 있고, 고어로는 '비욷'으로 기록되어 있기도 하다(『훈몽자회』). 『재물보』에는 별칭을 누어(鰊魚)라 하였고, 『명물기략』에는 값싸고 맛이 있어 가난한 선비들이 잘 사먹는 물고기라 하여, 선비들을 살찌게 하는 물고기라는 뜻의 '비유어(肥儒魚)'로 기록되어 있다.

동해안에서는 등어, 전남에서는 고심청어, 경북에서는 눈검쟁이, 푸주치로 불리며, 서울에서는 크기가 크고 알을 품은 청어를 구구대라 한다. 또 고심청어, 푸주치, 눈검쟁이, 갈청어라는 별칭도 있다.

청어는 한국 연근해 등에 광범위하게 분포하는 소형어종으로 수온이 2~10℃인 저층 냉수대에서 서식한다. 산란기는 겨울에서 봄 사이이며, 외해에서 연안 또는 내만의 암초지역이나 해조류가 분포한 지역으로 이동하여 산란한다.

　어명고에서는 중국문헌을 인용하여 '환어(鯇魚)와 비슷하지만 등이 짙은 푸른색이고 머릿속에 침골(枕骨)이 있는데 삶아서 햇볕에 말리면 호박(琥珀)과 같다. 불에 달구어 두들겨 술그릇이나 빗과 빗치개를 만들 수 있다.'고 하였다며, 우리 청어와 다른 점에 의문을 표하고 있다.

　우리는 한자를 빌려 사물을 기록하였다. 그 결과 실제 같은 한자이름을 쓰면서도 중국의 사물과 우리의 사물이 일치하지 않기도 해서 혼선이 생긴다. 중국의 청어는 길이가 200cm, 무게는 80kg까지 자라는 잉어과의 대형 민물고기이다. 비록 한자이름은 같아도 우리 청어와는 전혀 다른 물고기인 것이다. 그러나 『화한삼재도회』에서 나오는 청어는 우리의 바다 청어와 같은 것이다.

　어명고에 '하룻밤을 지나고 난 것은 사람을 취하게 한다'고 한 것은 등푸른 생선인 청어가 상온에서 쉽게 부패하는 것을 말하여, 싱싱하지 않은 것을 먹으면 식중독이 일어나는 현상을 말하는 것이다. 청어 설명 중 '속칭 관목(貫目)'은 오늘날 '과메기'라고 부르는 것이다. 겨울에 잡은 청어를 배를 따지 않고 소금을 치지 않은 채 그대로 엮어 그늘진 곳에서 겨우내 얼렸다 말리기를 반복하는 것은 '냉훈법(冷燻法)'이라는 가공법으로 장기간 저장할 수 있게 한다.

〈원문〉 靑魚【비웃】靑魚色靑, 故名. 案:『圖經本草』云, 靑魚生江湖間, 取無時, 似鯇而背正靑色. 頭中枕骨, 蒸曝色如琥珀, 可煮拍作酒器梳篦. 『本草綱目』云, 靑亦作鯖, 以色名也, 此『本草』所載靑魚也. 我國靑魚異於是, 不産江湖間. 冬月産關北海洋, 冬末春初, 循東海迤南, 至嶺南海洋, 其産益繁. 又迤西至海西之海州前洋, 則更益肥美. 其行千萬爲羣, 隨潮擁咽而至, 迄三月而止. 與『本草』靑魚同名異實, 故『東醫寶鑑』, 註『本草』

靑魚亦云,非我國之靑魚也.惟『和漢三才圖會』云,鯖形類鮠而鱗細,大者一尺四五寸,背正靑色,中有蒼黑微斑文,如繩纏然.尾邊兩兩相對有刺鬐.其肉甘而微酸,易餕經宿者,令人醉.四月中,數萬爲浪所漂,不釣不網,亦可獲取.其所云,數萬爲浪所漂者,非我國靑魚,何以有此.是知我國及日本鯖魚同.是海産,而『本草』所言,另是江湖産一種也.『和漢三才圖會』又云,鯖魚割開背傍骨,鰓之,二枚作一重,其色紫赤者爲上,塗鰯油乾之,則色佳.我國靑魚鯗,亦以紫赤色爲貴.但其鰓法,不開背,但以藁繩編之曝乾,可以寄遠久留不敗.俗呼貫目,謂兩目透明,如可繩貫也.漁取卽晒于船上者,品佳云.

8. 접(鰈)【가亽미】

일명 비목어(比目魚), 일명 개(魪), 허(魼), 겸(鰜), 판어(版魚), 혜저어(鞋低語), 노교어(奴屩魚), 비사어(婢筴魚)이다. 동해에서 나며 서해와 남해에도 간혹 있지만 동해만큼 많지는 않다.

모양은 창어(鯧魚)와 비슷하지만 뇌는 툭 튀어나와 있지 않다. 몸이 납작하고 배는 평탄하며 머리는 작고 입은 뾰족하다. 비늘은 잘고 자줏빛을 띤 검은색이며 좌우에 긴 지느러미가 옆구리에서 꼬리까지 이어져 있다. 작은 아가미가 어깨에 붙어 있고 꼬리는 갈라지지 않았다. 두 눈이 매우 가까이 있고 위로 향해 서로 나란히 있으므로 비목어(比目魚)라고 한다.

고금의 여러 학자들이 모두 이르기를, "접은 모두 눈이 하나뿐이므로 두 마리가 합쳐야 갈 수 있다."고 하였는데, 그 설은 대체로, "동방에 비목어가 있으니 나란히 하지 않으면 가지 못한다."라고 한 『이아』의 문장에 근거한 것이다.

하지만 지금 징험해 보니 접은 실제 눈이 두 개이고 또한 반드시 나란히 해야만 다니는 것은 아니다. 『이아』에 기록한 것은 별도의 다른 일종인 것 같다. 곽박이 『이아』에 주를 달아, "모양이 소의 비장(脾臟)과 같은데 비늘이 잘고 자줏빛을 띤 검은색이다. 눈이 하나이므로 양쪽이 서로 합해야 갈 수가 있다. 오늘날 물속에도 있는데 강동(江東)에서는 왕여어(王餘魚)라고 하고 판어(版魚)라고도 하고 비목어(比目魚)라고도 쓴다."고 하였다. 또 칭송하기를, "비목(比目)의 물고기여, 별호가 왕여(王餘)로다. 두 쪽으로 나누어져 있으나 사실은 한 마리 물고기로다. 합쳐도 붙을 수 없고 떨어져도 소원하지 않네."라고 하였다.

『사기』「봉선서」에서 이르기를, "동해에서 비목어라는 물고기를 바쳤다."라고 하였다. 『집해』를 인용하여 위소가 말하기를, "각각 눈이 하나이므로 나란히 하지 않으면 가지 못하는데 그 이름이 접어(鰈魚)이다."라고 하였다. 『한서』의 「사마상여전」에 이르기를, "우우(禺禺)[59]란 물고기는 허탑(魼鰨)이다."라고 하였고 주를 달기를 "허(魼)는 비목어이다. 두 마리가 합쳐야 갈 수 있다."고 하였다.

좌사의 『오도부』에서 이르기를, "보쌈을 놓아 두 마리 개를 잡는다[罩兩魪]."라고 하였고, 또 이르기를, "두 마리가 가면 비목어(比目魚)이고 한 마리가 가면 왕여어(王餘魚)로다."라고 하였다. 유규가 개(魪)를 주석하여, "좌우의 개(魪)는 눈이 하나이니 이른바 비목어라는 것은 두 마리가 함께 합쳐야 능히 헤엄쳐 갈 수 있다. 만약 홀로 다닌다면 혼이 떨어져 물건에 붙어 사람에게 잡힌다. 그러므로 '두 마리의 개[兩魪]'라고 하는데 단양(丹陽)과 오회(吳會)에 있다."고 하였다. 또 말하기를, "비목어는 동해에서 나는데 왕여어는 그 절반이다."라고 하였다. 『임해이물지』에서 이르기를, "비목어는 좌우로 나누어진 물고기인데 『남월지』에서는 판어(版魚)라고 한다."고 하였다.

---

59 禺禺: 중국의 전설상의 물고기 이름이다. 곽박의 주에서는 "우우는 물고기로 껍질에 털이 있으며 황색바탕에 검은 무늬가 있다."고 하였다.

이 여섯 가지 책을 제외하고도 본초학을 다룬 여러 책들은 그 설이 대동소이하니, 모두 접어는 눈이 하나인 물고기로 두 마리가 나란히 한 뒤에야 갈 수 있다고 하였는데 이는 너무도 의심스러운 것이다. 만약 지금 세간에서 말하는 접어를 『이아』의 비목어가 아니라고 한다면 모양이 소의 비장과 같고 비늘이 잘며 자줏빛을 띤 검은색이라는 내용은 곽박의 주와 부합한다. 만약 지금 세간에서 말하는 접어가 곧 『이아』에서 말한 비목어라고 한다면 여러 학자들이 말한 눈이 하나뿐인 두 마리가 서로 합해야 간다는 말 역시 지나친 말이 아닐 수 없다.

내가 생각해 보건대, 『이아』에서 기록한 동방의 비목어, 남방의 비익조(比翼鳥), 서방의 비견수(比肩獸), 북방의 비견민(比肩民)으로 모두 먼 지방의 특이한 견문이지 중국에 항상 있는 것이 아닌데 해석한 자가 지금의 접어로 잘못 실증한 것이다. 그리고 접어는 본래 동해에서 나니 중국 사람들이 익숙하게 보지 못하였기 때문에 본초학을 다룬 여러 학자들이 곽박의 주를 답습하여 '접어는 눈이 정말 하나다.'라고 하고, 자신들이 명쾌하게 실증하지 못한 것이다.

왕여어 같은 것은 회잔어(膾殘魚)의 다른 이름이다. 세상에 전해지기로는 오왕 합려(闔廬)[60]가 강에 가서 회를 먹다가 남은 것을 물에 버렸는데 이것이 변하여 이 물고기가 되었다고 한다. 둥글고 작으며 흰데 이미 회를 뜬 물고기는 접어(鰈魚)와는 판이하게 다른데도 곽박과 유규가 모두 접어(鰈魚)의 반신(半身)이라고 하였으니 이것 또한 그들의 말이 허무맹랑하다는 하나의 증거가 될 것이다.

■평설

어명고에 접(鰈), 그리고 한글이름으로 '가즈미'로 병기된 고기는

---

60 闔閭라고도 기록되어 있다.

참가자미

가자미 종류를 이르는 것이다. 가자미는 가자미목 가자미과 물고기인 참가자미, 가시가자미, 줄가자미, 눈가자미, 기름가자미, 홍가자미, 용가자미, 돌가자미, 노랑가자미 등등을 통틀어 부르는 이름이다. 이들은 대체로 몸이 납작하여 타원형에 가깝고, 두 눈은 오른쪽에 몰려 붙어 있으며 넙치보다 몸이 작다. 가자미란 이름이 붙어 있지 않지만 도다리, 강도다리도 가자미과 고기이다. 또 같은 가자미목인 넙치과의 일부 고기까지 포함하여 이르는 총칭이기도 하다.

어류분류학이 발전하지 못한 시대에는 가자미, 넙치, 서대를 모두 몰아 비목어(比目魚) 또는 접(鰈)이라고 불렀다. 『지봉유설』에는 광어(廣魚)와 서대[舌魚]를 접류(鰈類)라 하였고, 한글로 '비목어'라 쓰고 가자미, 광어를 넙치라 하였으며 비목어는 동해에서 난다고 하였다. 또 『자산어보』에서는 가자미, 넙치, 서대류를 합쳐서 접어(鰈魚)라고 했고 속명을 광어(廣魚), 작은 것을 가자미라고 기록하고 있다. 정약용도 '접어는 광어라 하며, 그 작은 것은 가자미[加佐味]라 한다'고 기록하고 있다(『아언각비』).

가자미가 부화되었을 때는 머리의 양측에 1개씩의 눈이 있지만, 성장함에 따라 왼쪽 눈이 머리의 배면을 돌아 오른쪽 눈에 접근해 온다. 이때부터 치어는 몸의 오른쪽을 위로해서 바닥에 눕게 되며, 몸빛깔도 좌우가 각각 달라진다.

어명고에서는 가자미의 다른 이름인 비목어를 고증하고 있다. 그리고는 『한서』와 『이아』에 나오는 비목어가 실제는 눈이 둘이어서, '반쪽 고기'라는 것이 허황한 이야기라고 정의하고 있다.

고대 중국인들은 동쪽 바다에 '눈이 하나인 물고기' 혹은 '몸이 반쪽인 물고기'가 있다고 믿었다. 이러한 물고기인 비목어, 접어가 사는 바다를 접해(鰈海)라 했고 우리나라를 접역(鰈域)이라 부르기도 했다. 중국 입장에서 그냥 동쪽바다라 하지만, 우리나라에서도 가자미 종류는 동해에서 많이 난다. 중국인들에게 우리 동해는 정말 먼 바다이고, 가자미는 흔히 볼 수 없고, 구전으로만 들은 이상한 물고기일 수밖에 없어 황당한 이야기가 모여져 환상적인 기록을 만들어 낸 것이다.

어명고에는 비목어 뿐만 아니라 남방의 비익조(比翼鳥), 서방의 비견수(比肩獸), 북방의 비견민(比肩民)이 언급되어 있다. 겸(鶼)이란 새는 눈 하나와 날개 하나만 있기 때문에 암수 두 마리가 서로 나란히 해야만 비로소 두 날개를 이루어 날 수 있다고 한다. 바로 비익조이다.

궐(蹶)이라는 짐승은 앞발은 짧고 뒷발만 길어서 잘 달리지 못하므로, 하루에 천 리를 달릴 수 있는 공공거허(蛩蛩巨虛)라는 짐승이 좋아하는 감초를 가져다 먹여 주고 위급한 때를 당하면 공공거허의 등에 업혀서 위기를 면한다고 한다. 또 이리 종류인 낭(狼)은 뒷발이 짧고, 패(狽)는 앞발이 짧으므로 두 놈이 서로 의지해서 다니며 낭패(狼狽)라 한다고 하였다.

중국의 아득한 북방에 사는 비견민(比肩民)은 다리와 어깨가 반쪽이어서 둘이 의지해야만 걸을 수 있다고 한다. 모두『산해경』과 같은 괴이하고, 황당한 기록들만 모은 책에 나오는 것들이다.

〈원문〉鰈【가즈미】一名比目魚,一名鰜,一名鮙,一名鰜,一名版魚,一名鞋底魚,一名奴屩魚,一名婢簁魚.出東海,西南海或有之,不如東海之多也.形似鯧魚,而腦不突起.身扁腹平,頭小口尖,細鱗色紫黑.左右有長鬐,自脅竟尾.腮小貼肩,尾不歧.兩目甚近向上而相比,故謂之比目魚.古今諸家皆謂鰈皆一目,須兩魚並合,乃能行.其說蓋本諸『爾雅』,東方有比目魚,不比不行之文.然以今驗之,鰈實兩目,亦未必相比而行,疑『爾雅』所著,自是一種也.郭璞注『爾雅』曰,狀似牛脾,鱗細紫黑色,一眼兩片相合,乃得行.今水中所在有之,江東呼爲王餘魚,亦曰版魚,又作比目魚.贊[61]曰,比目之鱗,別號王餘,雖有二片,其實一魚.惚不能密,離不爲疏.『史記』「封禪書」云,東海致之比目之魚.『集鮮』引韋昭曰,各有一目,不比不行,其名曰鰈.『漢書』「司馬相如傳」,禺禺鮙鰨,註鮙,比目魚也.兩相合,乃得行.左思『吳都賦』云,罩兩鰈,又云雙則比目,片則王餘.劉逵註鰈,左右鰈一目,所謂比目魚,須兩魚並合,乃能遊.若單行,落魄着物,爲人所得,故曰兩鰈.丹陽·吳會有之.又云,比目東海所出,王餘其身半也.『臨海異物志』云,比目魚,似左右分魚,『南越』謂之版魚.外此六書,本草諸書,其說大同,皆以鰈爲一目兩魚,比並而後行,此殊可疑.將謂今俗所謂鰈魚,非『爾雅』之比目魚,則形似牛脾細鱗,紫黑色,與郭註合矣.將謂今俗所謂鰈魚,卽『爾雅』之比目魚,則諸家所云,一眼兩片,相合而行者,又不翅徑庭矣.余意『爾雅』所著,東方比目魚,南方比翼鳥,西方比肩獸,北方比肩民,皆屬荒服異聞,非中國所恒有,而鮮之者,誤以今之鰈魚實之.然鰈本東海之産,華人之所未慣見,故本草諸家,仍襲郭鮮,謂鰈眞一目,不自知其爽實也.如王餘魚,卽膾殘魚一名,世傳吳王闔廬,江行食膾,棄餘於水,化爲此魚,圓小而白,如已膾之魚,與鰈魚判異,而郭璞·劉逵,皆以爲鰈之半身,此亦其誤綻之一證矣.

---

61 '贊'의 오자로 보인다.

9. 설어(舌魚)【셔딕】

가자미[鰈魚]와 비슷한 종류이지만 몸이 좁고, 두 눈이 모두 한 곳에 모여 있다. 등은 누른빛을 띤 검은색이고 배는 회색을 띤 흰색이다. 비늘이 잘고 꼬리는 뾰족해서 비늘이 없고 꼬리가 없는 것 같다. 서해와 남해에서 난다. 매년 4월에 조기를 잡을 때 함께 그물과 통발에 들어온다.

안:『화한삼재도회』에서 이르기를, "우설어(牛舌魚)는 접어와 비슷하나 좁고 길며 엷은 붉은빛이 도는 검은색이고 비늘이 잘고 꼬리가 없다. 큰 것은 한 자 남짓 된다. 마설어(馬舌魚)는 우설어와 비슷하나 배가 희고 등 양변이 검다. 이들은 모두 접어의 종류이다."라고 하였다. 우리나라에서 나는 서대는 우설어와 마설어의 중간이다.

▮평설

참서대

어명고에 설어(舌魚), '셔딕'로 기록된 서대는 특정 물고기의 이름이 아니고 가자미목 참서대과 어류의 총칭이다. 참서대과 고기에는 용서대, 물서대, 칠서대, 참서대, 개서대, 박대, 흑대기, 보섭서대가 있고, 그중 참서대가 가장 일반적으로 알려져 있다.

참서대는 가자미목 참서대과의 바닷물고기로 두 눈이 왼쪽에 치우쳐 있으며, 바닥이 모래가 섞인 뻘로 되어 있는 수심 70m 이내의 바다 밑바닥에 붙어서 생활한다. 참서대는 서대류 중에서 가장 맛이 좋은 흰살 생선으로서 회뿐만 아니라 조림이나 구이, 찜, 찌개 등으로 먹으며 6~10월이 제철이다. 야채와 함께 양념한 서대무침은 한여름의 별미이다. 그래서 '오뉴월 서대는 잠자는 자리 뻘도 맛있다'는 속담도 있다.

일본의 우설어 즉 우시노시타牛の舌는 가자미목 서대과와 납서대과 물고기의 총칭으로 흔히 시타비라메[舌平目]라고도 불린다. 어명고에서 '우리나라에서 나는 서대는 우설어와 마설어의 중간'이라고 본 것은 『화한삼재도회』의 도판만을 보고 내린 결론일 수도 있다. 마설어는 '배가 희고 등 양변이 검다'는 점에서 흑대기로 추정되기도 한다.

〈원문〉 舌魚【셔딕】形類鰈魚而狹,兩眼並在一處.背黃黑腹灰白.細鱗尖尾,疑於無鱗無尾.生西南海.每四月,捕石首魚時,同入網罾.案:『和漢三才圖會』云,牛舌魚,似鰈而狹長,色淡赤黑,細鱗無尾,大者一尺許.馬舌魚,似牛舌,而腹白背兩邊黑,皆鰈之屬也.我國舌魚,在牛舌・馬舌之間矣.

10. 화제어(華臍魚)【넙치】

화제어(華臍魚)는 오늘날의 광어(廣魚)이다. 동해와 남해에서 난다. 모양이 가자미와 비슷하지만 크기가 배이다. 알이 태(胞) 안에 있는데 한 태보에 두 다리가 있는 것이 흡사 부녀자의 고쟁이 모양과 같다. 어가에서 잡아 등을 갈라 등골뼈를 제거하고 햇볕에 펼쳐 말려 담상을 만들어 서울에 판다. 찰진 것[糯]과 메진 것[粳] 두 종류가 있는데 메진 것은 육질이 거칠고 맛이 담백하며, 찰진 것은 기름지고 부드러우며 이에 달라붙지만 맛은 뛰어나다.

안:『천주부지』에서 이르기를, "화제어는 배에 치마와 같은 것을 지니고 있어 알이 그곳에 붙어 생긴다. 그러므로 일명 수어(綏魚)라고 한다. 모양이 올챙이와 같지만 큰 것은 쟁반만하다."라고 하였다.

『화한삼재도회』에서 이르기를, "화제어는 10월에 잡는데 3월 이후에는 점점 드물어지고 여름과 가을에는 없다. 모양이 둥글고 납작하며 살이 두껍고 배가 크다. 등은 검은색이고 배는 흰색이며 눈과 코가 위를 향해 있다. 입이 크고 지느러미가 짧다. 뼈가 연하여 고깃국을 끓이면 맛이 담백하면서도 달다. 다만 잘라서 삶을 때에 새끼줄로 입술을 꿰어 대들보에 매달아 입에 물을 부어넣어 물이 입을 넘치는 것을 합당한 기준으로 하여 요리한다. 먼저 목 껍질을 자르고 다음으로 몸 전체의 껍질을 벗긴다. 만약 방법대로 하지 않으면 살이 껍질과 뼈에서 떨어지지 않는다."라고 하였다. 두 책에서 말한 모양과 색깔, 자르는 법을 살펴보면 오늘날의 광어(廣魚)라는 것이 의심되지 않는다.

우안: 좌사의『오도부』에 '교치금슬(鮫鯔琴瑟)'이라는 말이 있고 주석에 이르기를, "화제어는 비늘이 없으며 모양이 거문고와 같다. 그러므로 금슬어(琴瑟魚)라는 이름이 있다."라고 하였다. 그러나 지금 징험해 보건대, 수어(綏魚)는 비늘이 없는 것이 아니고 다만 비늘이 잘고 드물기 때문에 간혹 '비늘이 없다.'고 한 것뿐이다.

평설

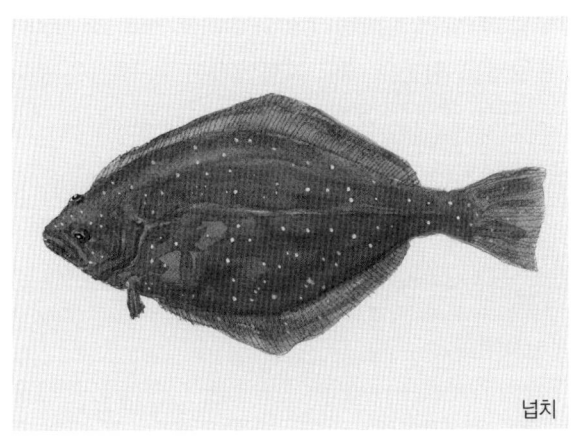

넙치

　어명고에 화제어(華臍魚), 그리고 '넙치'란 한글이름이 병기된 물고기는 오늘날 표준명이 넙치이다. 넙치는 횟감으로 유명한 가자미목 넙치과의 바닷물고기이다. 두 눈이 머리의 왼쪽에 쏠려 있고 몸이 납작하며, 가자미와 비슷하게 생기기는 했지만 두 눈이 오른쪽으로 몰려있는 가자미 종류와는 쉽게 구분된다. 크기는 60~80cm이고, 누른빛을 띤 갈색바탕에 짙은 갈색과 흰색 점이 있으나, 눈이 없는 쪽은 흰색이다. 바다의 모래바닥에 서식하며 우리나라 인근해역에서 많이 난다.

　넙치는 모양이 넓적해서 넙치, 광어이고 영어 이름도 '넙적한 고기(flatfish)'이다. 또 모양이 거문고[琴瑟]와 같아 금슬어(琴瑟魚)라는 이름이 있고, 비파어(琵琶魚)란 별명도 있다. 『자산어보』에는 접어(鰈魚)를 대 항목으로 분류해 놓고 어명고의 화제어 설명과 비슷하게 해석하고 있다. 그리고 소접(小鰈, 가자미), 장접(長鰈, 혜대어), 서대(牛舌鰈)를 하위분류로 놓고 있다. 따라서 눈이 한쪽으로 쏠려 있는 접어(鰈魚) 전부를 비목어로 볼 수도 있다.

II. 바닷물고기

『화한삼재도회』의 광어 다루는 방법은 '쓰루기리[釣切]'라고 하며, 껍질의 젤라틴 질로 인해 미끄러운 광어를 조리할 때 '매달고 자르는' 방법으로 오늘날도 일본의 고급 호텔에서는 이 방법을 쓴다고 한다.

〈원문〉 華臍魚【넙치】卽今之廣魚也. 出東南海. 形類鰈魚而其大倍. 筱子在胞中, 一胞兩脚, 恰似婦人小袴. 魚[62]戶取之, 剖背去脊骨, 張晒作淡鯗, 以售于京. 有糯・粳二種. 粳者肉鬆味淡, 糯者膩潤黏齒, 味則勝之. 案:『泉州府志』云, 華臍魚, 腹有帶如帔, 子生附其上, 故一名綏魚. 形如蝌蚪, 而大者如盤.『和漢三才圖會』云, 華臍魚十月取之, 三月以後稍稀, 夏秋無之. 狀圓扁肉厚肚大. 背黑腹白, 眼鼻向上, 口闊鬐短. 骨軟爲臁, 味淡甘. 但割烹時, 用繩貫下唇, 懸于屋梁, 灌水于口, 以水溢口外爲度. 先切頭皮, 次剝周身皮. 苟不如法, 則肉不離皮骨. 觀二書所言形色與割法, 其爲今之廣魚無疑矣. 又按:左思『吳都賦』, 有鮫鯔琵琶之語, 而注云, 華臍魚無鱗, 形似琵琶, 故又名琵琶魚. 然以今驗之, 綏魚未嘗無鱗, 特鱗細而稀, 故或謂無鱗耳.

11. 창(鯧)【병어】

서해와 남해에서 난다. 오늘날 세간에서 말하는 병어(兵魚)이다. 살펴보건대,『본초습유』에서, "창(鯧)은 남해에서 나는데 모양이 붕어와 비슷하다. 몸은 완전히 둥글고 단단한 뼈가 없다."고 하였다.『영표록』에서 이르기를, "모양이 편어(鯿魚)와 비슷한데 뇌 위에 돌기가 등마루에까지 이어져 있다. 몸은 둥글고 살은 두터우며 단지 하나의 척추뼈만 있다."고 하였다.

『화한삼재도회』에서 이르기를, "창(鯧)의 크기는 1자 남짓이며 흰색에 푸른색을 띠고 있다. 비늘이 잘아서 없는 것 같다."고 하였다.

---

62 '漁'의 오자로 보인다.

그 산지와 모양을 말한 것이 모두 세상에서 말하는 병어와 부합하니, 병어가 창(鯧)이라는 것은 의심의 여지가 없다.

우안: 『본초강목』에서 이르기를, "창어(鯧魚)가 물에서 헤엄쳐 다니면 여러 물고기들이 뒤따라 다니면서 창어의 침과 거품을 먹는데 그 모습이 창기(娼妓)와 닮았기 때문에 그렇게 이름을 지은 것이다."라고 하였다.

지금의 병어 역시 다닐 때 반드시 무리를 짓는데 지역민들이 그 무리를 지어 대열을 이루는 것이 병졸들과 같다고 생각하여 병어(兵魚)라고 부른다. 호서의 도리해[63]에서 가장 많이 난다.

▎평설

병어

어명고에서 창(鯧)이라고 하고, 한글로 '병어'라고 병기한 물고기의 현 표준명 역시 병어이다. 『오주연문장전산고』에서도, "창어가 무리

---

63 桃李海: 전라남도 무안군과 영광군, 함평군의 경계를 이루는 해제반도 앞바다이다.

짓는 것이 아름답대[鯧魚爲衆魚所嬌]."고 병어가 무리를 지어 움직이는 습성을 묘사하고 있다.

어명고에서는 중국문헌인 『영표록』을 인용하여, '모양이 편어(鯿魚)와 비슷하다'고 하여 어명 규명에 혼란을 겪는다. 병어의 한자이름은 창어(鯧魚) 외에도 편어(扁魚, 鯿魚), 병어(瓶魚)가 있다. 우리 고문에 '편'이란 물고기 이름은 여럿 나온다. 편화어(鯿花魚)는 방어로 되어있고(『방언류석』), 편어(鯿魚)는 도미로도 기록되었다(『광재물보』). 『물명고』에, "편(鯿)은 머리가 작고 목이 오그라졌으며, 등이 툭 튀어나오고 배가 널찍하다. 비늘이 잘며 색깔은 푸른빛 도는 흰색이다. 강과 호수에서 나니 병어인지는 의심스럽대[疑是병어][64]."고 기록하였으며, "목이 오그라든 비어와 방어[縮項鯡魴]는 비늘이 잘고 기름지며, 본경의 주에 역시 편어라 했다. 이 같으니 동해의 병어일지도 모른대[恐是東海병어也]."고 하였다.

이런 혼선이 일어난 것은 어떤 이유일까? 편(鯿)은 옥편에 '방어 편'자로 나와 있다. 비(鯡)와 방(魴)도 모두 방어란 뜻이다. 그런데 우리 바다에 사는 방어는 길고 둥근 형태이다. 중국 고문헌에 기록된 편(鯿)이 방어가 아님은 물론, 바닷물고기도 아닌 것이다.

문제는 편어 혹은 축항편이 중국에는 있지만, 우리나라에는 없는 물고기인데서 출발한다. 중국에 있는 편어는 잉어과 물고기로 여러 종류가 있고, 양식하고 있는 고기들이다. 중국의 민물 편어 종류는 옛 어보에서 묘사한 것처럼 입이 작고, 등이 툭 튀어나온 물고기이다. 그 편어란 이름을 빌려서 우리나라 물고기의 이름으로 붙인 결과 혼선이 일어난 것이다.

병어는 우리나라 서해, 남해의 연근해에 분포하는 농어목 병어과

---

64 『물명고』에는 한문에 한글이 병기되어 있기도 한다.

의 물고기로 무리를 이루어 지내는 생활습성이 있다. 큰 놈은 60cm에 달하는 것도 있지만 대체로 식탁에 오르는 병어는 30cm 미만의 작은 것이다. 병어는 몸길이가 60cm라면, 등 높이가 45cm일 정도로 납작해서 한마디로 병어의 모양은 마름모꼴이다. 입이 아주 작고 온몸에 떨어지기 쉬운 잔 비늘이 있으며 배지느러미는 없다.

흔히 병어의 큰 것을 덕자 혹은 덕치라고 부른다. 덕자는 병어(Pampus argenteus)의 큰 개체를 말하기도 하지만, 병어의 근연종인 덕대(Pampus echinogaster)를 가리킨다. 덕대는 체형이 마름모꼴로 주둥이가 짧고 둥글며, 배지느러미가 없고 꼬리지느러미 후단이 깊게 파여 있다. 몸 전체가 금속성 광택을 띤 은백색으로 병어와 매우 흡사하지만 병어보다 훨씬 크게 성장한다. 남해안 일대에서는 아예 병어와 덕대를 구분하지 않고 크기가 큰 개체는 덕대, 작은 개체는 병어로 부른다.

〈원문〉 鯧【병어】産西南海. 今俗所謂兵魚也. 案:『本草拾遺』云, 鯧生南海, 狀如鯽魚, 身正圓, 無硬骨.『嶺表錄』云, 形似鯿魚, 腦上突起連背, 身圓肉厚, 只有一脊骨.『和漢三才圖會』云, 鯧大一尺餘, 白色帶靑, 鱗細如無. 其言産地形狀, 皆與俗所謂兵魚合. 兵魚之爲鯧, 無疑矣. 又案:『本草』云, 鯧魚游於水, 羣魚隨之, 食其涎沫[65], 有類於娼, 故名. 今兵魚亦行必成羣, 土人以其羣行, 作隊如兵卒然, 故呼爲兵魚, 湖西桃李海最多出.

12. 방(魴)【방어】

동해에서 나는데 관북과 관동 연해의 주군 및 영남의 영덕과 청하 이북에 모두 있다. 머리가 크고 몸이 길다. 큰 것은 6~7자가 되며 비늘이 잘아서 없는 것 같다. 등은 푸른빛을 띤 검은색이고 배는 부연

---

65 '沫의' 오자로 보인다.

흰색이다. 살빛은 진한 붉은색인데 소금에 절이면 엷은 붉은색이 된다. 어린 아이들이 많이 먹으면 취한다.

논자들은 『시경』에서 시인이 읊은 방어(魴魚)라고 한다. 그러나 『시경』에서 말하기를, "어찌 고기를 먹음에 반드시 하수(河水)의 방어(魴魚)라야 하리오."라고 하였고, 또 말하기를, "해진 통발이 어살에 있으니, 그 물고기는 방어(魴魚)와 환어(鰥魚)로다."라고 하였다. 그러므로 방어는 강과 하천, 내와 어량에서 나는 물고기이지 바다에서 나는 것이 아니다. 또 방어가 방어다운 것은 목이 움츠려 들었고 등마루가 높고 배가 둥글기 때문이다. 그 형태가 넓적하고 네모나기 때문에 일명 편어(鯿魚)라고도 한다. 지금 동해에서 나는 것은 네모나지 않고 길으니 어찌 본래 한 종류이면서 산지에 따라 차이가 심한 것이라고 하겠는가.

안: 육기의 『시초목충어소』에서 이르기를, "요동(遼東)의 양수(梁水)에서 나는 방어는 특별히 살지고 살이 두텁다. 그러므로 그 향리에서 말하기를, '거처함에 양수의 방어를 먹을거리로 한다.'"라고 하였으니, 그렇다면 방어는 본디 요동에서 나는 것일 뿐이다. 그런데 지금 관서와 해서는 요동의 바다와 아주 가까운데도 모두 방어가 나지 않고 수천 리 떨어져 있는 동해에서 문득 방어가 나니 이 또한 이상한 일이다. 그러므로 우선 의심나는 것은 의심나는 대로 전한다는 의리로 옛 이름을 그대로 적는다.

동해에는 또 아주 큰 방어가 있는데 길이가 한 길을 넘으며 둘레가 10위(圍)는 된다. 그 고기가 가장 기름지다. 그러므로 관북의 어부들이 잡아서 기름을 채취한다. 속칭 무태방어(無泰魴魚)라고 하는데 그것이 무슨 뜻인지는 모르겠다.

▍평설

방어

　어명고에 방어(魴魚), '방어'라고 기록된 물고기의 표준명은 방어다. 방어는 농어목 전갱이과의 바닷물고기로 북서태평양의 남중국해, 타이완, 동중국해, 일본, 한국 등지에 광범위하게 분포하고 있다. 방언이름으로 히라스, 히라시(통영·거제·동해), 부시리(여수·울산·제주), 부리(마산·창원), 재방어(제주), 마래미(함남), 마르미, 떡메레미, 메레미, 피미, 마르미, 방치마르미(강원), 사배기(경북), 메리미(포항·경주·영덕·울릉) 등이 있다.

　옛 이름으로 해벽어(海碧魚), 사(鰤), 무태방어라고 불렸다. 무태(無太, 無泰)는 '매우 크다'는 의미로 쓰이며 무태방어는 방어 중 큰 것을 말한다. 다른 물고기에서도 큰 것을 무태장어, 무태상어, 무태다랭이(無泰鱣, 물치다래)로 부르기도 한다(김홍석, 2000).

　방어는 등 푸른 생선으로 상온에서 두면 상하기가 쉽다. 어명고에서 '어린 아이들이 많이 먹으면 중독된다'는 것은 이를 경계한 것이다. 또 산란기 직전인 겨울에 가장 맛이 좋고, 봄철과 여름철에는 살 속에 기생충이 생기므로 날로 먹지 않는 것이 좋다.

어명고에서는 '논자들은 시경에서 시인이 읊은 방어(魴魚)라고 한다'는 점에 대해 의문을 표시하고 있다. 『시경』에 나오는 물고기들이 중국 황하주변의 민물고기인데, 정작 우리 땅의 방어는 바다에서 나기 때문이다.

이러한 혼선은 무엇 때문에 비롯되었을까? 우리는 한자를 빌려 기록해 왔고, 모든 사물의 이름을 한자로 표기하였다. 그러나 중국에는 있지만, 우리나라에는 없는 물고기가 있다. 또 중국에 없는 것이 우리나라에는 있을 수 있다. 그래서 같은 물고기를 두고 서로 다르게 적을 수도 있고, 또 다른 두 물고기가 한 이름으로 불리기도 한 것이다. 이는 물고기뿐 아니라 모든 사물의 이름에도 해당된 것이다.

또 하나의 원인은 한자를 도입해서 우리말로 표기할 때 생기는 문제이다. 방(魴)자의 뜻은 '방어 방'이다. 또 편(鯿)자 역시 '방어 편'이다. 방(方)자는 '모가 난' 것이고, 편(扁)자는 '넓적하다'는 뜻이다. 그러면 자전의 방어는 우리 바다에서 잡히는 둥그런 방어가 아니라 '모난 물고기'를 말하는 것이다. 당초 한자사전을 만들 때 이 두 글자의 정확한 뜻을 제대로 우리말로 밝히지 못한 것이다. 중국의 글에 나오는 방(魴)은 바닷물고기가 아닌 민물에 사는 편어를 말한 것이다.

김창업(金昌業, 1658~1721)이 청나라에 갔을 때 방어와 관련되어 기록한 것이 있다.

"내가 일찍이 우리나라의 연어와 방어가 진짜가 아니라는 것을 알았기 때문에[余曾知我國鰱魴魚非眞] 이곳에서 나는 것을 보려고 주방에 말하여 두었더니, 이날 비로소 구해 들여왔다. 련어(鰱魚)는 껍질과 살결은 우리나라의 것과 방불하나, 잔가시가 많으며, 방어(魴魚)는 우리나라의 병어(甁魚)와 같으나 조금 긴 데다 모두 민물고기이다[皆川魚也]. 련어는 구워 먹는 것이 좋고 방어는 회를 치기에 좋다(『老稼齋燕行日記』)."

어명고에, "편(鯿)은 즉 방어(魴魚)이다."라는 구절이 나온다. 중국의 민물에 사는 편어는 납작하고[扁] 모지게[方] 생긴 민물고기로 여러 종류가 있지만, 무창어(武昌魚)가 대표적이며 현재도 방어라고도 불리고 있다.

중국의 편어 종류인 무창어(Megalobrama amblycephala)

〈원문〉 魴【방어】出東海,關北·關東沿海州郡及嶺南盈德·淸河以北,皆有之.巨頭長身,大者六七尺,鱗細如無.脊靑黑,腹微白,肉色正赤,鹽鮧則淡赤.小兒過食,令人醉.論者謂卽詩人所詠之魴.然『詩』曰,豈其食魚,必河之魴.又曰敝笱在梁,其魚魴鰥.魴蓋江河川梁間魚,非海産也.且魴之爲魴,以縮項穹脊博腹,其形匾方也,故一名鯿.今東海之産,不方伊長,豈本一類也,而以産地有差殊耶.案:陸璣『詩草木蟲魚疏』云,遼東梁水魴,特肥而厚,故其鄕語曰,居就糧梁水魴,則魴固東産耳.今關西·海西,接近遼海處,並不産魴,而隔越數千里,忽産於東海,此又可異也.姑以傳疑之義,仍舊名著之.東海又有絶大魴魚,長過一丈,圍可十圍,其肉最多肪脂,故關北漁戶捕之,以取油.俗呼曰無泰魴魚,未知其何義也.

13. 연어(年魚)【년어】

　동해에서 나는 물고기의 한 종류이다. 큰 것은 길이가 2~3자가 되고 비늘이 잘고 푸른색바탕에 살은 엷은 붉은색이다. 알은 모양이 밝은 구슬과 같고 엷은 붉은색인데 소금에 절이면 진한 붉은색이 된다. 찌면 다시 엷은 붉은색이 되며 한가운데에 진한 붉은색의 점이 한 개 있다. 남쪽에서 서울에 가져와 파는데 사람들이 매우 진귀하게 여긴다. 속칭 련어(鰱魚)라고도 하는데 련어는 곧 서어(鰣魚)의 다른 이름이다. 서어(鰣魚)의 색깔은 희므로『서정부』에 '흰 서어가 지느러미를 떨친다.'라는 말이 있는 것이니 어찌 푸른색바탕에 붉은 무늬가 있는 이 물고기에게 련어(鰱魚)라는 이름을 덮어씌울 수가 있겠는가? 아무리 해도 그 설명을 납득하지 못하겠다.

　지금 상고하건대,『화한삼재도회』에서 최우석의『식경』을 인용하여 이르기를, "성어(鮏魚)는 그 알이 딸기와 같으며, 봄에 나서 겨울에 죽는다. 그러므로 이름이 연어(年魚)라고 하였다. 모양이 송어와 같은데 둥글고 살이 쪘다. 큰 것은 2~3자 되고 비늘이 잘며 푸른색바탕에 붉은 무늬가 있으며 배는 엷은 흰색이고 고기는 붉은색인데 잔가시가 있다. 기름이 많아 맛이 깊다. 알을 낳을 때 태가 2개 있는데 태속에 수천 개의 알이 낱낱이 투명하며, 알 위쪽에 붉은 점이 한개 있다. 동북의 큰 하천이 바다로 통하는 곳에 있다."고 하였다. 지금 세간에서 말하는 연어가 곧『식경』의 성어(鮏魚)임을 비로소 알겠으니 련(鰱)과 연(年)이 음이 같아 이와 같은 잘못된 호칭이 생겨난 것이다.

　우안:『집운』에서, "성(鮏)은 류(留)와 경(莖)의 반절이니 음은 쟁(爭)이며 물고기의 이름이다."라고 하였으나 그 모양을 말하지 않았고, 본초를 다루는 여러 학자들도 비슷한 물고기를 든 자가 없으니

아마도 중국에 드물게 있는 물고기인 듯하다.

■평설

연어

　어명고에 연어(年魚), '년어'로 기록된 어종은 오늘날의 연어이다. 연어목 연어과인 연어는 우리나라 동해안을 비롯하여 일본, 연해주, 캄차카반도, 북미등지에 분포한다. 연어는 회귀성어류여서 번식기가 다가오면 자신이 태어난 강으로 돌아온다. 몸길이는 70~90cm로 방추형이며, 생식기간에 붉은색무늬가 생기며, 가을에 강 상류에 올라와 모랫바닥에 알을 낳는다. 짝짓기를 마친 암컷과 수컷은 곧 죽고 부화한 새끼는 6cm 정도 자라면 바다로 내려가 생활하며, 3~5년 뒤 성숙하여 바다에서 강으로 되돌아와 산란하며, 산란기는 9~11월이다.
　어명고에서 연어(年魚)를 달리 부르는 이름인 연어(鰱魚)는 '곧 서어(鱮魚, 백련어)의 다른 이름이다'라며 '연(鰱)과 연(年)이 음이 같아 이와 같은 잘못된 호칭이 생겨난 것'이라 밝혀 놓고 있다. 실제로 우리 고문에서 두 이름은 곧잘 혼동되고 있다.

〈원문〉年魚【년어】東海有一種魚.大者長數三尺.鱗細而靑質,肉色淡赤.其鮴形如明珠,色淡紅,鹽鮑則深赤,蒸煮,則復成淡紅色,中有深紅一點.南售于京,人甚珍之.俗名鱺魚,然鱺卽鱤之一名.鱤色白,故『西征賦』有素鱤揚鬐之語,安得以靑質赤章之魚,冒鱺之名也.尋常不得其說.今考『和漢三才圖會』引崔禹錫『食經』曰,鮭,其子似苺.春生冬死,故又名年魚.狀如鱒而圓肥.大者二三尺,細鱗,靑質赤章,腹淡白,肉赤有細刺,脂多味厚.其子有二胞,胞中數千鮴,粒粒明透,上有一紅點.東北大河通海處有之.始知今俗所謂鱺魚卽『食經』之鮭,而鱺年音同,有此誤稱耳.又案:『集韻』云,鮏留莖切,音爭,魚名.不言其形狀.本草諸家,亦無擧似者,意中華之所罕有也.

14. 송어(松魚)【송어】

동쪽과 북쪽의 강과 바다에서 나는데 모양이 연어와 비슷하다. 살은 매우 살지고 맛이 있는데 색깔이 붉고 선명하여 소나무 마디와 같다. 그러므로 송어(松魚)라고 한다. 그 알 역시 연어알과 비슷한데 끈적이는 것이 특히 심하고 기름지며, 심홍색이고 맛이 아주 좋다. 동해의 물고기 중에서 이 물고기를 상품으로 꼽는다.

▍평설

어명고에 송어(松魚), '송어'라 기록된 것은 오늘날에도 송어라 불린다. 송어는 연어목 연어과의 회귀성어류이다. 서식장소는 물이 맑고 차가운 강의 상류로 우리나라, 중국, 러시아, 일본 등지에 분포하고 있다. 방언으로 곤들메기, 반어, 열목어, 쪼고리 등으로도 불리는데, 최근에는 서식지가 점차 줄어들어 토종 송어를 만나보기 어렵다. 송어의 산란기는 9~10월이며 성어가 된 암컷과 수컷이 바다에서 강으로 올라온다. 물이 맑고 자갈이 깔린 여울에서 암수가 어우러져

송어

산란과 방정을 한 뒤에 암컷이 자갈로 알을 덮는다. 부화한 치어는 약 1년 반에서 2년 동안 강에서 살다가 9~10월에 바다로 내려갔다가 3~4년이 지난 후 태어난 강으로 되돌아와 산란 후에 죽는다.

송어와 같은 종이나 바다로 가지 않고 강에서만 생활하는 산천어가 있다. 회귀성어류가 바다로 가지 않고 강에 눌러 사는 것을 육봉형(陸封型)이라 한다. 회귀성 어종이 육봉형이 되는 이유는 여러 가지이다. 회귀성어류 중 약한 개체가 바다로 돌아가지 못하고 강(母川)에 정착한 것이 오랜 기간에 걸쳐 별도 생태를 지닌 것이 된 것이다. 다른 이유는 인간의 간섭이다. 강에 댐이 생기고, 강에 장벽을 설치한 결과 회귀성어류가 바다로 돌아가지 못하게 되는 것이다. 또 인간이 인위적으로 육봉형어류를 만드는 경우도 있다. 육봉형 어류는 대체로 바다에서 회귀한 개체보다 체형이 작다.

〈원문〉 松魚【송어】出東北江海中, 狀類年魚. 其肉尤肥美, 色赤而鮮明, 如松節, 故名松魚. 其子亦如年魚鮴, 而膩黏犮甚, 脂膏渾, 色深紅, 味極珍美. 東海魚族中, 此爲上乘.

15. 전어(錢魚)【젼어】

서해와 남해에서 나는데, 몸이 납작하고 등마루가 높고 배가 불룩하다. 붕어종류와 비슷하지만 비늘이 푸르고, 등마루에 가는 지느러미가 꼬리까지 이어져 있다. 입하전후에 매년 와서 풀이 있는 물가에서 진흙을 먹을 때 어부들이 그물을 쳐서 잡는다. 살에 잔가시가 많지만 부드러워 목에 걸리지 않으며 씹으면 기름지고 맛이 좋다. 상인들이 소금에 절여 서울에다 파는데 귀천을 가릴 것 없이 모두 진귀하게 여긴다. 그 맛이 좋아서 사는 사람들이 가격을 따지지 않기 때문에 전어(錢魚)라고 한다.

▌평설

전어

어명고에 전어(錢魚), '젼어'로 기록된 어종은 오늘날 표준명이 전어이다. 청어목 청어과의 바닷물고기이다. 몸길이 15~31cm인 작은 물고기지만 맛이 좋고 많이 잡히기 때문에 중요한 수산자원이다. 가을에 특히 맛이 좋으며 구이, 회, 젓갈이 유명하다.

옛 문헌에는 전어(箭魚)로도 표기되기도 한다. 방언으로 강릉에서는 새갈치, 전라도에서는 되미, 뒤애미, 엽삭, 경상도에서는 전애라고 불린다. 크기에 따라 큰 것은 대전어, 중간 크기의 것은 엿사리라고 하며, 강원도에서는 작은 것을 전어사리라 부른다.

전어는 남쪽에서 겨울을 나고, 4~6월에 난류를 타고 북상하여 강 하구에서 알을 낳는다. 산란기는 3~8월로 긴 편이며, 4~5월에 가장 성하다. 작은 동물성, 식물성 플랑크톤과 바다의 유기물을 개흙과 함께 먹는다. 그래서 어명고에서 '풀이 있는 물가에서 진흙을 먹을 때 어부들이 그물을 쳐서 잡는다'고 본 것이다.

〈원문〉錢魚【전어】出西南海,身扁脊隆腹飽,類鯽而鱗靑,脊有細鬣竟尾.立夏前後每來,草滋下食泥,漁戶張網取之.肉有細刺,而柔脆不礙,咀嚼脂膩肥美.商人䱉而售京,貴賤共珍之.以其味美,買者不論錢,故曰錢魚.

16. 황어(黃魚)【황어】

모양이 잉어와 매우 비슷하고 크기도 비슷하다. 비늘 색깔이 진한 황색이므로 황어라고 한다. 서해에서 난다. 비가 오려고 할 때면 몇 길을 뛰어 올랐다가 다시 물에 떨어지는데 소리가 물장구를 치는 것과 같다. 살은 기름기가 많아 맛이 좋다.

단성식의 『유양잡조』에서 이르기를, "촉(蜀) 땅에서 황어를 잡을 때가 되면 반드시 장마가 들려고 한다."고 하였으나 이것은 이름은 같지만 실제는 다른 것이다.

▎평설

어명고에 황어(黃魚), '황어'라 표기된 고기는 설명이 간단해서 오

황어

늘날의 표준명을 비정하기에는 망설여지는 점이 있다. 잉어와 색깔, 모양, 크기가 비슷하다는 점에서 잉어목 황어아과의 황어로 볼 수 있다.

황어는 바다와 강이 만나는 곳에 많이 나며 한국, 사할린, 연해주, 만주, 일본 등지에 분포한다. 황어는 산란을 위해 바다에서 강으로 오기 때문에 강에서는 봄철에 잠시 잡히며, 강원도에서는 황사리, 경북에서는 밀하라고 불린다. 몸 빛깔은 등 쪽이 노란 갈색이나 푸른빛을 띤 검은색이고, 옆구리와 배 쪽은 은빛 나는 흰색이다. 봄철 산란기에는 옆구리에 넓은 붉은빛 띠가 나타나며 수컷이 더 선명하다. 황어는 바다와 강을 오가며 살지만, 연어나 은어처럼 태어난 강(母川)을 찾지는 않아서 강해성(降海性)으로만 분류된다.

『유양잡조』에 나오는 황어는 중국에서 나는 황어로 우리 황어와는 다른 것이다. 『정자통』에서 이르기를, "무(鮸)는 종(鯼)과 비슷하지만 작다. 일명 황화어(黃花魚)라 한다."고 한 것은 조기 종류를 설명하는 것이다. 중국의 황어에는 대황어와 소황어 두 종이 있는데, 대황어는 부세, 소황어는 참조기를 지칭하는 것이다. 황어는 갈치, 오징어와 함께 중국 4대해산물로 불리고 있다. 중국 남부에서 조기 종류의 성어기는 그 지역의 장마철이며, 어명고에서 '서해에서 난다'고 한 것은 이들 황어를 두고 이른 것일 수도 있다.

〈원문〉黃魚【황어】形頗似鯉,大小亦如之.鱗色純黃,故名黃魚.産西海.每天欲雨,則躍起數仞,復墜下于水,聲如水鼓.其肉多脂肥美.段成式『酉陽雜俎』云,蜀中每殺黃魚,天必陰雨,與此同名異實.

17. 선백어(鮮白魚)【션비】

서해에서 난다. 몸이 둥글고 길어서 모양이 잉어와 비슷하지만 비늘이 희다. 머리, 꼬리, 아가미, 지느러미가 모두 희다. 큰 것은 길이가 7~8자가 된다.

▍평설

어명고에 선백어(鮮白魚), '션비'라 기록된 것은 기존 어도보와 어류도감에서 그 이름을 찾을 수 없다. 또 어명고의 짧은 묘사만으로 어느 어종인가를 비정하기도 어렵다.

〈원문〉鮮白魚【션비】出西海.身圓而長,形頗似鯉,而鱗白.頭尾腮鬐皆白.大者長七八尺.

18. 호어(虎魚)【범고기】

서해에서 나며 말의 머리, 호랑이의 이빨, 물고기의 몸을 하고 있다. 눈이 붉은데 빛이 나며 몸 전체가 약간 붉다. 비늘은 흑백이 서로 섞여 아롱진 무늬를 이룬다. 등마루는 높고 배는 불룩하며 둘레가 1아름[把]⁶⁶이 되며 나는 것처럼 날래고 굳세어서 힘이 있다. 어부들이 잡아 모래 위에 놓으면 처음에는 시들시들 죽은 것처럼 보이다가 사람이 가까이 가면 그 부주의를 틈타 뛰어 올라 사람을 문다. 그 고기는 기름기가 많고 비린내가 난다.

▎평설

어명고의 호어(虎魚), '범고기'로 기록된 고기는 어류도감이나 물명 관련서에서 이름을 확인할 수 없다. 다만 비슷한 이름을 가진 물고기를 검토하여 호어일 수 있는 가능성을 엿보고자 한다.

중국에서 호어(虎魚)라 불리는 물고기가 있다. 우리 이름으로는 얼룩통구멍이고, 그리 흔한 고기가 아닌데다 어명고의 설명과는 거리가 있다. 또 방언으로 범치란 이름의 물고기가 있다. 쑤기미이다. 쑤기미는 경기도와 충청도 방언으로 '범치[棘刺魚]'라고도 불리며, 영명으로는 '쏘는 악마(devil stinger)'이라 불릴 정도로 가시가 무섭고, 일본 이름은 '도깨비 고기[オニオコゼ]'이다. 중국에서는 '노호어(老虎魚)'라고 불린다.

어명고에서 호어가 상당히 큰 것처럼 기술되었고, 뭍에서 사람이 가까이 가면 주의하지 않을 때를 틈타 뛰어 올라 사람을 문다고 했다. 기름기가 많지만 비린내가 난다는 것은 물고기가 아닐 수도 있다. 어명고에서 물범을 묘사하고 있는 것은 아닐까? 물범은 바다범이라고도 불리는 바다표범과의 동물로 서해 백령도에 많이 살며 몸길이는 약 1.4m, 몸무게 약 90kg이다. 몸 빛깔은 변이가 많은데, 주로

---

66 把: 본래 한 줌이란 뜻이나 조선시대에는 관행적으로 포(抱) 혹은 장(丈)을 뜻하는 글자로 썼다(『아언각비』).

누른빛을 띤 갈색이다. 어명고에 '기름기가 많지만 비린내가 난다'는 점은 물범에 들어맞는 묘사이다.

호어의 현재명이 물범인지 확언하기 어렵지만 크기와 쓸모로 보면 물범 종류일 가능성이 있다.

〈원문〉虎魚【범고기】出西海,馬首虎齒魚身.目赤有光芒,渾體微赤,而其鱗黑白相間爲斑文.脊隆腹飽,圍可一把,矯捷如飛,健而有力.漁者取之置沙上,始若圍圍欲死,人或近之,則輒乘其不意,躍起嚙人.其肉多脂而腥.

19. 수어(水魚)【물치】

동해에서 난다. 몸길이가 수 인(仞)이나 되고 허리둘레가 10위(圍)이다. 등은 푸르고 배는 희며, 눈은 크고 비늘은 잘다. 살은 무르고 기름기가 꽉 차 있다. 색깔은 두부같이 누른빛 도는 흰색이다. 어가에서 잡으면 요리로 먹는 경우는 드물고 다만 잘게 썰고 조려서 기름을 취한다. 대체로 물고기 기름 중에서 이 물고기의 기름만이 가장 많으면서도 맑다.

▎평설

어명고에 수어(水魚), 물치로 기록된 어종은 기사의 내용만으로 어떤 물고기인지 비정하기 어렵다. 다만, 설명에 나온 것처럼 '몸집이 크고, 또 비늘이 잘며, 식용은 아니지만 기름을 취해 쓰는' 물고기인 것이다.

수어 혹은 물치란 이름이 붙은 고기는 여럿이다. 우선 숭어는 방언으로 수어(水魚)라 하는데, 숭어를 물치로 볼 수는 없다. 또 물치다래

돌묵상어

가 있지만 고등어과의 바닷물고기로 몸 크기가 고등어와 비슷해서 어명고의 물치로 보기 어렵다.

　어명고에 '비늘이 잘다'고 했고 또 '기름을 쓴다'고 하니 수어(水魚), '물치'는 상어 종류를 뜻하는 것으로 보이며, 어민들이 물치라는 이름으로 부르는 돌묵상어일 가능성이 크다. 돌묵상어는 악상어목 돌묵상어과의 바닷물고기로 최대 몸길이가 10~15m로 자라는 큰 물고기이다. 북태평양 및 북대서양의 온대수역에 살며 큰 몸체와는 달리 성질이 온순해 사람을 공격하지는 않는다. 간이 몸무게의 4분의 1에 달하기 때문에 기름과 화장품 등 상업용으로 많이 이용된다. 한국의 동해안과 서해안에도 자주 나타난다.

〈원문〉水魚【물치】出東海.身長數仞,腰圍十圍.背靑腹白,眼大鱗細.肉慢而肪滿,色黃白如豆腐.漁戶得之,鮮以充庖,但刀切熬取油.凡魚油中,惟此魚之油,最多且淸.

20. 마어(麻魚)【삼치】

동해와 남해 그리고 서해에서 모두 난다. 모양은 조기와 비슷한데 몸이 둥글고 머리가 작으며 주둥이가 길고 비늘이 잘다. 등마루가 푸른빛을 띤 검은색으로 기름을 뿌린 것처럼 빛이 난다. 등마루 아래 좌우에 검은 아롱진 무늬가 있고 배는 순백색이며 맛이 매우 감미롭다. 큰 것은 길이가 1장이 되고 둘레가 4~5자가 된다. 북방 사람들은 마어(麻魚)라고 부르고 남쪽 사람들은 망어(䰽魚)라고 부른다. 어가에서는 즐겨 먹지만 사대부 집에서는 요리로 먹는 경우가 드무니, 그 이름을 싫어해서이다.

▌평설

삼치

어명고에 마어(麻魚), '삼치'로 기록된 물고기는 오늘날 이름도 삼치이다. 농어목 고등어과의 바닷물고기로 봄이 되면 알을 낳기 위해 연안이나 북쪽으로 이동하며, 길이는 100cm, 무게는 7.1kg까지 성장한다.

삼치는 어명고에 '등뼈 아래 좌우에 검은 아롱진 무늬가 있다'고 하였다. 『자산어보』에서는 망어(蟒魚)라고 기록하고 있다. 삼치의 등에 있는 검은 반점에서 구렁이를 연상하였기 때문인가 싶다.

삼치는 방언이름보다 한자이름이 많다. 삼치(參致), 마어(麻魚), 망어(亡魚, 望魚, 魱魚), 마어(馬魚), 두교어(杜交魚), 마교어(馬交魚), 발어(魬魚), 삼치(鯵鮭), 삼어(鯵魚) 등이다. 어명고에, "대부 집에서는 요리로 먹는 경우가 드무니, 그 이름을 싫어해서이다."라고 하였다. 이는 삼치의 다른 이름인 망어(魱魚, 亡魚)에 '망할 망(亡)'자가 들어간 것 때문이다.

어명고에서는 '맛이 매우 좋다'고 하였다. 구이, 찜, 튀김 등으로 조리하며, 지방 함량이 높으나 불포화지방산이기 때문에 동맥경화, 뇌졸중, 심장병 예방에 도움이 되지만 살이 연하고 지방질이 많아 다른 생선에 비해 부패 속도가 빠르므로 식중독에 주의해야 한다.

〈원문〉 麻魚【삼치】東南西海,皆有之.狀如石首魚,而體圓頭小,喙長鱗細.脊靑黑而光潤如刷油.脊下左右有黑斑文,腹純白,味極甘美.大者長可一丈,圍可四五尺.北人呼爲麻魚,南人呼爲魱魚.漁戶喜食,士大夫鮮以充庖,惡其名也.

21. 화상어(和尙魚)【중고기】

서해에서 난다. 머리가 박처럼 둥글고, 눈이 작고 입은 아(亞)자 모양이다. 목이 작고 몸이 둥글납작하게 길고 꼬리가 약간 갈라졌다. 등마루에는 짧은 지느러미가 있는데 꼬리까지 이어져 있다. 머리는 검은색인데 양 옆은 희며, 몸은 황색이다. 비늘은 붉은데 크고 광택이 난다. 길이는 1아름[把]이 될 만하다. 그 빛나는 대가리가 중과 같아서 화상어라고 한다. 살은 자못 살지고 맛있다.

안: 『삼재도회』에서 이르기를, "동쪽의 큰 바다에 화상어가 있다. 모양이 자라와 비슷하고 몸은 짙은 붉은색이다. 조수를 따라 온다." 고 하였는데 이 물고기를 가리킨 듯하다. 여기서 자라와 비슷하다고 한 것은 아마도 잘못 전해진 것 같다.

■평설

어명고에서 화상어(和尙魚), '중고기'라고 기재된 바닷물고기가 오늘날의 어떤 물고기인지 확인하기 어렵다. 어명고의 내용으로는 굵기가 한 아름쯤 되는 큰 물고기임에 틀림없으나, 단편적인 정보로는 오늘날 이름을 비정하기 어렵다.

어명고에서 『삼재도회』에 나오는 '화상어'를 검토하며, '이 물고기를 가리킨 듯하다'라고 보고 있지만, 『삼재도회』의 화상어는 자라 비슷한 동물을 설명하는 것이어서 어명고가 말하는 화상어와는 다른 것이다.

『삼재도회』를 인용한 『화한삼재도회』에 나오는 화상어의 모습을 요약하면 다음과 같다. "꿩 머리에 사람 얼굴[鼈身人面]이며 머리카락은 없고 큰 것은 대여섯 자(尺)가 된다. 어부가 이것을 보면 고기가 안 잡혀 좋지 않게 여긴다. 잡아서 죽이려 하니 이것이 두 손을 모으고 눈물을 흘리며 살려달라고 해서 살려주었다. 이것이 소위 화상어라는 것이다." 이 글 내용으로 보아 어명고에서 기술한 화상어와는 모양도 다르며, 물고기가 아닌 듯하다.

『화한삼재도회』의 화상어

〈원문〉和尙魚【즁고기】出西海. 首圓如瓠. 細目亞口. 項小. 身扁圓而長. 尾微歧. 脊有短鬣竟尾. 腦黑頰白. 體黃赤. 鱗大而光潤. 長可一把. 以其光頭如僧. 故名和尙魚. 肉頗肥美. 案:『三才圖會』云, 東洋大海, 有和尙魚, 狀如鼈, 其身紅赤色, 從潮水而至. 疑指此魚. 其所云如鼈, 傳聞之訛也.

22. 회대어(膾代魚)【횟ᄃᆡ】

동해에서 난다. 머리는 메기와 비슷하고 몸은 명태와 비슷하다. 등은 푸른색이고 배는 황색이며 비늘은 잘고 꼬리는 길다. 큰 것은 길이가 1자쯤 되고 고기는 살지고 맛있다. 현지인들이 건어를 많이 만드는데 진미가 되므로 회나 구이를 대적할 수 있다고 하여 이름을 회대(膾代)라고 한다.

▎평설

대구횟대

어명고에 회대어(膾代魚), '횟ᄃᆡ'로 기록된 물고기의 현재명은 횟대이다. 횟대는 쏨뱅이목 둑중개과에 속하는 횟대류의 총칭이다. 횟대

무리에는 가시횟대속, 알롱횟대속, 빨간횟대속, 옆줄횟대속, 눈퉁횟대속, 줄가시횟대속, 뿔횟대속, 날개횟대속이 있어 어명고의 회대어가 어느 종류인지 확인할 수 없다.

그러나 방언이름으로 흔히 회대어라고 불리는 종류는 뿔횟대속의 '나횟대'이다. 나횟대는 횟대어, 홧대기(강릉지역), 홧대, 홧때기, 홍치, 북달개미, 달갱이, 혜떼기로도 불리며, 어류학자들도 어명고의 횟대[膾代魚]를 나횟대로 보고 있다(정문기, 1991).

나횟대는 몸길이가 약 30cm이며 체색은 회갈색이나, 배 쪽은 노란색으로 옆구리에 4줄의 검은빛을 띤 갈색 가로띠가 있다. 서식장소는 연해이나 민물고기인 둑중개나 꺽정이와 생김새가 닮은 점이 많다.

〈원문〉 膾代魚【횟듸】出東海. 頭似鮎魚, 身如明鮐魚. 背靑腹黃, 鱗細尾長. 大者長尺許. 其肉肥美. 土人多作淡蒸, 詫爲珍味, 謂其可敵膾炙, 故名膾代.

23. 보굴대어(寶窟帶魚)【보굴듸】

서해에서 난다. 머리가 크고 입이 넓다. 몸은 위가 둥글고 아래로 내려오면서 점점 좁아지고 꼬리가 살짝 갈라졌다. 등마루에는 성긴 지느러미가 있고 머리와 꼬리 가까운 곳에는 모두 억센 지느러미가 있다. 그 등 주변의 몸과 지느러미는 모두 엷은 황색이고, 배 주변의 몸과 아가미는 모두 엷은 흰색이다. 큰 것은 1자가량 된다. 고기는 꽤 살지고 맛있다.

평설

보구치

어명고에서 보굴대어(寶窟帶魚), '보굴딕'라 기록된 물고기는 오늘날의 이름이 보구치이다. 보구치는 농어목 민어과의 고기로 보개어(寶開魚), 보굴치(甫九峙), 녹조기(錄助己), 보석어(寶石魚), 반애(盤厓), 석두어(石頭魚), 석두(石頭) 등의 한자이름이 있다. 청조기, 보거치, 가죠기, 흰죠기 등의 방언이름도 있다. 보구치는 참조기와 비슷하게 생겼고, 또 부세, 수조기와도 닮아서 보구치의 방언이름에는 다른 조기 종류의 이름이 섞여 있다.

우리연안에서 나며 다도해에서는 6월이 성어기이다. 크기는 30cm 정도이고 따뜻한 바다의 중층이나 하층에서 무리를 이루어 헤엄쳐 다니며, 부레를 움직여 높고 큰 소리를 낸다. 이 '뽀글뽀글' 하는 소리에서 '보구치'란 이름이 생겼다. 이렇게 물속에서 소리를 내는 것은 민어과 물고기의 특성이다. 서해안에 살다가 가을철에 남쪽으로 이동하여 1~3월에 제주도 서남해역에서 겨울을 나고, 봄에는 다시 북쪽으로 이동하여 서해안으로 돌아간다.

〈원문〉寶窟帶魚【보굴딕】出西海. 頭大口闊,身上圓下殺,尾微歧. 脊有疎鬣,近頭近尾,皆有硬鬐. 其脊邊身與鬐,皆微黃,腹邊身與鰓,皆微白. 長者尺餘. 肉頗肥美.

24. 울억어(鬱抑魚)【울억이】

서해에서 난다. 몸은 둥글고 비늘은 잘다. 큰 것은 1자 남짓이다. 등마루는 높고 검으며 배는 불룩하고 흑백의 무늬가 있다. 등마루에 짧은 지느러미가 있고 꼬리 가까이에는 긴 지느러미가 있다. 육질은 단단하고 가시가 없으며 국을 끓이면 맛있다.

▎평설

어명고에 울억어(鬱抑魚), '울억이'로 기록된 물고기는 이름만으로는 오늘날의 조피볼락이나 우럭볼락으로 보인다. 조피볼락은 우럭이라는 통명 외에 조피, 똥새기, 우럭, 우레기, 열갱이 등의 방언이름이 있다. 우럭볼락은 우럭(황해도 몽금포, 제주도 한림), 쑤기미와 똥새기(통영군 봉암도), 우레기(강원도) 등의 방언이름으로 불리며, 제주도에서는 돌우럭이라고 부른다.

조피볼락과 우럭볼락은 쏨뱅이목 양볼락과의 바닷물고기로, 담백한 맛을 가진 흰살 생선이다. 연안의 암초 사이에서 서식하며, 갑각류, 연체동물의 유생, 작은 어류 등을 잡아먹는다. 생김새는 비슷하지만, 색깔은 우럭볼락이 더 화려하다. 어명고에 '울억이'가 색깔이 검다고 강조된 점에 미루어 조피볼락일 가능성이 더 크다.

우럭볼락(위)과 조피볼락

〈원문〉鬱抑魚【울억이】生西海. 身圓鱗細. 大者尺許. 脊隆而黑, 腹飽而有黑白文. 脊有短鬣, 近尾有長鬐. 肉緊無刺, 作䐹佳.

25. 공어(貢魚)【공치】

동해와 남해, 서해에 모두 있다. 모양이 갈치[葛魚]와 비슷하지만 길이가 한 자쯤 되고 너비는 길이의 10분의 1이 된다. 등은 푸르고 배는 엷은 흰색이다. 비늘은 잘고 주둥이는 길다. 두 눈이 서로 나란히 있으며 속칭 공적어(貢赤魚)라고 한다.

▌평설

어명고에 공어(貢魚), 공치로 기록된 고기는 오늘날의 꽁치로 비정된다. 꽁치는 아시아와 북아메리카 대륙을 잇는 북태평양해역에 분

꽁치

포하며 등은 짙은 푸른색, 배는 은빛이 도는 흰색으로 대표적인 등 푸른 생선의 하나이다. 근해에서 무리를 지어 생활하며 계절에 따라 이동하는 습성이 있다. 겨울에는 일본의 남부해역에서 겨울을 보내고, 봄과 여름사이에 북쪽으로 이동하여 동해안부근에서 알을 낳는다.

　옛글에 이름이 청갈치(靑刀魚), 추도어(秋刀魚), 야광어(秋光魚), 공침어(貢侵魚), 홍시(魟鰣)라는 기록이 있다. 꽁치란 이름은 아가미 근처에 침을 놓은 듯한 구멍[空]이 있어 공치라 했고(『아언각비』), 다시 된소리가 되어 꽁치가 되었다 한다.

　꽁치는 동갈치목 꽁치과의 바닷물고기로 동갈치목 학공치과의 공지 종류와는 다른 어종이나 이름이 비슷해 혼동을 일으킨다.

〈원문〉 貢魚【공치】東南西海,皆有之.形如葛魚,長尺許,廣居十之一.背靑腹微白,細鱗長喙.兩目相比,俗呼貢赤魚.

II. 바닷물고기

26. 임연수어(林延壽魚)【임연슈어】

관북의 먼 바다에서 난다. 배가 불룩하고 몸이 촉급하다. 등은 푸르고 배는 희다. 비늘이 잘고 눈도 작아 황복과 상당히 비슷하지만 머리가 크고 양쪽의 뺨이 납작하면서 넓다. 큰 것은 1자 남짓이고 작은 것도 5~6치가량 된다. 예전에 임연수(林延壽)란 사람이 이 물고기를 잘 낚았다. 그래서 현지사람들이 그 이름을 따서 붙였다. 『길주지』에는 임연수어(臨淵水魚)라고 되어 있는데 발음이 비슷해 와전된 것이다.

▎평설

임연수어

임연수어(林延壽魚), '임연슈어'라 기록된 어종은 오늘날의 이름이 임연수어이고, 쏨뱅이목 쥐놀래미과의 한류성 바닷물고기이다. 임연수어는 『신증동국여지승람』에는 임연수어(臨淵水魚)라고 하였으며, 함경북도에서는 이민수, 함경남도에서는 찻치, 강원도에서는 새치, 다롱치, 가지랭이라고 한다. 어릴 때에는 푸른 색깔을 띠기 때문에 청새치로 불리기도 한다.

임연수어는 껍질이 두껍고 맛이 있다. 강원도 해안에서는 껍질쌈밥으로 먹기도 해서 횟대기라는 별명도 있다. 몸길이는 27~50cm이며, 옆구리에는 흐릿한 검은빛 세로띠가 있다. 수심 100~200m의 수온이 낮은 바다의 바위나 자갈로 된 암초지대에 주로 서식한다. 9월부터 이듬해 2월에 산란하기 위해 육지 가까운 연안으로 나오며 11월부터 이듬해 2월까지가 제철이다.

임연수어는 한때 동해에서 천대받는 신세였다. 임연수어가 원래 먹성이 좋은데다, 어부들이 귀하게 여기는 어자원인 명태 새끼인 '노가리'를 집중적으로 잡아먹기 때문이었다.

〈원문〉林延壽魚【임연슈어】出關北海洋.肚飽身促,背靑腹白.鱗細目小,頗似河豚,而頭大兩頰扁廣.大者尺許,小或五六寸.昔有林延壽者,善釣此魚,土人因以名之.『吉州志』作臨淵水魚,音近而訛矣.

27. 나적어(羅赤魚)【나젹어】

동쪽과 북쪽바다에 있다. 비늘이 잘고 푸른빛을 띤 검은색이다. 모양은 우리나라의 청어(靑魚)와 비슷하며 절이거나 젓갈을 담기에 가장 알맞다.

▌평설

어명고에 나적어(羅赤魚), 한글로 '나젹어'로 병기되어있는 고기는 오늘날 이름이 무엇인지 알 수 없다. 기존 어도보나 박물지에도 '나적어'란 이름은 보이지 않는다. 또 어명고의 간단한 기록만으로는 어느 물고기인지 알 수 없다.

'모양은 청어와 비슷하고', '젓갈을 담기에 가장 알맞다'니 우리 바다에 흔히 있는 것으로 보인다. 수많은 물고기 중에 '젓갈을 담기에 가장 알맞은' 것은 어느 물고기일까? 그리고 청어와 닮았는데 어명고에 나오지 않은 물고기의 이름은 무엇일까? 정어리가 아닐까 추측되기도 한다. 정어리는 부패하기가 쉬워 바로 소금에 절여야 했다. 또 숙성 발효된 정어리액젓은 김치 조미용으로 품질이 우수하다. 어명고에서 정어리의 이름을 찾을 수 없는 것은 의문이기도 하다.

전갱이를 말하는 것일 수도 있다. 『우해이어보』에 전갱이가 '젓갈을 담그기에 가장 좋다'고 기록되어 있다. 전갱이 역시 그리 귀하지 않음에도 불구하고 『난호어명고』에는 수록되어 있지 않은 물고기이다.

〈원문〉羅赤魚【나젹어】東北海有之.鱗細色蒼黑.形類我國靑魚,最合於醃醢.

28. 가어(加魚)【가어】

동쪽과 북쪽바다에서 난다. 몸이 넓고 비늘은 잘며, 머리와 꼬리는 아주 뾰족하다. 입이 비스듬하고 눈이 모여 있으며 크기는 일정하지 않다. 해마다 봄가을에 그물을 쳐서 잡는다.

▍평설

가어(加魚)는 기존 어보나 물명서, 박물지에 나오지 않는 이름이다. 몇몇 국어사전과 한자사전에는 가어(加魚)가 가자미와 같은 말로 나와 있지만 어명고에는 가자미가 이미 설명되어 있다.

조선 말기에 작성된 강원도 양양의 지방지 『현산지』에는 지역에서 산출되는 수산물로 가어(加魚)가 기록되어 있다. 어명고에서 열기어 (悅嗜魚)를 논하면서 가어와 비슷하다고 하였다. 양볼락과 물고기의 하나를 말하는 것일 수도 있다. 또 가어가 '크기는 일정하지 않다'고 한 점으로 미루어 여러 종류 볼락과의 물고기를 함께 설명한 것일 수 도 있다.

〈원문〉 加魚【가어】産東北海. 身廣鱗細, 頭尾極尖. 斜口聚目, 大小無定. 每春秋以網取之.

29. 열기어(悅嗜魚)【열끽어】

동쪽과 북쪽바다에서 난다. 그 모양은 가어(加魚)를 닮았으며, 그 가시가 매우 단단하며, 낚시로 잡는다.

■평설

불볼락

어명고의 열기어(悅嗜魚), '열끽어'를 일단 열기로 보고 검토해 본다. 열기는 볼락을 이르는 방언이름이다.

  볼락은 쏨뱅이목 양볼락과의 바닷물고기로 몸의 길이는 30cm 정도이며, 한국 동남해, 일본 등지에 분포한다. 뽈락, 뽈낙이, 뽈라구, 순볼래기, 꺽저구, 열광어, 우레기, 열갱이, 열기, 구럭, 꺽저구, 점처구 등의 방언이름이 있다. 『자산어보』에는 박순어(薄脣魚)라 했고 속명은 발락어(發落魚)라 기록하고 있다. 『우해이어보』에는 보라어(甫羅魚)라고 하며, 진해 사람들은 보락(甫鮥)이나 볼낙(乶犖)이라 부른다고 하였다. 고어에서 자주색깔을 보라(甫羅)라고 하며, 보라는 또 '아름다운 비단'을 뜻한다며, 볼락의 이름 유래를 설명하고 있다. 오늘날 열기라 불리며 낚시의 대상어가 되어 있는 어종은 주로 불볼락이다. 그리고 어명고에서는 볼락과 불볼락을 세분하여 구분하지는 않았을 것이다.

〈원문〉 悅嗜魚【열킥어】出東北海. 其狀似加魚, 其刺甚硬, 以釣取之.

30. 이연수어(泥漣水魚)【이연슈어】

  동쪽과 북쪽바다에서 많이 나며 그 비늘이 아주 잘고, 그 고기는 매우 연하다. 매 삼복 간에 낚시로 잡는다.

▌평설

  니련수어(泥漣水魚), '이연슈어'라 기록된 물고기의 현재 이름은 확인할 수 없다. 혹간 이면수어(利面水魚)라 하며 임연수어와 같은 고기로 보기도 한다. 저자가 어명고를 다시 정리하여「전어지」에 수록할 때 이 고기는 삭제되어 있다.

〈원문〉泥漣水魚【이연슈어】多出東北海, 其鱗甚細, 其肉頗軟. 每於三庚[67]間, 以釣取之.

31. 우구권어(牛拘桼魚)【쇠꼬들이고기】

동해에서 난다. 몸은 검고 아롱진 무늬가 있다. 길이는 3~4치이다. 날카로운 머리에 뾰족한 주둥이, 지느러미는 짧고 성기며 꼬리는 제비꼬리와 같다. 구권(拘桼)은 소의 코에 꿰는 나무이다. 지역사람들이 이 물고기의 이름을 이렇게 지었는데 무슨 뜻인지는 모르겠다.

▌평설

어명고에는 '쇠꼬들이고기', 「전어지」에는 '쇠꼬쑬이고기'로 기록되어 있다. 이 물고기의 한자이름은 우구진어(牛拘秦魚)로 알려져 왔다. 그러나 어보에 기록된 물고기 이름의 원 한자는 秦, 泰과 비슷하게 보이지만 부수가 示로 되어 있고 한자에 없는 글자이다. 권(桼)[68] 자의 대자로 보인다. 권(桼, 쇠 코뚜레 권)자는 물고기 설명 내용과도 합치된다.

어명고에서 우구권어(牛拘桼魚)는 동해에서 나는 검은 무늬가 있는 작은 고기로 기록되어 있다. 한글학자의 물고기 방언 조사에는 고등어새끼를 말한다고 했다(이광정, 2003). 『한국어도보』에도 작은 고등어를 '고도리', 어린 고등어 가운데 작은 것을 '열소고도리', 어린 고기 가운데 중치는 '소고도리', 치어 중 큰 놈은 '통소고도리'라고 한다고 했다(정문기, 1991). '쇠꼬들이고기'는 어린 고등어가 아닌가 싶지

---

67 三庚: 三伏과 같은 말로 초복·중복·말복을 통틀어 이르는 말이다.
68 桼은 牽과 동자로 같은 의미로 쓰인다.

만 확단할 수 없다.

〈원문〉牛拘桊魚【쇠꼬들이고기】出東海.身黑而有斑文.長三四寸.銳頭尖喙,鬐鬣短踈,尾歧如燕尾,拘桊乃穿牛鼻木也.土人以名此魚,未知何義.

32. 잠방어(潛方魚)【잠방이】

비늘이 잘고 꼬리가 모지라졌다. 등마루에는 짧은 갈기가 있는데 꼬리까지 이어져 있다. 또 4~5치가 되는 작은 물고기이면서도 능히 큰 물고기를 잡아먹는다. 입을 벌려 허리를 물면 1자나 되는 큰 물고기라 하더라도 벗어날 수 없다. 모양이 두꺼비와 비슷하며 입이 넓고 눈이 크며 몸은 둥글고 배는 불룩하다. 바다사람들이 잠방어(潛方魚)라고 하는데 의미가 없는 사투리이다.

▮평설

쏨뱅이

어명고의 잠방어(潛方魚), '잠방이'란 고기는 작지만 꽤 사나운 물고기로 묘사되어 있다. 한글학자의 물고기 방언 조사에는 방어새끼를 말한다 하며, 잼베이, 잼뱅이라고도 부른다고 하였다(이광정, 2003).

그러나 '작은 물고기이면서도 능히 큰 물고기를 잡아먹는다.' 그리고 '모양이 두꺼비와 비슷하여 입이 넓고 눈이 크며 몸은 둥글고 배는 불룩하다'는 모습은 방어새끼와는 거리가 있다. 방언으로 삼베이, 삼뱅이, 잼뱅이, 감팽이라고 불리는 쏨뱅이를 한자로 기록할 때 잠방어(潛方魚)로 쓴 것일 가능성이 있다. 쏨뱅이목 양볼락과의 쏨뱅이라면 어보의 모양 묘사에 꽤 어울린다.

〈원문〉潛方魚【잠방이】鱗細尾禿, 脊有短鬣竟尾. 又可四五寸小魚, 而能食大魚. 張口銜腰, 雖尺大魚, 莫能奪也. 形類蟾蜍, 口闊眼大, 身圓肚飽. 海人呼爲潛方魚, 方言之無義者也.

33. 군뢰어(軍牢魚)【굴뇌고기】

서해에서 나는 물고기의 한 종류이다. 머리가 네모지고 뇌도 모가 나있다. 윗입술은 납작하게 길고 뾰족하며 아랫입술은 짧다. 비늘이 잘고 꼬리가 약간 갈라졌다. 성긴 지느러미가 등마루에서 꼬리까지 이어졌다. 몸통 전체가 엷은 붉은색깔이다. 길이는 6~7치이다.

무릇 사신이 행차할 때에는 붉은 동달이[69]를 입고 몽둥이를 가지고 앞서가면서 길을 깨끗이 트는 군졸이 있는데 군뢰(軍牢)[70]라고 한다. 매년 4월 조기가 조수를 따라 올 때에 이 물고기가 반드시 앞에서

---
69 袖衣: 조선 후기에 만들어진 소매가 좁고 간편하여 활동하기에 매우 편리한 군복. 소매의 색깔을 달리하여 부대의 소속이나 직무를 나타내었다.
70 조선 시대에 군대에서 죄인을 다루는 일을 맡아보던 병졸.

길을 인도하듯이 먼저 이르는데 색깔이 붉기 때문에 어부들이 군뢰어(軍牢魚)라고 하였다. 또 승대어(承隊魚)라고 하는 한 종류가 있는데 군뢰어와 대동소이하며, 역시 조기보다 먼저 온다고 한다.

■평설

달강어

군뢰어(軍牢魚), 굴뇌고기로 기록된 어종은 달강어로 비정되고 있다(정문기, 1991). 달강어는 쏨뱅이목 성대과의 물고기로 방언으로는 달갱이, 줄어치, 닥재기, 예달재, 굴노고기, 달재, 막대, 장대로 불리고 있고, 한자이름으로는 달강어(達江魚), 화어(火魚), 회익어(灰翼魚), 청익어(靑翼魚), 특대어(特帶魚)로도 불린다.

달강어는 크기가 30cm 정도이고, 산란기가 조기보다 일러서 먼저 서해에 나타나므로 어명고에서는 이 물고기가 색깔이 붉고, 조기에 앞서 온다는 의미에서 군뢰어(軍牢魚)라 이름을 붙이고 있다.

성대과의 물고기는 가슴지느러미가 큰 것이 특징이다. 가슴지느러미의 밑 부분에 3개의 굳은 지느러미살이 유리되어 손가락 형태를 하고 있다. 이것을 발처럼 움직여 바다바닥을 걸어 다녀서 '다리달린 물고기'라고도 불린다. 달강어는 성대와 비슷하게 생겼지만, 성대보다 비늘이 크고 몸 표면이 까칠까칠하며, 맛이 더 좋다.

어명고에 '승대어(承隊魚)'라 하는 다른 한 종류가 있다고 한 것은 성대를 말한다. 성대는 잘대, 끗달갱이, 쌀대란 방언이름이 있고, 승대어(僧帶魚), 승대(承大)란 한자이름도 있다. 가슴지느러미가 푸른색을 띠고 있어『자산어보』에는 청익어(靑翼魚)라 기록되어 있고 속명이 승대어(承隊魚)라 하였다. 성대과의 물고기들은 개구리가 우는 것 같은 소리를 내는데, 달강어란 이름도 그 소리 때문에 붙은 이름이다.

〈원문〉軍牢魚【굴뇌고기】西海有一種魚. 頭方而腦作稜. 上唇扁長而尖, 下唇短. 鱗細尾微歧, 疎鬣從脊亘尾. 通身淡赤. 長六七寸. 凡使星之行, 有軍卒着紅狹袖衣, 持棍而先行淸道者, 曰軍牢. 每四月, 石首魚乘潮而來, 此魚必先至, 如前導然, 而其色赤, 故漁人呼爲軍牢魚. 又有一種名承隊魚者, 與此大同少異, 亦先石首魚而來云.

34. 일애어(昵睚魚)【일익】

서해에서 난다. 머리가 검고 몸은 엷은 흰색이다. 눈이 크고 위로 향했는데 두 눈이 서로 가깝다. 꼬리는 갈라졌고 등과 배에 모두 긴 지느러미가 있다. 주둥이 아래쪽은 짧지만 위쪽은 길이가 5~6치가 되는데, 끝이 살짝 꼬부라져 물오리의 부리 같다. 몸의 길이는 1자 남짓이 되며 굳세고 힘이 있다. 물고기를 잘 쫓아 큰 물고기라도 피하여 가는 경우가 많다. 바다사람들이 일애어(昵睚魚)라고 하는데 방언이다.

▎평설

일애어(昵睚魚), '일익'로 기록된 어종의 현재명은 비정할 수 없다.

한자이름은 눈이 서로 가까운 물고기라는 점을 나타내고 있다.

〈원문〉眤睡魚【일익】出西海. 頭黑身微白. 目大而向上. 兩眥相近. 尾歧 脊腹, 俱有長鬣. 下嘴短上嘴長, 幾五六寸, 末微卷如鳧嘴. 身長尺餘, 健而 有力. 善逐魚, 雖大魚亦多避去. 海人呼爲眤睡, 方言也.

35. 묘침어(錨枕魚)【닷벼기】

몸이 납작하고 등마루는 높으며 배는 불룩하여 붕어와 꽤 비슷하지만, 등의 위쪽과 배의 아래쪽 모두에 단단한 가시와 성긴 지느러미가 있다. 길이는 7~8치이고, 너비는 4~5치이다. 비늘은 촘촘하고 색깔은 황색바탕에 검은빛을 띠었다. 서해와 남해에서 난다.

■평설

어명고에 묘침어(錨枕魚), '닷벼기'로 기록된 물고기에 대해서는 별다른 정보가 없어 어명 비정이 어렵다. 이광정의 물고기 이름 방언 연구에도 '닷베개(錨枕魚)'란 표제어만 나와 있고 설명은 없다. 한자이름인 묘침어(錨枕魚)도 '닻을 베고 있는 물고기'이어서 바다바닥에 사는 물고기임을 나타내고 있지만 어떤 물고기인지 알 수 없다.

〈원문〉錨枕魚【닷벼기】身扁脊隆腹飽. 頗似鯽魚, 而脊上腹下, 俱有硬 刺踈鬣. 長七八寸, 廣四五寸, 鱗密, 色黃帶黑. 産西南海.

36. 경(鯨)【고릭】

수컷은 경(鯨)이라고 하고 암컷은 예(鯢)라고 한다. 모양이 미꾸라지[鯔]와 비슷하기 때문에 해추(海鰌)라고도 한다. 길이가 몸 둘레와 같고, 푸른빛을 띤 검은색이며 비늘이 없다. 머리에 숨을 쉬는 구멍이 있는데, 물결을 쳐서 우레 소리를 내고 물방울을 뿜어 비를 이룬다.

옛글에 이른바 '배를 삼키는 물고기'라고 한 것이 이 고래인데, 종류는 한두 가지가 아니고 크기도 다르다. 『화한삼재도회』에는 세미(世美), 좌두(座頭), 장수(長須), 온경(鰮鯨), 진갑(眞甲), 소경(小鯨) 등의 이름이 있다. 큰 것은 무려 30~40심(尋)이 되고 가장 작은 것은 2~3장(丈)이다. 최표의 『고금주』에서 그 크기가 1천리(里)라고 하였는데, 나원의 『이아익』과 왕사의 『삼재도회』에서 모두 그 말을 답습하였다.

고래는 넓고 깊은 먼 바다에 살고 있어서 그 출몰하는 것이 일정한 때가 있으니, 고래가 사는 해국(海國)에서 나서 자란 사람이 아니면 눈으로 직접 보는 경우가 드물다. 중국인들은 한갓 해외에서 전해들은 소문을 믿기 때문에 이처럼 장황하고 황당한 말이 있는 것도 괴이한 일은 아니다.

일본인 중에는 창을 던져 고래를 잡는 방법을 아는 사람이 있지만, 우리나라 어부들에게는 이런 기술이 없다. 어쩌다 모래사장에서 스스로 죽은 고래를 얻게 되면 이빨, 수염, 힘줄, 뼈 등이 모두 기물(器物)이 된다. 껍질과 살은 불에 태워 기름을 얻는데, 큰 고래의 경우는 수천 말의 기름을 얻을 수 있어 이익이 한 지방에 넘친다.

고래는 5~6월에 새끼 낳는데, 자궁[産門]이 미처 닫히기 전에 물고기들이 몰려 들어와 장을 깨물고 위를 빨면 죽는다. 또 어호(魚虎)라고 하는 것이 있는데 이빨과 지느러미가 모두 칼날과 같다. 매번 수십 마리가 무리를 지어 충돌하고 깨물고 찌르며, 고래가 괴롭고 어지러워져서 입을 벌리기를 기다렸다가 입 안으로 들어가 혀뿌리를 깨물어 끊으면 고래가 죽는다. 또 간혹 조수를 따라 해안으로 올라갔다

혹등고래

가 조수가 물러갔지만 고래의 몸집이 너무 커서 미처 몸을 돌리지 못하여 가만히 있다가 물이 없으면 죽는다.

『이물지』에서 이르기를, "고래가 스스로 죽은 것은 모두 눈이 없는데, 세속에서는 그 눈이 변하여 명월주(明月珠)가 되었다."라고 했다. 지금 어부들에게 물어보니 참으로 그러하니 또한 기이한 일이라 할 만하다. 동해와 남해, 그리고 서해에 모두 있다.

▌평설

고래는 포유동물지만 물고기와 비슷한 모양을 하고 있어 어명고에 실렸다. 앞발은 퇴화하여 지느러미 모양을 하고 있으며, 다리 부분은 꼬리지느러미로 변형되어 있다.

울산 태화강에 있는 신석기시대의 반구대벽화에는 배를 타고 작살로 고래를 잡는 모습이 여러 점 조각되어 있다. 그러나 어명고가 작성된 당시에 와서는 고래를 잡는 기술이 없어졌다 한다. 그 이유를 저자 서유구는 「전어지」의 '고래를 작살로 잡는 법[刺鯨法]'에서 설명하고 있다.

"우리나라 어부들 중에는 고래를 잡을 수 있는 자가 없다. 다만 고래가 스스로 죽어 해변에 떠오른 경우를 만나면 관아에서는 반드시 많은 장정들을 내어 칼, 도끼, 자귀를 가지고 고래의 지느러미와 껍질, 고기를 거두어 말에 싣고 사람이 날라 며칠이 되도록 다 없어지지 않는다. 큰 고래 한 마리를 잡으면 그 가치가 무려 천금이다. 그러나 이익이 모두 관아로 들어가고 어부들은 참여할 수가 없다. 그러므로 고래를 창으로 찔러 잡는 방법을 배우려 드는 사람이 없는 것이다."

이규경의 『오주연문장전산고』에도 이러한 상황을 설명하는 비슷한 내용의 글이 있다.

"우리나라 연안에는 가끔 죽은 고래가 떠밀려오는 일이 있는데, 기름이 많이 나므로 그로 얻는 이득이 엄청나다. 그러나 관에서 이익을 독차지하고 오히려 민폐만 끼치므로 사람들이 자기 마을에 고래가 떠밀려오면 여럿이 힘을 모아 바다에 도로 밀어 넣어 버린다."

조선에서 포경법이 발달하지 않는 것에는 이유가 있었던 것이다. 『화한삼재도회』에 기록된 고래 종류에 대해 일본에서는 세미(世美)는 북태평양참고래(Eubalaena japonica), 좌두(座頭)는 혹등고래(Megaptera novaeangliae), 온경(鰮鯨)은 보리고래(Balaenoptera borealis), 진갑(眞甲)은 말향고래(Physeter macrocephalus), 소경(小鯨)은 귀신고래(Eschrichtius robustus)로 비정하고 있다.

또한 어명고에는 고래를 죽게 하는 어호(魚虎)라는 사나운 물고기에 대해 기술하고 있다. 『화한삼재도회』를 인용한 것이다. 『화한삼재도회』도 『본초강목』의 어호를 인용

『화한삼재도회』의 어호

한 것이며 가공의 동물로 보인다. 그러나 일본의 『화한삼재도회』 해설서에서는 어호를 범고래(Orcinus orca)로 비정하고 있다.

〈원문〉 鯨【고릭】雄曰鯨,雌曰鯢.以其形似鱖,故亦謂之海鱖.長與圍等,其色蒼黑而無鱗.腦有吹潮之穴,鼓浪成雷,噴沫成雨.古所謂吞舟之魚,此類是也.種類不一,大小亦異.『和漢三才圖會』有世美·座頭·長須·鰮鯨·眞甲·小鯨等名,大者無慮三四十尋,最小者數三丈.崔豹『古今注』謂,其大千里,羅願『爾雅翼』·王思義『三才圖會』,皆汰其說.蓋鯨處大海深洋,其出有時,非生長海國,則罕有目睹者.中國人徒憑海外傳聞,無怪其有此張皇荒唐之言也.日本人有擲鉾捕鯨法,而我國漁夫無此技.一得沙上自死鯨,則齒鬚筋骨皆爲器用.皮肉熬之取油,鯨之大者,得油數百斛,利溢一方.鯨以五六月産子,産戶未合,而衆魚擁入,囓腸啗胃則死.又有魚虎者,齒鬐皆如劒.每數十爲羣,衝突囓刺,待鯨困迷張口,遂入口內,囓切舌根則死.又或隨潮上岸,潮退而鯨體旣大,未及回旋磯而失水則死.『異物志』云,鯨鯢自死者,皆無目.俗言其目化爲明月珠.今詢之漁戶,誠然云亦可異也.東南西海,皆有之.

37. 장수평어(長須平魚)【장슈피】

고래의 한 종류이다. 모양은 서상어[犀沙魚]와 비슷한데, 몸이 둥글고 길다. 비늘이 없고 색깔은 푸른빛을 띤 검은색이다. 큰 것은 10여 장(丈)이고 작은 것은 5~6장이다. 입은 뾰족하고 크며 꼬리는 긴 것이 칼과 같다. 등에는 혹처럼 난 지느러미가 있는데 크기가 문짝만하다. 물에 떠서 달려가면 마치 작은 배가 돛을 펼친 듯하다.

안:『화한삼재도회』에 이르기를, "장수경(長須鯨)은 등에 혹처럼 난 지느러미가 있는데 큰 것은 길이가 10장이다. 항상 물에 깊이 잠겨서 가는 까닭에 쉽게 잡히지 않는다."고 하였는데, 이 물고기를 가리킨 듯하다.

■평설

범고래

장수평어(長須平魚), '장슈피'로 기록된 고래는 그 내용이 간단해서 어떤 종류인지 비정하기 어렵다. 어명고에서는 『화한삼재도회』를 인용하여 장수경(長須鯨)이 아닌가 하였는데, 일본에서는 장수경을 긴수염고래(Balaenoptera physalus)로 비정하고 있다. 어명고에는 장수평어의 등지느러미가 크다는 점이 강조되어 있다. 그러나 긴수염고래는 등지느러미가 고래치고 작은 편이다. 이러한 점에서는 어명고에 기록된 장수평어가 긴수염고래가 아닐 수 있다.

어명고에는 장수평어 외에 '장슈피'란 한글이름이 병기되어 있다. 이런 경우에는 한글이름으로 어명을 비정하는 것이 옳을 것이다. 장수피는 범고래를 말한다. 범고래는 어호(魚虎)라는 이름으로도 불리며 사나워서 다른 고래들을 괴롭히기도 한다. 또 장소피(長酥被), 장수피(長籔被)로도 불리고 있으며, 솔피(率皮)라고 불리고 있다(조재삼, 『송남잡지』). 이규경은 장수피를 논하면서, "수백 마리가 바다를 뒤덮고 무리를 지어 헤엄치다가 고래를 보면 사면에서 물어뜯어 죽게 만들고는 먹는다."고 기록하고 있다(『오주연문장전산고』).

범고래는 실제 자기보다 큰 동물을 사냥하고 있다. 범고래가 대형 고래를 공격해서 죽이는 데까지 보통 몇 시간씩 소요되지만 끝내 고래를 죽이고 만다. 범고래는 향유고래, 흰긴수염고래, 왕고래, 고래상어와 같은 큰 동물을 공격하기도 하며, 바다표범이나 바다코끼리, 물개, 바다사자와 같은 바다 포유동물과 펭귄, 북극곰을 사냥한다.

〈원문〉長須乎魚【장슈피】鯨之類也. 形如犀沙魚, 身圓而長. 無鱗色蒼黑. 大者十餘丈, 小則五六丈. 口尖而大, 尾長如刀. 背有疣鬐, 大如門扇. 浮水而走, 宛似小船張帆. 案:『和漢三才圖會』云, 長須鯨, 背有疣鬐, 大者十丈. 常沈水而行, 故未易捕, 疑指此魚也.

38. 내인어(鮾魜魚)【내인】

바다에 사는 큰 물고기이다. 몸길이가 10여장이고 허리둘레는 5~6아름[把]이며, 푸른빛을 띤 검은색이다. 머리에는 숨을 쉬는 구멍이 있는데 30~40장이나 물을 내뿜는다. 모양과 색깔은 모두 고래지만, 다만 주둥이가 유난히 길어 거의 1장 남짓 되는 점이 다른데 아마도 고래의 한 종류인 듯하다. 어부들은 이 물고기가 깊은 곳에 살아서 본 적이 드물기 때문에 내인어(內人魚)라고 부르는데, 이는 용왕(龍王)의 궁인을 말하는 것이다.

지금 우어(牛魚)를 우(鮏)자로 쓰고 수마(水馬)를 마(鰢)자로 쓰는 예를 따라서 글자에 모두 '고기 어(魚)' 변이 들어가 있다. 내(鮾)자는 본래 낙(諾)과 합(盍)의 반절(反切)로 음(音)이 납(䂜)이지만, 지금은 내(內)의 본음을 따라 노(奴)와 대(對)의 반절로 쓴다.

▎평설

내인어(鮾魜魚), 내인어(內人魚)라고 표기된 고래는 어명고의 저자

큰부리고래

가 어부들의 이야기를 듣고 기록한 것인 듯하다. 이 고래의 특징이 '크고, 부리가 유난히 길다'는 점에 있고, 내인어라 불리는 연유가 깊은 바다에 살아 쉽게 볼 수 없어 마치 '구중궁궐의 나인, 궁녀'와 같다고 해서 붙은 이름이라는 외에는 특징적인 어떤 고래로 비정할만한 기술은 없다.

수산학자 박구병은 내인어의 생김새와 크기로 미루어 우리나라 연안에 나타나는 '큰부리고래'로 보고 있다. 망치고래라고도 하며, 몸길이가 10m가 넘고, 몸무게가 11~12톤으로 고래 중 향유고래 다음가는 잠수 능력을 가졌다. 얼굴이 망치를 닮았고 몸은 가늘고 길며, 이마는 둥글게 부풀어 있다. 등지느러미는 작고 뚜렷한 삼각형이며 끝이 약간 둥근형으로 몸의 후방에 위치한다. 몸 색깔은 검은빛을 띤 갈색 또는 검은색이며, 배 쪽에 불규칙한 흰색의 얼룩무늬가 있다.

어보에서 내인어의 크기를 말하며 둘레가 5, 6파(把, 줌)라고 했다. 길이 10장에 비해 굵기가 균형이 맞지 않는다. 이 경우 1파는 1포(抱, 아름)와 같은 뜻으로 쓰인 것이다.

〈원문〉 魶魸魚【내인】海中大魚也.身長十餘丈,腰圍五六把,色蒼黑.腦有吹噑之穴,噴水至三四十丈.形色皆類鯨,而惟喙武長,幾至丈餘,與鯨異,蓋鯨之種一也.漁人以其藏在深潭,人所罕見,呼爲內人魚,蓋謂龍王宮人也.今傚牛魚作觓,水馬作䲷之例,字並從魚.魶本諾盍切,音蚋,今從內,本音作奴對切.

39. 사어(沙魚)【상어】

사어(沙魚)는 사어(鯊魚)라고도 쓴다. 일명 교어(鮫魚)인데, 교(鮫)는 효(䱜)라고도 쓴다. 일명 착어(鯌魚), 복어(䱣魚), 유어(溜魚)이다. 껍질에 모래알 같은 돌기인 사주(沙珠)가 있고, 무늬가 서로 엇갈리며 섞여있기 때문에 이런 이름들이 있다. 단성식은 또 하백건아(河伯健兒)라고 하였는데, 바다고기 중에 가장 굳세어 힘이 있기 때문이다.

『본초』를 고찰해 보면, 등에 구슬무늬가 있는데 사슴의 무늬와 같으며 단단하고 강한 것을 녹사(鹿沙)라고 하고, 또 백사(白沙)라고도 하는데 사슴으로 변할 수 있다고 한다. 호랑이처럼 얼룩진 무늬가 있고 단단하면서도 강한 것을 호사(虎沙)라고도 하고 호사(胡沙)라고도 하는데, 호어(虎魚)가 변화한 것이라고 한다. 코의 앞에 있는 뼈가 도끼와 같아서 물건을 격파하고 배를 부술만하니 거사(鋸沙)라고도 한다. 또 정액어(挺額魚)라고도 하고 번착(鱕鯌)이라고도 하니, 코가 번(鐇)과 같기 때문이다.【음은 번(番)이고 뜻은 도끼이다.】

『우항잡록』에 바다상어 24종을 열거하였는데, 백포사(白蒲鯊), 황두사(黃頭鯊), 백안사(白眼鯊), 백탕사(白蕩鯊), 청돈사(靑頓鯊), 우피사(牛皮鯊), 반사(斑鯊), 녹문사(鹿文鯊), 구사(狗鯊), 삽사(鯁鯊), 연미사(燕尾鯊), 호사(虎鯊), 여두사(犁頭鯊), 향사(香鯊), 위두사(熨頭鯊), 아계사(丫髻鯊), 검사(劒鯊), 랄사(剌鯊), 거사(鋸鯊), 오사(烏鯊),

뢰사(雷鯊) 등의 이름이 있다.

『화한삼재도회』에서 이르기를, "교지(交趾) 등에서 나는 것에 추교(緅鮫), 암석교(巖石鮫), 발반교(發斑鮫), 호교(虎鮫), 해자교(海子鮫), 백배지교(百倍志鮫), 제가이라개교(諸加伊羅介鮫) 등의 이름이 있다. 일본에서 나는 것에는 대애교(大愛鮫), 소애교(小愛鮫), 애고려교(愛古呂鮫), 척고려교(脊古呂鮫) 등의 이름이 있다."고 하였으니, 바닷물고기 중에서 종류가 번거롭고 많은 것이 이보다 더 한 것은 없다.

우리나라에서 나는 것 또한 무려 10여 종으로 일일이 다 들 수 없다. 그 등에는 등지느러미가 있고 배에는 배지느러미가 있으며 껍질에는 모래구슬 같은 것이 있어 칼자루를 꾸밀 수 있는데, 대와 나무를 문지르면 고르게 된다.

안: 사(鯊)에는 두 종류가 있으니, 강이나 내에 사는 작은 사어(鯊魚)는 입을 벌려 모래를 내뿜어 사(鯊)라고 하였고, 바다의 큰 상어는 그 껍질에 사주(沙珠)가 붙어 있어 사(鯊)라는 이름이 있다. 소사(小鯊)는 일명 타(鮀)라고 하고, 대사(大鯊)는 교(鮫)와 착(䱜) 등의 이름이 있는데, 크기에 따라 명칭이 각각 다르다. 판단하건대『우항잡록』의 사(鯊)는 타(鮀)라고 말한 것을 예로 들지 않더라도, 껍질에 사주가 있어 이름이 지어졌다. 작은 것은 손가락만한 것이 모래를 내뿜는데, 두 가지 사(鯊)가 혼동되어 하나로 불린 것이다. 그 다음에 다시 작어(䱜魚)를 거론했는데, 한 번 더 이르기를 횡골(橫骨)이 있고 코앞이 도끼처럼 생긴 것은 호사(胡沙)라 하였다. 다시 말할 것 없이 호사(胡沙)는 바로 24종 상어 가운데 호사(虎鯊)이다. 이름이 같아서 더욱 잘못을 불러일으킨 것이다.

▍평설

상어는 연골어류(軟骨魚類)에 속하는 상어 종류의 총칭이다. 몸 크기는 15cm 정도의 작은 것에서 18m에 달하는 것까지 매우 다양하다. 세계의 외양에 널리 분포하고 있다. 몸 표면이 방패비늘[楯鱗]로 덮여 있어 돌기가 지고 꺼끌꺼끌하다. 대체로 입이 몸의 아랫면에 있고, 눈은 머리의 좌우에 있다. 골격은 모두 연골로 되어 있고, 이빨이 잘 발달되어 있다.

어명고에는 상어의 '껍질에는 모래알이 있어 칼자루를 갈 수 있다'고 하였다. 상어의 꺼끌꺼끌한 방패비늘을 사포(砂布)처럼 이용해 가구를 다듬는데 사용한 것이다. 상어 중에는 껍질이 날카로워 사람이 손을 베는 것도 있다. 소사(小鯊), 타(鮀)라고 부르는 것은 모래무지를 말한다. 모래무지는 작은 물고기이지만, 상어와 같은 한자이름으로 불리고 있다.

어명고에서는 『본초강목』과 『우항잡록』, 『화한삼재도회』를 인용하여 중국과 일본의 상어 종류를 열거하고, 우리나라에서 나는 것도 또한 무려 10여 종으로 일일이 다 들 수 없다고 하였지만 모사어(帽紗魚), 서사어(犀沙魚), 환도사어(環刀鯊魚)의 세 종류에 대해서는 별도로 설명하고 있다.

〈원문〉沙魚【상어】沙魚,或作鯊魚,一名鮫魚,鮫或作鯋.一名鰝魚,一名鯸魚,一名溜魚.皮有沙珠,而其文交錯鵲駁,故有諸名.段成式又謂之河伯健兒,蓋海魚之最健有力者也.考之『本草』,背有珠文如鹿而堅疆者曰鹿沙,亦曰白沙,云能變鹿也.背有斑文如虎,而堅疆者曰虎沙,亦曰胡沙,云虎魚所化也.鼻前有骨如斧斤,能擊物壞舟者曰鋸沙.又曰挺額魚,亦曰鱕鰭謂鼻如鏟【音產斧也.】『雨航雜錄』列海鯊二十四種,有白蒲鯊·黃頭鯊·白眼鯊·白蕩鯊·靑頓鯊·牛皮鯊·斑鯊·鹿文鯊·狗鯊·鱸鯊·燕尾鯊·虎鯊·犁頭鯊·香鯊·熨斗鯊·丫髻鯊·劍鯊·刺鯊·鋸鯊·烏鯊·雷鯊等名.『和漢三才圖會』云,出交趾等處者,有縞鮫·巖石鮫·發斑鮫·虎鮫·海子鮫·白倍志鮫·諸加伊羅介鮫等名.

出日本者有大愛鮫·小愛鮫·愛古呂鮫·脊古呂鮫等名.海魚中品類式繁者,又莫此若也.我國之産,亦無慮十餘種,不可殫擧.其背有鬣,腹有翅,皮有沙,可以鐋刀欛,揩竹木,則無不同也.案:鯊有二焉,江川間小鯊,以張口吹沙而名鯊,海上大鯊,以皮有沙珠而名鯊.小鯊一名鮀,大鯊有鮫·鱛諸名,大小名稱,判焉,不侔而『雨航雜錄』云鯊鮀也,而皮有沙名.其小者大如指,能吹沙,是混二鯊爲一矣.其下又另立鱛魚,一目且曰,有橫骨在鼻前如斤鋸者,曰胡沙.更不言胡沙,卽二十四鯊中虎鯊,一名尤誤矣.

39-1. 모사어(帽沙魚)【여계상어】

상어의 한 종류이다. 머리에 뿔이 있는데 날개가 달린 검은 모자와 같다. 두 눈은 두 뿔의 가에 있고 입은 두 뿔의 가운데에 있다. 몸은 둥글고 길며, 꼬리에는 2개의 갈래가 있는데 왼쪽이 짧고 오른쪽이 길다. 몸 전체에 6개의 지느러미가 있는데 좌우로 마주보고 있다. 껍질에 있는 모래구슬[沙珠]로 칼자루를 꾸밀 수 있는 것은 다른 상어와 같다. 어부들이 여계상어[女髻鯊魚]라고 하는데 역시 상어의 모양을 형용한 것이다. 왕사의의 『삼재도회』에서 일일이 거론한 상어 중에 모사(帽鯊)가 있는데 이 물고기를 가리킨 듯하다.

▮평설

모사어는 악상어목 귀상어과의 귀상어로 비정된다. 머리 좌우 측면으로 망치 모양의 돌출된 부위가 있으며 그 바깥쪽에 눈이 있어 모습이 마치 옛 사모(紗帽)와 같아 그 이름이 생긴 것이다. 또 여계(女髻)[71]는 여인들의 상투머리인 새앙머리를 말하는데 역시 이 상어의

---

71 女髻: 아계(丫髻)·아환(丫鬟)·쌍계(雙髻)·양계(兩髻) 등으로 불리는 중국의 쌍상투에서 온 여인의 머리모양으로 우리말로는 새앙머리이다. 머리를 뒤에

귀상어

모양을 표현한 것이다.

　대양의 열대 및 온대해역에 널리 분포하며, 사람을 공격하기도 하는 위험한 종으로 무리를 지어 이동한다. 이 상어는 고기, 지느러미, 간, 기름 등이 다양하게 식용으로 이용된다. 특히 지느러미는 건조시켜 중국의 상어지느러미 요리인 '샥스핀'의 재료로 귀하게 여겨진다.

〈원문〉 帽沙魚【여게상어】沙魚之一種也. 頭有角如有翅烏帽. 兩眼在兩角之邊, 口在兩角之中, 身圓而長, 尾有兩歧, 而左短右長. 通身六鬐, 左右對列. 皮有珠可鑢刀欛, 與他沙魚同. 漁人呼爲女髻沙魚, 亦象形也. 王思義『三才圖會』, 歷擧鯊名中有帽鯊, 疑指此魚也.

39-2. 서사어(犀沙魚)【서상어】

　바다상어의 일종이다. 입이 뾰족하면서 크고 이빨은 3~4겹이 위아

서 두 가닥으로 갈라땋고는 밑에서부터 9cm가량의 길이로 말아 올려 목 뒤에서 같이 묶고 댕기를 드리운다.

래로 입술 안쪽에 펼쳐져 있다. 비늘은 없고 모래구슬이 있으며, 몸은 둥글고 배는 불룩하다. 꼬리는 칼처럼 길고, 등마루에는 크고 빳빳한 등지느러미가 세워져 있다. 물에 떠서 다닐 때마다 돛을 편 것과 같다. 큰 것은 몸길이가 5~6인(仞)이 되고 둘레가 3~4아름[把]이어서 능히 사람을 삼킬 수 있다. 그 고기는 약간 시고 매우 비리다.『육서고』에, "바다상어 중의 큰 것은 잡으면 배에 가득 찬다."고 하였는데, 바로 이 종류를 일컬은 것이다.

▍평설

백상아리

서사어(犀沙魚)의 현재명이 비정이 되어 있는 어도보나 어류도감은 없다. 이름만으로는 뿔상어를 이르는 것 같지만, 뿔상어는 50cm 내외의 소형 상어이다. 서(犀)는 '무소뿔'이란 의미도 있지만, '굳고 단단하다'는 의미도 있다.

이름에 '단단하다'는 뜻이 있고, 입이 뾰족하고 이빨이 3~4겹이라는 점, 그리고 크기가 매우 크고 사람에 해를 끼칠 수 있다는 점으로 미루어 백상아리나 청상아리를 기록한 것 같아 보이나 확실하지는 않다. 백상아리는 상어 가운데 뱀상어와 함께 가장 난폭한 종으로 분류되며 식인상어로도 유명하다.

〈원문〉犀沙魚【서상어】海鯊之一種也. 口尖而大, 齒作三四重, 布列上下脣內. 無鱗有沙, 身圓腹飽. 尾長如刀, 脊有大鬐竪起. 每浮水而走如張帆然. 大者身長五六仞, 圍三四抱, 能吞食人. 其肉微酸而甚鮏. 『六書故』曰, 海鯊大者, 伐之盈舟, 此類之謂耶.

39-3. 환도사어(環刀沙魚)【환도상어】

상어의 일종이다. 머리는 숭어와 비슷하고 눈은 작고 몸은 촉급하다. 배는 불룩하며 무겁고 늘어져있다. 꼬리는 납작하면서 긴데, 큰 것은 거의 1아름쯤 된다. 그 끝이 위를 향해 있는데, 모양이 환도[72]와 같기 때문에 이런 이름이 붙었다. 꼬리 아래에는 가는 지느러미가 있고, 등은 검고 배는 부연흰색이다. 가죽에 모래구슬이 있는 것은 다른 상어와 같다.

▌평설

환도사어(環刀沙魚)는 오늘날에도 환도상어라 불린다. 악상어목 환도상어과에 속한다. 꼬리지느러미 위쪽(상엽)의 길이가 상당히 길어서 전체 몸길이의 절반에 달한다. 태평양, 인도양, 대서양의 온대 및 열대해역에 광범위하게 분포하며, 150m이상의 수심에서 서식한다. 연승어업에 손님고기로 잡히며, 지느러미와 고기가 식용으로 이용되기도 한다.

---

72 環刀: 조선시대에 고리를 사용하여 군인이 패용하였던 도검을 말한다.

환도상어

〈원문〉環刀沙魚【환도상어】沙魚之一種也.頭似鱸魚,目小身促,肚飽重墜.尾扁而長,大者幾一把.其末向上,形如環刀故名.尾下有細鬣,脊黑腹微白.皮有沙,與佗沙魚同.

40. 해돈어(海豚魚)【슈욱이】

해돈(海豚)은 바로『이아』에서 말하는 기(鱀)이다. 진장기는, "해돈은 바다에서 살며 바람이 불거나 조수가 오는 것을 헤아려 출몰하는데, 모양이 돼지와 같다. 코가 머리 위에 있으며 소리를 내어 물을 내뿜으면 물이 곧장 위로 올라간다."고 하였다.

이시진은, "그 모양과 크기가 수백 근이 되는 돼지와 같다. 색깔은 메기처럼 푸른빛을 띤 검은색이고, 2개의 젖과 암수가 있어 사람과 같다. 여러 마리가 함께 다니는데 한 번은 떠올랐다 한 번은 가라앉는 것을 배풍(拜風)이라고 한다. 고기는 기름져서 먹기에는 적당하지 않으나, 기름이 가장 많아서 석회와 섞어서 배를 수리하는 데에 좋다."라고 하였다.

지금 살펴보건대, 『이아』에서 '기(鱀)는 축(鱁)이다'라고 하였고, 곽박이 주석에서 "기는 착(鱛)의 종류이다. 몸체는 심(鱏)과 같고 꼬리는 국어(䱷魚)와 같다. 배는 크며 부리는 작고 가늘면서 길다. 이빨은 고르게 나서 아래위가 서로 맞물린다. 코가 이마 위에 있으며 소리를 낼 수가 있다. 살은 적고 기름이 많다. 태생(胎生)이며 작은 고기를 잘 먹는다. 큰 것은 길이가 1장 남짓 된다."고 하였다. '코가 이마 위에 있다'고 하는 것은 진장기가 말한 '코가 머리 위에 있다'는 설과 부합한다. 곽박이 말한 '살은 적고 기름이 많다'는 것은 이시진이, '고기가 먹기에는 적합하지 않고 그 기름이 가장 많다'는 설과 부합한다.

이로 볼 때 해돈이 기(鱀)라는 것은 분명하다. 『문선』의 주에서는 해희(海狶)라고 하였고, 『남방이물지』에는 수저(水猪)라고 하였고, 위무제의 『식제』에는 부패(鱝魳)라고 하였다. 강에서 사는 것은 강돈(江豚)이라고 한다. 강돈은 일명 정돈(井豚)이라고도 하는데 뇌 위에 구멍이 있기 때문이다.

지금 우리나라에는 한 종류의 물고기가 있는데 모양이 동과(冬瓜)와 같다. 비늘이 없고 지느러미가 없으며 검은색에 붉은빛을 띤다. 꼬리는 2개의 갈래로 가지가 나 있다. 눈은 이마 위에 있으며 둥글고 작은 것이 녹두와 같다. 코도 이마에 있는데 항상 입으로 물을 빨아들이고 코를 통해 내뿜는 소리가 힘센 소가 씩씩거리는 것 같다. 큰 것은 1장이 좀 넘는다. 어부들이 잡아 배 위에다 두면 흡사 침상에 거문고주머니가 있는 것 같다. 몸 전체에 윤기가 나며 혹이 없다. 새끼가 등 위에 엎드려 있으면서 파도 중에 출몰하면서도 결코 떨어지지 않으니 또한 하나의 신기한 일이다. 통진(通津) 먼 바다에 가장 많다. 수욱(水郁)이라고 일컫는 것은 어부들끼리 하는 말이니 아마도 해돈 종류인 것 같다.

왕사의『삼재도회』에서 이르기를, "강어(江魚)는 아마도 정어(井魚)의 이름인 듯하다."라고 하였다. 이 말은 본래 단성식의『유양잡조』에서 나왔는데, 그 설에 이르기를, "정어(井魚)는 머리에 구멍이 있다. 매번 머리의 구멍으로 물을 빨아 들여서 오므려서 물을 내뿜는데 폭포와 같다."고 하였다.

지금 조사해 보니 물고기의 머리 위에 구멍이 있어 물을 내뿜는 것은 한두 종류가 아니다. 고래, 내인어, 위어(鮠魚) 등은 모두 정수리에 물을 내뿜는 구멍이 있으니 강돈(江豚)만 그런 것이 아니다. 그렇다면 정어(井魚)란 이름이 무슨 물고기에 속해야 하는지를 알 수 없다.

『유양잡조』에는 정어(井魚) 외에 분부어(奔鰒魚)라고 하는 물고기 하나가 있는데, 단성식이 말하기를, "분부어는 일명 계(灡)이니 물고기도 아니고 교(蛟)도 아니다. 크기는 배만 하고 길이는 2~3장이며 색깔은 메기와 같다. 2개의 젖이 있고 배 아래에 암수의 성기가 사람과 같다. 그 새끼를 잡아다 언덕에 놓으면 아기 우는소리를 낸다. 정수리 위에 구멍이 있어 머리를 통해 공기를 내뿜으면서 씩씩거리는 소리를 내면 반드시 큰 바람이 분다. 여행하는 사람은 이를 살펴야 한다."고 하였다.

게으른 며느리가 변화한 것이라고 전해 내려온다. 한 마리에서 기름 3~4곡(斛)을 얻는데 그 기름을 가지고 등불을 밝힐 수 있다. 책을 보거나 길쌈을 하는 곳을 비추면 어두워지고, 즐겁게 노는 곳을 비치면 밝아진다고 하였으니 이는 바로 해돈(海豚)을 가리켜 말한 것이다. 그 이른바 '등을 밝히면 밝았다 어두웠다 한다'는 것은 한때의 끌어다 붙인[傅會][73] 말인데도 제가들이 많이 믿는다.

---

[73] 牽强附會와 같은 말로, 牽强傅會라고도 쓴다.

▌평설

상괭이

  해돈어(海豚魚), '슈욱이'로 기록된 것은 돌고래 종류를 말하고 있다. 돌고래는 포유류 고래목에 속하는 작은 이빨이 있는 고래의 총칭이다. 수욱(水郁), 해저(海豬), 물돼지라고도 불리며, 일반적으로는 참돌고래과와 쥐돌고래과의 작은 이빨이 있는 고래를 가리킬 때가 많다. 슈욱이, 수욱(水郁)이라고 하는 것은 돌고래가 수면으로 올라와 숨을 내쉴 때 '슈~욱'하고 소리를 내는데서 붙은 이름이다.

  중국에서는 돌고래의 입이 튀어나온 꼴이 돼지 입을 닮았다 하여 해돈(海豚)이라 했다. 우리나라도 돌고래는 돼지의 옛말인 '돋'을 써서 '돋고래'라 불리다가 돌고래로 바뀌어 불리게 되었다.

  중국 고서의 해돈은 돌고래의 통칭이지만, 어보에서, "모양이 동과(冬瓜)와 같다. 비늘이 없고 지느러미가 없다."고 한 것은 등지느러미가 없는 돌고래 종류를 표현한 것이다. 우리나라에 나타나는 돌고래 8종 중 상괭이가 등지느러미가 없으며 영명도 Finless porpoise이다. 돌고래는 '물돼지'라고 한글사전에 올라 있고, 돌고래의 한 종류인 상괭이는 표준명이 '쇠물돼지'이다. 한자이름을 풀어서 이름을 삼은 모양인데, '상괭이'나 '슈욱이'가 더 정답게 들린다.

어명고에 돌고래가 바다에서 유영하는 모습을 '사람 여러 명이 동행하는 것과 유사한데 한 번은 위에 뜨고 한 번은 아래에 가라앉아 배풍(拜風)이라고 한다'고 하였다. 먼 바다에서 배를 타고 가다가 돌고래를 만나면 배를 따라 빠른 속도로 물속에 들어갔다 나왔다 하기를 반복하며 나란히 달린다. 그 모습이 마치 바람을 맞아 절을 하는 것 같아 그런 이름이 붙은 것 같다.

돌고래가 게으른 며느리[懶婦]가 변화한 것이라는 이야기는 중국의 『술이기』에 나온다. 어명고 말미에서 있는 돌고래 기름으로 켠 등의 밝기에 대해서는 다음과 같은 생각이 든다. 돌고래 기름을 쓴 등은 그 밝은 정도가 글을 읽고 베를 짜는 것과 같은 세밀한 일을 하기에는 어둡지만, 놀이판을 벌리기에는 지장이 없을 정도의 밝기는 되었던 것이다. 또 기름의 순도가 그리 좋지 못했던지 등잔불이 밝았다 어두워지고, 깜박대거나 하기에 이런 전설이 생긴 것 같다.

〈원문〉 海豚魚【슈욱이】即『爾雅』所謂鱀也. 陳藏器云, 海豚生海中, 候風潮出沒. 形如豚. 鼻在腦上, 作聲噴水直上. 李時珍云, 其狀大如數百斤猪. 色靑黑如鮎魚. 有兩乳有雌雄類人. 數枚同行, 一浮一沈, 謂之拜風. 其肉肥不中食. 其膏最多, 和石灰䑺船良. 今案:『爾雅』曰, 鱀是䱜, 郭璞註云, 鱀鱰屬也. 體似鱏, 尾如鮈魚. 大腹喙小銳而長. 齒羅生上下相衝. 鼻在額上. 能作聲. 少肉多膏. 胎生健啖細魚. 大者長丈餘. 其所云鼻在額上者, 與陳藏器鼻在腦上之說合. 其所云少肉多膏者, 與李時珍肉不中食, 其膏最多之說合. 海豚之爲鱀也, 審矣. 『文選』注, 謂之海豨, 『南方異物志』謂之水猪, 魏武『食制』謂之鮼鮷. 其在江者名江豚, 江猪一名井豚, 腦中有井故也. 今我東有一種魚, 形如冬瓜, 無鱗無鰭, 色黑揚赤. 尾有兩歧, 目在額上, 圓小如菉豆. 鼻亦在額, 每用口吸水, 以鼻噴之聲如犍牛喘息. 大者丈餘. 漁人得之, 仰置船艎中, 恰似囊琹在牀. 渾身光闊無疣, 而

子伏脊上,出沒波濤中,終不墜下,亦一異也.通津海洋最多.其稱水郁,漁人俚語,盖海豚之類也.王思義『三才圖會』云,江魚,盖井魚之名.本出段成式『酉陽雜俎』,其說曰,井魚腦有穴,每翕水,輒於腦穴鬐,出如飛泉.以今驗之,凡魚之腦上有穴,噴水者,不止一種.如鯨及魶魧魚·鮸魚,皆頂有噴水之穴,不獨江豚爲然,則井魚之名,未知當屬何魚也.『酉陽雜俎』井魚之外,另有奔鰐魚一,段曰奔鰐,一名㶇,非魚非蛟.大如船,長二三丈,色如鮎.有兩乳,在腹下雄雌陰陽類人,取其子着岸上,聲有嬰兒啼.頂上有孔,通頭氣出,嚇嚇作聲,必大風.行者以爲候.相傳懶婦所化,煞一頭得膏三四斛,取之燒燈.燈讀書紡績暗,照歡樂之處則明,此政指海豚而言.其所云燒燈明暗者,卽一時傅會之言,而諸家多信之.

41. 증어(蒸魚)【증어】

바다에 사는 비늘 없는 큰 물고기이다. 주둥이가 뾰족하고 입술이 둥글다. 목은 수그러져 있고 등은 둥글며 배는 불룩하고 축 처져있다. 둘레를 재어보면 2~3아름[把]이다. 머리와 몸은 흡사 큰 돼지와 같고 몸 색깔이 연한 붉은색인데, 등 위에는 지느러미가 하나 있고, 턱 아래에는 아가미가 두 개인데 색깔이 더욱 붉다. 꼬리는 크고 살짝 갈라졌다. 살이 기름이 많아 맛이 꽤나 말고기와 비슷하다. 어떤 이는 이것이 바로 해돈의 일종이라고 하지만, 정수리에 물을 내뿜는 구멍이 없으니 해돈은 아니다.

▌평설

어명고에 증어(蒸魚), 증어로 기록된 고기가 어떤 것인지 확인하기 어렵다. 생긴 모습의 묘사는 돌고래 같지만 지느러미와 아가미가 있다니 물고기에 틀림없다. 기존 어보나, 물명고에도 증어는 보이지 않는다. 한글학자의 어류 방언 조사에는 증어가 '콩내[蒸魚]'라고 표제어는 달고 있지만, 아무런 설명은 없다(이광정, 2003).

『자산어보』에 이름이 비슷한 증얼어(曾蘗魚)가 기록되어 있지만, 이는 정어리로 어명고의 묘사와는 너무 거리가 있다.『우해이어보』역시 정어리를 증울(蒸鬱)이라고 기록하고 있다.

〈원문〉蒸魚【증어】海中無鱗大魚也. 喙尖脣圓, 項低背穹, 肚飽重墜. 繫之圍可數把. 頭與身, 恰似大豬, 體色微赤, 而背上一鬐, 頷下兩鰓色大[74]赤. 尾大微歧. 其肉多脂, 味頗類馬肉. 或謂此卽海豚一種, 而頂無噴水之穴, 非海豚也.

42. 승어(升魚)【승어】

동쪽과 북쪽바다에 아주 많다. 비늘이 없고 몸은 둥글고 두터우며 배꼽이 크다. 낚시로 잡는다.

▍평설

승어가 어떤 것인지 확실치 않다. 비늘이 없고, 배꼽이 있다는 점에서 물고기는 아니다. 고래나 혹은 물개 종류를 말한 것 같지만, 어류도감이나 옛 도서에서 그 연원을 찾을 수 없다.

〈원문〉升魚【승어】東北海甚多. 無鱗, 其身圓厚, 其臍洴大. 釣得之.

---

74 「전어지」에는 尤赤으로 표기되어 있다.

43. 인어(人魚)【인어】

인어(人魚)는 글자를 간혹 인(魜)이라고 쓰는데, 우어(牛魚)를 우(鮮)자로 쓰는 것과 같다. 『정자통』에서 이르기를, "역어(鯏魚)는 곧 바다 속의 인어이다. 눈, 귀, 입, 코, 손, 손톱, 머리를 모두 갖추었다. 살결이 옥처럼 희며 비늘이 없이 가는 털이 있다. 오색의 머리칼이 말꼬리와 같은데 길이가 5~6자이며 몸길이도 5~6자이다. 바닷가에 사는 사람이 잡아다가 못에서 길렀는데 암수가 교접하는 것이 사람과 다르지 않았다."고 하였다.

안: 『현혁론』에 대제 사도가 고려로 사신 갈 때에 바닷가에서 인어를 본 일을 기록하였으니, 인어는 본래 우리나라에서 나는 것이다. 내가 일찍이 바닷가에 사는 어부들에게 물어보니, "호남 먼 바다에서 그물을 던져 물고기 한 마리를 잡았는데 그 모양이 8~9세 된 여자와 아주 흡사하였다. 이목구비, 젖과 배꼽, 손과 발이 모두 사람과 같았다. 사지에 살과 날개가 서로 연이어 있어 박쥐와 같았다. 날개 수족에 10개의 손가락이 또한 서로 연이어 있는데 물오리의 발과 같았다. 새끼가 있는데 크기가 오이만한 것이 가슴 아래에 붙어서 젖을 빨고 있었다. 선창에 내 놓았더니 기어가서 앉아 자식을 안고는 놓지 않았다. 사람들이 장난으로 건드리니 소리를 내며 울었고 물속에 놓아주니 수족으로 헤엄을 치는데 사람이 물에서 헤엄치는 형상이다. 세 번 돌아본 후에 물속에 잠겼다."고 하였다.

또 한 사람이 동해에서 보았는데, 반은 물에 잠겼고 반은 물에서 나와 있는데 모양이 중이 풀로 엮은 모자[75]를 쓰고 있는 것 같았다고 하였다. 아마도 같은 종류이면서 다른 종자인 것 같다. 『현혁론』에서

---

75 草帽: 현대 중국에서는 밀짚모자, 초립

말한, '붉은 치마에 양 소매를 하였다.'는 것과 같은 말은 전한 사람이 억지로 끌어다 붙인 것[牽强傅會]이 지나친 것이다.

▮평설

인어(人魚)는 상반신은 사람의 몸이고, 하반신은 물고기의 모습인 전설상의 생물이다.

동양의 인어는 중국의 『산해경』과 같은 신화적인 책에서 연원하고 있다. 동양 인어 전설의 뿌리가 되는 교인(鮫人)에 대해 살펴본다. 중국 옛 문헌에서는 인어를 교인(鮫人), 천선(泉仙) 혹은 천객(泉客)이라고 부른다. 『술이기』에는, "남해에는 교인이 사는 집이 있는데, 물고기처럼 물속에 살며, 끝없이 길쌈을 한다. 그 눈에 눈물이 흐르면 진주가 나온다."고 하였다. 진나라 목현허는 『해부』에서 이르기를, "하늘과 물의 기이한 보물이 있는 곳에 교인의 거처가 있다."고 했다. 이 천객이 짜는 교포(鮫布)는 용사(龍紗)라고도 하는데, 옷을 만들면 물속에 들어가도 젖지 않는다고 한다.

송나라의 사신인 사도가 황해에서 인어를 보았다는 기록은 다음과 같다.

"대제(待制) 사도(査道)가 고려에 사신으로 갔다. 날이 저물어 어느 산에 정박하여 머물다가 모래밭을 바라다보니 붉은 치마를 입고 양쪽 어깨를 드러낸 채 머리는 산발을 한 어떤 여인이 있었는데, 팔꿈치 뒤에는 희미하게 붉은 지느러미가 나 있었다. 이에 사도가 뱃사람에게 명하여 상앗대로 물속으로 밀어 넣어 부인의 몸이 손상되지 않게 하였다. 부인이 물을 만나 이리저리 자유롭게 움직여보다가 몸을 돌려 사도를 바라보고 손을 들어 절하면서 감사해하고 그리워하는 듯한 모습을 하다가 물속으로 들어갔다. 뱃사람이 말하기를, '제가 바닷가에 살지만 이런 것은 보지 못하였습니다.' 하니, 사도가 말하기를, '이것은 인어(人魚)이다. 능히 사람과 더불어 간통하는데, 물고기이면서 사람의 성질을 가진 것이다.'라고 하였다(『해동역사』「교빙지」)."

교인의 신화, 전설은 수천 년 세월을 통해 전해지면서 살이 붙고, 미화된 데다 마치 사실 같은 스토리까지 밑받침 되고 있다. 이는 전설에 인간이 원하는 소망이 덧붙어 신화를 구축해 나가는 전형일 수도 있다.

어명고에서는 주로 중국 자료를 인용해서 인어를 설명하고 있다. 그러나 『자산어보』에서는 우리 연안에서 볼 수 있는 것을 대상으로 인어로 논하고 있다. 하나는 돌고래 종류인 상광어(尙光魚), 즉 상쾡이다. 『자산어보』에서는 상쾡이가 '모양은 사람과 비슷하여 젖이 두 개가 있다'며 우리 서해와 남해에 살며, 인어로 간주될 수 있음을 기록하고 있다. 다른 하나는 옥붕어[人魚, 俗名 玉朋魚]이다. 『자산어보』에는 옥붕어의 모습을 '길이가 가히 8자 정도이고 몸은 보통 사람과 같으며, 머리는 어린아이와 같다. 수염, 머리털이 있다'며 인어로 보고 있다. 옥붕어는 바닷가 사람이 말하는 '옥붕이', '옥봉이', '옥보이'이고, 물개의 일종으로 보는 의견이 있다.

『화한삼재도회』의 인어   『산해경』의 인어

어쨌든 동양이든 서양이든 인어로 오인될만하여 이러한 신화의 모티브를 제공한 특정생물이 있을 것이고, 우리 연안에 있는 물개와 돌고래종류가 바로 그런 동물일 수도 있다.

〈원문〉人魚【인어】字或作鮫,猶牛魚之作䱊也.『正字通』云,鯱魚,卽海中人魚,眉耳口鼻手瓜[76]頭皆具.皮肉白如玉.無鱗有細毛,五色髮如馬尾,長五六尺,身亦長五六尺.臨海人取養池沼中,牝牡交合,與人無異.案:『賢奕論』記,待制査道奉使高麗時,見人魚於沙上事,是人魚,固吾東産也.余嘗詢之海上漁夫,則云曾於湖南海洋,擧網得一魚,其形酷類八九歲婦女.耳目口鼻,乳臍手足,皆如人.四肢有肉趐,相連如蝙蝠翅.手足十指,亦相連如鳧鴨趾.有子如瓜大,貼在胸下吮乳.出置船艙中,則盤膝而坐抱子不捨.人或戲觸,則啼聲嚇嚇.放之水,則手足翔泳如人泅水狀.三顧而後没.又一人見之東海,半沈半出水,形如和尙戴草帽云,蓋一類異種也.若『賢奕論』,所謂紅裳雙袖,言者傅會之過耳.

44. 문요어(文鰩魚)【날치】

문요어(文鰩魚)는 일명 비어(飛魚)라고 하는데 글자를 비(鯡)라고도 쓴다. 서해와 남해에서 난다. 비늘이 없고 등은 푸르고 배는 회색을 띤 흰색이다. 턱 아래에 두 개의 지느러미가 있으며 좁으면서 길어서 몸의 길이와 같다. 매년 봄에서 여름으로 계절이 바뀔 때에 바닷가에서 무리를 이루어 난다. 그 나는 것이 수면과 1자쯤 떨어져서 박박 하는 소리를 내며 잠시 날았다가 그치는데 물에 잠겼다가 다시 난다.

안:『산해경』에 이르기를, "관수(觀水)가 서쪽으로 흘러 유사(流沙)로 들어가는데 그곳에 문요어가 많다. 모양이 잉어와 같은데 몸은 물

---

76 '爪'의 오자로 보임.

고기이면서 새의 날개가 있다. 푸른 무늬가 있고 머리가 희며 부리가 붉다. 밤에 나르는데 그 소리가 난계(鸞雞)와 같다. 그 맛이 달고 먹으면 광증이 그친다."라고 하였다.

『여씨춘추』에 이르기를, "관수(瓘水)의 물고기 이름이 요(鰩)인데, 그 모양이 잉어와 같으나 날개가 있다."라고 하였고, 『본초습유』에 이르기를, "문요어는 큰 것은 길이가 1자쯤 되고 날개가 꼬리까지 나란하다. 해상에서 무리를 지어 나르면, 바다사람들이 으레 바람이 심한 것을 안다."라고 하였으니 모두 이 물고기를 가리킨 것이다.

▌평설

날치

날치는 동갈치목 날치과에 속하는 따뜻한 바다에 사는 물고기로, 위협을 느끼면 물 밖으로 튀어나와 큰 가슴지느러미로 비행하는 모습으로 인해 날치라 한다. 『자산어보』에서는 날치어(辣峙魚)라고 했고, 날치고기 같은 방언이름이 있다.

몸은 가늘고 긴 방추형이고 주둥이는 짧으며 눈은 크다. 가슴지느러미와 배지느러미는 흰색으로 크다. 4월 중순이 되면 수만 마리가 떼를 지어 난류를 타고 제주도부근 및 남해연안으로 이동해 온다.

날치는 수면을 전속력으로 헤엄치다가 상체를 일으켜 꼬리로 수면을 타듯이 뛰어 올라서 발달된 양쪽 가슴지느러미와 배지느러미를 활짝 편 채 글라이더처럼 활강한다. 물위로 나오는 순간속력은 시속 50~60km이며 꼬리지느러미를 조작하여 방향을 바꿀 수 있다. 보통은 해면에 닿을 정도로 비행하지만 2~3m 높이로 비상하기도 하며 400여 m까지 난다.

날치는 서해에서 보기 힘든 고기이어서 중국 사람들이 날아다니는 고기를 상상 속에서 환상적으로 그리고 있다. 『산해경』에는 문요어 외에도 나어(臝魚), 습습어(鰼鰼魚), 활어(鰝魚)와 같은 날아다니는 고기를 묘사한 것이 더 있다. 모두 몸은 물고기인데 새머리와 날개를 가진 모습으로 묘사된다.

〈원문〉 文鰩魚【날치】一名飛魚, 字或作鰩. 産西南海. 無鱗, 背蒼, 腹灰白色. 頷下兩翅, 狹而長與身齊. 每春夏之交, 輩飛海上, 其飛離水尺許, 拍拍有聲, 一息而止, 沒水復飛. 案:『山海經』云, 觀水, 西流注于流沙, 其中多文鰩魚. 狀如鯉魚, 魚身而鳥翼, 蒼文而白首赤喙. 以夜飛, 其音如鸞雞. 其味甘, 食之已狂.『呂氏春秋』云, 蓳水之魚, 名曰鰩, 其狀如鯉而有翼.『本草拾遺』云, 文鰩, 大者長尺餘, 有趐與尾齊. 群飛海上, 海人候之, 當有大風, 皆指此魚也.

45. 해만리(海鰻鱺)【비암장어】

일명 자만리(慈鰻鱺)라고도 하고 일명 구어(狗魚)라고도 한다. 모양이 민물뱀장어와 같지만 크다. 등마루에는 짧은 지느러미가 꼬리까지 이어져 있고, 이빨이 길고 짧은 것이 서로 맞물린다. 살은 기름이 적고 맛이 좋아, 일본 사람들이 매우 귀하게 여긴다.

▎평설

갯장어

표제어 해만리(海鰻鱺)는 바닷장어이다. 민물장어와는 다른 종류이지만 어명고에는 한글이름을 '빈암장어'라 같이 표기하고 있다. 바닷장어는 바다에 사는 장어류의 총칭이다. 『자산어보』에는 바닷장어에 장어[海鰻鱺], 붕장어[海大鱺], 갯장어[犬牙鱺], 대광어[海細鱺]를 포함하여 설명하고 있다.

구어(狗魚)라는 이름과 이빨 묘사로 볼 때 해만려는 갯장어로 비정된다. 뱀장어목 갯장어과의 갯장어는 방언으로 놋장어, 개장어, 갯붕장어, 해장어, 이장어, 참장어로 불리며 몸길이는 약 2m까지 자란다. 『조선통어사정』에는, "조선 사람들이 잘 잡지 않고, 뱀처럼 생겨서 먹기를 꺼려 일본인에게만 판매하였다."는 기록이 있다.

〈원문〉 海鰻鱺【빈암장어】一名慈鰻鱺, 一名狗魚. 形如江湖鰻鱺而大. 脊有短鬣亘尾, 牙齒長短相銜. 其肉脂少味美, 日本人甚珍之.

46. 갈어(葛魚)【칼치】

모양이 좁고 길어서 칼집에 든 칼과 같다. 큰 것은 길이가 1장(丈)이다. 비늘이 없으며 푸른빛을 띤 검은색이고, 머리는 둥글고 입은 뽀족하다. 이빨이 개 어금니처럼 위아래가 서로 맞물려 있다. 물체를 잘 깨무는데 물체가 입에 가까이 있으면 바로 깨물어먹는다. 배가 고프면 혹간은 제 꼬리를 깨물어먹기도 한다. 서해와 남해에 모두 있다.

어부들은 가늘고 긴 것이 칡덩굴과 같으므로 갈치라고 부르는데 치(侈)는 방언으로 '저 물건'이라고 하는 것과 같은 뜻이다. 소금에 절여 말린 고기를 서울로 수송하는데 가격이 싸고 맛이 좋다. 속담에 이르기를, "돈을 쓰지 않으려면 말린 갈치를 사라."고 하니, 그 값이 저렴하면서도 맛이 좋은 것을 말하는 것이다. 영남의 기장 해안에 가장 많다.

▌평설

갈치

어명고에서 갈어(葛魚)의 한글 표기를 '칼치'라고 병기하고 있다. 갈치의 오기로 보이지만 지금도 강원, 경남, 전남, 충북지방에서는 갈치를 칼치라 부르고 있다. 1690년에 발간된 『역어유해』에는 '갈티'라고 기재되어 있다.

갈치는 농어목 갈치과의 바닷물고기로 한자이름으로 갈어(葛魚), 갈치(葛致), 갈치어(葛峙魚), 도어(刀魚)라고 불렸다. 방언으로 빈쟁이라고도 하였고, 전남지방에서는 어린 새끼를 풀치라고 한다. 칡덩굴 같아서 갈치라는 이름이 생겼고, 또 칼같이 길고 날카롭게 생긴 모양에서 도어(刀魚)란 이름이 유래된 것이다.

『자산어보』에서는 군대어(裙帶魚)라며, "모양은 긴 칼과 같고 큰 놈은 8~9자, 이빨은 단단하고 빽빽하다. 맛은 좋지만 물리면 독이 있다. 이른바 공치의 종류이나 몸이 약간 납작하다."고 기록하고 있다.

우리나라의 서해와 남해, 일본, 중국을 비롯한 세계의 온대 또는 아열대해역에서 나며, 빛깔은 광택이 나는 은빛 나는 흰색을 띠며 등지느러미는 연한 황록색을 띤다. 꼬리는 실 모양이고 배와 꼬리에는 지느러미가 없고, 머리에 비해 눈이 큰 편이다. 입이 크며 위턱과 아래턱에 날카로운 이빨이 줄지어 있고, 아래턱이 위턱에 비해 앞으로 튀어나와 있다.

바다 속에 서있는 것처럼 머리를 위로 곧바로 세우고 갈지자 모양으로 꼬리를 움직여 헤엄을 치며 이동한다. 이처럼 선채로 등지느러미로 움직이는 것은 꼬리에 지느러미가 없기 때문이다.

〈원문〉葛魚【칼치】形狹而長,如刀在鞘.大者長一丈.無鱗,色靑黑,頭圓口銳.齒如犬牙,上下相銜.善嚙物,有物近口,輒嚙食之.飢則往往自嚙其尾而食之.西南海皆有之.漁戶以其纖長如葛蔓,呼爲葛侈.侈者方言猶云這物也.鹽鯗輸京,値賤味佳.俚諺曰,不欲費錢鏹,須賈葛侈鯗,謂其價廉味美也.嶺南機張海洋最多.

47. 화어(杲魚)【디구】

동해와 남해에서 난다. 몸은 쟁반처럼 둥글고 납작하다. 비늘이 없고 색깔은 누른빛을 띤 검은색이다. 육질은 단단하지만 껍질째로 빨리 말려【첩(輒)의 음은 접(摺)이며 소금을 뿌리지 않고 말린 생선을 접이라 한다.】 건어를 만들면 오그라들어서 주름이 생긴다. 성질은 평순하지만 맛은 짜다. 먹으면 기를 보하는데 반쯤 말린 것이 더욱 맛이 있다. 입이 매우 큰데 입을 벌리면 둘레가 몸 둘레와 같다. 그래서 속명이 대구어(大口魚)이다.

『동의보감』에는 화어(哈魚)라고 되어 있는데 『자서』에는 없는 글자이다. 이조원의 『연서지』에는, "『자서』에 화(杲)자가 있다."고 하고, "물고기 중에 큰 것이다. 조선 사람들은 화(哈)라고 쓴다. 문자는 다르지만 뜻은 같은 것이다."라고 주석을 내었다.

■평설

대구

화어(杲魚, 哈魚)는 대구목 대구과의 바닷물고기인 대구이다. 머리가 크고 입이 커서 대구(大口) 또는 대구어(大口魚)라고 부른다. 비린 맛이 없이 담백해서 오래전부터 많은 사람들이 즐겨먹었다. 멀고 찬 바다에 사는 물고기이어서인지 『자산어보』와 『우해이어보』에는 기록되어 있지 않다.

대구는 한국, 일본, 알래스카 등의 북태평양연안에 살며 생김새는 명태와 비슷하지만 몸 앞쪽이 보다 두툼하고 뒤쪽은 점차 납작해진다. 크기는 태어나 2~3년에 50cm가량 되고, 1m 정도까지 자라기도 한다. 몸무게도 많이 나가는 편이어서 큰 것은 20kg을 넘는 것으로 보고되어 있다.

대구는 예로부터 한약재로도 이용되었으며, 민간요법으로 젖이 부족한 산모에게 대구탕을 끓여 주었고, 씻지 않은 대구를 그대로 달여 구충제를 대신하기도 하였다(이두석 외, 2007). 조선시대에 대구는 일본으로 수출되었다.『화한삼재도회』에도, "말린 대구는 색깔이 흰 것이 상품이고 황색을 띤 것이 그 다음 간다. 조선국으로부터 온 것은 살이 두텁고 맛이 좋다."고 기록되어 있다. 이학규(李學逵, 1770~1835)의 글에도, "대구 첫물을 맛보니, 생각 외로 살이 올라 있다. 바다 포구에서 모두 생것으로 거래된다. 왜인들이 아주 좋아하며, 무역선이 동래로 온다. 동지 이후에는 맛이 없어져 더 매매되지 않는다. 어장은 가덕포(加德浦)에 있으며 대구와 청어가 난다(『낙하생집』)."고 하였다.

〈원문〉 못魚【디구】出東南海. 身圓扁如盤, 無鱗色黃黑. 肉緊而皮急輒【音摺不着鹽而乾魚曰輒.】作淡鬆鬆有皺路. 性平味鹹, 食之補氣, 半乾者尤美. 其口絶大張齶, 則圍與身等, 故俗名大口魚.『東醫寶鑑』作㕦, 㕦魚『字書』之所無也. 李調元『然犀志』云, 字書有㕦字, 注云, 魚之大口者, 朝鮮人作㕦, 文異而義同.

48. 명태어(明鮐魚)【생것은 명태라고 하고 말린 것은 북어라고 부른다】

관북의 바다에서 난다. 비늘이 없고 등마루는 엷은 검은색이고 배는 부연흰색이다. 머리가 크고 길어 몸의 거의 3분의 1을 차지한다. 몸은 둥글고 배는 부르며 끝으로 가면서 좁아진다. 꼬리는 작고 살짝 갈라졌다. 등위 머리 가까운 곳과 꼬리 가까운 곳 모두에 작은 지느러미가 있다.

알은 양쪽 알집이 꼭지를 같이하는데 작두콩의 꼬투리 모양과 같다. 사철 언제나 잡을 수 있는데 매년 섣달부터 시작해서 그물을 쳐서 잡는다. 배를 갈라 알을 취하는데 색깔이 샛노랗고 절이면 붉은색이 된다. 살은 머리와 꼬리까지 통째로 햇볕에 말려 담상(북어)을 만든다. 정월에 나는 것이 살이 잘 부풀어서 상품이고, 2~3월의 것은 그 다음가며, 4월 이후는 살이 단단해져서 하품이 되는데, 모두 남쪽에서 원산으로 수송한다.

원산은 사방의 장사꾼들이 모여드는 도시이다. 배로 하는 운송은 동해가를 따르고, 말로 실어 나르는 것은 철령[77]을 넘는데 밤낮으로 그치지 않고 이어져 전국에 넘쳐난다. 우리나라에 많은 물고기가 있지만 오직 이 물고기와 청어가 가장 많이 유통된다. 이 물고기는 달고 따뜻하며 독이 없어서 '위를 조화롭게 하고 기력을 돋우어 주는'[78] 효과가 있으므로 사람들이 더욱 중요하게 여긴다. 세간에서는 그 알을 명란(明卵)이라고 하며 절인 것을 북훙어(北薨魚)라고 하는데 본초학을 연구하는 사람들이 수록하지 않은 것이다.

---

77 鐵嶺: 함남 안변군과 강원 회양군의 경계에 있는 고개로 서울과 관북지방을 연결하는 교통 요지로 고개의 동쪽을 관동지방이라고 한다.
78 和中益氣: 화위(和胃)와 같은 말로 위장의 기운이 조화롭지 못한 것을 치료하는 방법.

■평설

명태

　어명고에 명태는 명태어(明鮐魚)라 기록되어 있고, 생것을 '명틱', 말린 것을 '북어'라 한다고 하였다. 『동국여지승람』에는 무태어(無泰魚)라고 하였고, 『임하필기』 등 여러 글에도 명태(明太)라는 이름이 나온다. 원양에서 잡히는 한류성물고기이서인지 근해어류를 기록한 『자산어보』와 『우해이어보』에는 명태에 대한 기록이 보이지 않는다. 또 명태는 중국에도 잘 알려져 있지 않아 『본초강목』 등 본초 관련 책에도 수록되어 있지 않다.
　명태는 대구목 대구과에 속하며 오랫동안 우리 민족이 즐겨 먹었고, 많이 잡히던 물고기이다. 한류성어류에 속하며 몸무게는 600~800g으로 한국 동해, 북부 오호츠크해, 베링해, 알래스카에 걸친 수온이 10~12℃인 북태평양해역에 주로 분포한다. 무리를 지어서 이동하고 생활하며, 주낙이나 그물을 이용해 잡고 연중 내내 포획이 이루어진다. 맛이 담백하고 어획량이 많아 중요한 수산자원 가운데 하나이다.
　명태란 이름이 붙게 된 연유에는 여러 설이 있다. 그중 유명한 것이 '명천에 사는 태씨' 설이다.

"명천(明川)에 사는 어부 중에 태 씨(太氏) 성을 가진 자가 있었다. 어느 날 낚시로 물고기 한 마리를 낚아 도백에게 드렸는데, 도백이 이를 매우 맛있게 여겨 물고기의 이름을 물었으나 아무도 알지 못하고 단지 '태 씨 어부가 잡은 것이다.'라고만 대답하였다. 이에 도백이 말하기를, '명천의 태 씨가 잡았으니, 명태라고 이름을 붙이면 좋겠다.'고 하였다. 이로부터 이 물고기가 해마다 수천 석씩 잡혀 팔도에 두루 퍼지게 되었는데, 북어(北魚)라고 불렀다."

다른 설로는, "함경도 삼수갑산의 농민들이 영양부족으로 눈이 보이지 않게 된 사람이 많았는데, 해변에 나가 명태 간을 먹고 돌아가면 눈이 밝아진다고 해서 명태라 불렀다."는 것이다(이두석 외, 2006).

〈원문〉明鮐魚【俗呼生者爲명틱,乾者爲북어】明鮐魚出關北海.無鱗, 脊淡黑,腹微白.頭大而長,幾占身三之一.身圓而肚飽末殺.尾小而微歧.背上近頭近尾處,皆有小鬐.其鰾兩胞並蔕如刀豆莢形.四時皆可取.每自臘月爲始,設網捕之.剖腹取鰍,其色正黃,鹽醃則紅赤.其肉並頭尾,曝乾作淡鯗.正月者肉鬆爲上,二三月者次之,四月以後者肉硬爲下,皆南輸于元山.元山,四方商旅之都會也.船輸循東海,馬載踰鐵嶺,晝夜絡繹,流溢八域.蓋我國海錯之繁,惟此魚與靑魚爲最,而此魚甘溫無毒,有和中益氣之功,人尤重之.俗呼其子爲明卵,其鯗爲北薨魚,本草諸家之所未載也.

49. 고도어(古刀魚)【고등어】

호남의 먼 바다에서 난다. 모양이 청어와 닮았지만 비늘이 없다. 등 양쪽으로 마주하여 가시처럼 단단한 지느러미가 꼬리까지 이어져 있다. 뱃속에는 검은 피가 점점이 가닥 지어져 있다. 큰 것은 1자 남짓이고 작은 것은 3~4치이다. 성질이 여러 마리가 무리지어 다니는 것을 좋아하여 수천수백으로 무리를 짓는다. 어가에서는 매년 가을과 겨울에 낚시로 잡는다. 소금에 절여서 말린 고기를 만드는데, 살이 단단하고 맛이 좋다.

『화한삼재도회』에서 최우석의 『식경』을 인용하여 이르기를, "소(鯠)는 조기와 같은데 꼬리에 흰 가시가 나란히 나 있다."고 하였으니 이 물고기를 가리킨 듯하다. 그러나 『자서』를 상고해 보면 소(鯠)는 본래 조(鱢)로 되어 있는데 비린 냄새가 나는 것을 말한 것이다. 『주례』「천관」에 '포인[79]이 조(臊)를 만들었다.'라고 하였으니 이것이다. 본래 물고기 이름이 아닌데 최씨의 『식경』은 어디에 근거했는지 모르겠다.

▮평설

고등어

고등어(古刀魚)는 농어목 고등어과의 바닷물고기로 몸길이가 30cm 정도이고, 등 쪽은 어두운 푸른색이고 배는 희다. 『자산어보』에는 벽

---

79 庖人: 중국 周나라의 벼슬 이름으로 食膳을 담당했다.

문어(碧紋魚), 고등어(皐登魚), 『재물보』에는 고도어(古道魚)라고 기록되어 있다.

등에 푸른빛을 띤 검은색의 물결무늬가 측선에까지 분포하여 벽문어(碧紋魚)란 이름을 얻었다. 이런 색깔은 일종의 보호색으로 하늘에서 물고기를 잡아먹는 새들이 보면 바닷물 색깔 같아서 잘 눈에 띄지 않고, 바다 속에서 포식자들이 보면 배가 밝은 색깔이라 잘 보이지 않는다. 물고기의 이런 색깔을 '반대음영(反對陰影)'이라 하는데 일종의 위장술이다.

고등어는 태평양, 대서양, 인도양의 온대 및 아열대해역에 분포하는 부어성(浮魚性) 어종으로 표층 또는 표층으로부터 300m 이내의 중층에 서식한다. 계절회유를 하며, 한국에는 2~3월경에 제주 성산포 근해에 몰려와 점차 북으로 올라가는데 그중 한 무리는 동해로, 다른 한 무리는 서해로 올라간다. 9월~다음해 1월경부터 남으로 내려가기 시작한다.

『화한삼재도회』의 인용에서 '소(鰺)가 꼬리에 흰 가시가 나란히 나 있다'는 것은 고등어의 특성이 아니라 일본 말로 아지(あじ)라고 부르는 전갱이의 특성이다.

〈원문〉 古刀魚【고등어】出湖南海洋. 形似靑魚而無鱗. 背兩邊相對, 有硬鬣如刺亘尾. 腹內有黑血, 縷縷成條. 大者尺餘, 小則三四寸. 性喜群遊, 千百爲隊. 漁戶每以秋冬釣取之. 鹽鯠爲鮝, 肉繁味美. 『和漢三才圖會』引崔禹錫『食經』云, 鰺似鰻而尾白刺相次, 蓋指此魚也. 然考『字書』, 鰺本作鰶, 鮭臭之謂. 『周禮』天官, 庖人作臊, 是也. 本非魚名, 未知崔氏『食經』何所本也.

50. 서어(鼠魚)【쥐치】

몸이 납작하고 비늘이 없다. 등이 높고 연한누런색이며 배는 평평하고 부연흰색이다. 입이 작고 눈이 둥글고 꼬리는 살짝 갈라졌다. 등덜미에는 두개의 짧은 등지느러미가 있다. 껍질에 모래구슬이 있어서 대나 나무를 문질러 갈 수 있다. 큰 것은 길이가 1자가 넘고, 서해와 남해에서 난다. 어부들이 잡으면 살이 비린내가 나서 먹지 않고, 다만 그 껍질을 취해서 화살대를 문질러 갈아내는데 사용한다.

▎평설

쥐치

서어(鼠魚)라 기록된 어종은 복어목 쥐치과의 쥐치류이다. 방언으로 객주리, 쥐고기, 가치라고도 불린다. 우리나라 서부남해에 널리 분포하며 몸은 타원형에 가깝고 납작한 편이다. 빛깔은 보통 회색이 도는 푸른색에 암갈색 반점이 많으며 때로는 분홍빛을 띠기도 한다. 행동이 둔하고 흥분하면 등가시를 세워 적을 위협한다. 같은 쥐치가 영역을 침범하며 몸빛이 선명해지면서 적을 몰아댄다. 쥐치란 이름은 넓적하고 끝이 뾰족한 이빨이 마치 쥐 이빨처럼 보이기에 붙여진 것이다.

어명고에는 쥐치의 껍질에 모래구슬이 있어서 나무를 갈아낼 수 있다고 했다. 쥐치의 표피가 거칠거칠하여 상어의 껍질처럼 사포(砂布)처럼 쓰였던 것이다. 또 어명고에서 '살이 비린내가 나서 먹을 수가 없다.'고 했지만, 요즘에는 통째로 썰어서 뼈회로 먹으며, 포로 만들어 먹기도 한다. 몸이 납작하여 껍질을 벗겨서 포를 뜨기가 쉬우며, 10~12cm 크기로 포를 뜬 것을 여러 개 포개서 조미한 후 말린 것이 쥐포이다.

〈원문〉 鼠魚【쥐치】身扁無鱗.背隆而微黃,腹平而淡白.小口環眼,尾微歧,脊有二短鬐.皮有沙,可鐋竹木.大者長尺餘,出西南海.漁戶取之,肉腥不堪食,但取其皮,以磨刷竹箭.

51. 탄도어(彈塗魚)【장뚱이】

서해에서 난다. 모양이 민물에서 사는 망둥이와 매우 비슷하고, 풀이 있는 물가에서 구멍을 파고 산다. 조수가 물러갈 때마다 수천수백 마리가 무리를 지어 등지느러미를 세우고 뛰어 올라 진흙 속에 몸을 던지는 까닭에 탄도어(彈塗魚)라고 한다. 큰 것은 길이가 3~5치이다. 이따금 조수를 따라 강과 포구로 들어오기 때문에 바다 가까운 포구에도 간혹 있다.

『우항잡록』에서, "난호(鬫胡)[80]는 작은 미꾸라지와 같은데 짧다. 큰 것은 사람의 손가락만한데 머리에는 별처럼 아롱진 반점이 있다.

---

80 鬫胡: 亦名彈塗, 海濱小魚也. 形如鰍, 長二三寸, 潮退跳擲泥塗, 無慮數千萬頭 (俞樾, 『右台仙館筆記七』).

일명 탄도어라고 하는데 그릇으로 엎어 놓으면 산 것이 수백 마리가 땅에 머리를 쳐 박고 있는데 아침에 열어보면 모두 머리를 나란히 하여 북쪽을 가리키고 있다. 이것이 북두성에 배례하는[朝斗][81]하는 뜻이 있으므로 도를 닦는 자[玄修者]는 먹기를 꺼린다."고 하였다.

▍평설

짱뚱어

탄도어(彈塗魚), '장똥이'라고 기록된 것은 농어목 망둑어과의 바닷물고기인 짱뚱어이다. 짱뚱어가 곧잘 갯벌에서 위로 뛰어올라 개흙을 묻히는 모양에서 탄도어란 이름이 생겼다. 머리의 폭이 넓고 작은 눈이 머리 위 끝에 툭 비어져 나왔는데 아래 눈시울이 잘 발달되어 눈을 감았다 떴다 할 수 있다. 한국 서남해안, 일본, 대만, 남중국해, 미얀마, 말레이제도 등지에 분포한다.

『자산어보』에서는 눈이 튀어나온 모양을 두고 철목어(凸目魚)라 하였고, "빛깔은 검고 눈은 튀어나와 물에서 잘 헤엄치지 못한다. 즐

---

[81] 朝斗: 북두칠성에 배례하는 도교의식의 하나로 朝眞禮斗라고도 한다(『대만대백과사전』).

겨 흙탕물 위에서 잘 뛰어 논다."고 묘사하였다. 몸길이는 약 18cm이고, 빛깔은 푸른색이나 배 쪽은 연한 갈색이며 몸 쪽에는 흰색의 작은 점이 흩어져 있다. 꼬리지느러미에는 흰색 반점이 세로로 늘어서 있다. 뒷지느러미에는 반점이 없고 몸과 지느러미의 반점은 하늘색이다. 바닷물이 드나드는 조간대에서 서식하는데, 간조 때에는 갯벌을 기어 다니면서 먹이를 먹고 만조 때에는 굴에 숨는다.

짱뚱이는 허파가 없지만 목구멍 안쪽에 잘 발달한 실핏줄이 있어 이것을 통해 공기호흡을 하기 때문에 오랫동안 공기에 노출되어 있어도 잘 견딘다. 가슴지느러미와 꼬리지느러미의 근육이 잘 발달해 있어 물위나 물 빠진 진흙 위를 팔짝팔짝 뛰어다니거나 기어 다니고, 나무나 바위에 뛰어오르기도 한다. 그러다가 위험을 느끼면 재빨리 물속이나 갯벌에 나 있는 구멍 속으로 숨어 버린다. 짱뚱어는 겨울철이면 굴속에 들어가 겨울잠을 자며 활동을 멈추는 습성이 있다. 그래서 남도의 해변마을에서는 잠퉁이, 잠둥어라고 부른다.

〈원문〉彈塗魚【장뚱이】出西海. 形酷類江湖中望瞳魚, 穴處草滋中. 每潮退, 則千百爲群, 揚鬐跳擲于塗泥中, 故名彈塗. 大者長三五寸. 徃徃隨潮, 入江浦, 故近海浦浜, 時或有之. 『雨航雜錄』云, 闌胡如小鰍而短, 大者如人指, 頭有班[82]點如星. 一名彈塗. 以盂覆, 活者數百於地, 朝發視之, 皆騈首拱北, 蓋亦朝斗之義, 玄修者忌食.

52. 은어(銀魚)【도로묵】

관동과 관북의 바다에서 나는 비늘이 없는 작은 물고기이다. 길이는 3치가 채 못되고 배는 불룩하며 둥글다. 꼬리 가까이 가면서 좁아

---

82 '斑'의 오자로 보인다.

지고 입은 넓으며 꼬리가 갈라졌다. 등마루는 엷은 검은색이고 배는 흰빛이 나는데 운모가루[83]를 바른 것 같으므로 현지사람들이 은어라고 부른다.

매년 9~10월에 그물을 치고 잡아서 남으로 서울에 팔면 많은 돈을 벌 수 있다. 살펴보건대, 『본초강목』의 회잔어(鱠殘魚)를 일명 은어라고 했는데 이 물고기와 이름이 같지만 실제는 다른 것이다.

▎평설

도루묵

어명고에 은어(銀魚), '도로목'으로 기록된 물고기는 오늘날의 도루묵이다. 농어목 도루묵과의 바닷물고기로 몸길이 26cm 정도이다. 알래스카, 사할린, 캄차카반도, 한국 동해 등의 북태평양해역에 분포하며, 수심 200~400m의 모래가 섞인 갯벌 바닥에 몸의 일부를 묻은 채 산다. 고서에는 목어(木魚), 은어(銀魚), 환맥어(還麥魚), 환목어(還目

---

83 雲母: 화강암 가운데 많이 들어 있는 규산염 광물의 하나. 결정이 흔히 육각의 판 모양을 띠며 얇은 조각으로 잘 갈라지는 성질이 있다. 돌비늘과 같은 말이다.

魚)로 기록되어 있다.

 어느 왕이 피란을 가서 이 물고기를 맛보고 하도 맛이 있어 은어란 이름을 주었다가 후일 도로 목어라 부르게 되었다는 전설 같은 이야기가 있다. 도루묵은 은어라는 아름다운 별명을 가졌지만 실은 수수하게 생기고, 맛도 그저 그런 물고기이다. 그 이름을 갖게 된 사연이 재미있어 인구에 회자되고 있다.

〈원문〉 銀魚【도로목】産關東北海中,無鱗小魚也.長不滿三寸,肚飽而圓.近尾處殺,濶口歧尾.其脊微黑,腹肚光白如傅雲母粉,土人呼爲銀魚.每九十月,設網捕之,南售于京,多獲奇羨.案:『本草』膾殘魚,一名銀魚,與此同名異實也.

53. 해요어(海鷂魚)【가오리】

 모양이 둥글어서 쟁반 같기도 하고, 또 큰 연잎과도 같다. 색깔은 누른빛을 띤 검은색이며 비늘과 발이 없다. 눈이 이마 위에 있고 입은 옆구리 아래에 있다. 꼬리가 좁고 길며 마디가 있고 나란히 이어져 있다. 꼬리 끝에 바늘 같은 단단한 가시가 있는데 미늘이 있어 사람을 쏜다. 독이 강해서 즉시 치료하지 않으면 독이 배에 들어가서 죽는다.

 『본초습유』에 이르기를, "통발에 쓰는 대나무와 해달의 가죽으로 해독한다."고 하였다. 지금 어가에서 중독이 되면 멥쌀죽에 담그는데 반드시 두 번 조수가 지나가는 시간이 경과된 뒤에 점차 낫는다. 그 이름이 매우 많은데 『본초강목』에 소양어(邵陽魚), 일명 소양어(少陽魚), 하어(荷魚), 석여(石礪), 포비어(鯆魮魚) 등의 이름이 있으며, 『문선』에는 분어(鱝魚)라고 하였고, 위무제의 『식제』에는 번답어(蕃蹹

魚)라고 하였는데, 모두 같은 사물이면서 다른 이름이다.

지금 살펴보건대 『유양잡조』에서 이르기를, "황홍어(黃魟魚)는 색깔이 누렇고 비늘이 없으며, 머리는 뾰족하고 몸은 떡갈나무 잎과 같다. 입이 턱 아래에 있고 눈 뒤에 귀가 있는데 귀가 뇌 부분에 통해져 있다. 꼬리는 길이가 1자이고 끝에 3개의 가시가 있는데 독이 심하다."라고 하였다.

『우항잡록』에서 이르기를, "홍어(魟魚)는 모양이 부채처럼 둥글고 비늘이 없다. 색깔은 자흑색이고 입이 배의 아래에 달려 있으며, 꼬리가 너구리처럼 몸보다 길다. 가장 큰 것을 교(鮫)라고 하고, 그 다음 것을 금홍(錦魟), 황홍(黃魟), 반홍(班魟), 우홍(牛魟), 호홍(虎魟)이라고 하는데 홍(魟)자는 홍(鮇)자로 쓰기도 한다. 『문선』에서 말한 분어(鱝魚)이다. 꼬리 끝에 가시가 있어 매우 독하다."라고 하였다.

이 두 가지 설에 근거해 보면 홍(魟)은 해요어(海䱜魚)의 일종이다. 다만 『유양잡조』에서 말한 '꼬리 끝에 3개의 가시가 있다'라고 한 것은 잘못 전해 듣지 않았나한다. 지금 해요어의 꼬리 끝에 1개의 단단한 가시만 있고, 꼬리 아래에 2개의 생식기가 있는데 꼬리 같지만 짧고 작으며 가시가 없는데 2개의 생식기를 가시로 본 것뿐이다. 단성식의 『유양잡조』에는, "장안현(章安縣)에서 난다. 뱃속의 새끼가 드나들며, 아침에 나와 먹이를 찾고는 저녁이 되면 어미의 뱃속으로 돌아오는데, 4마리를 담는다."고 하였다. 심회원의 『남월지』 역시, "환뇌어(環雷魚)는 작어(鰌魚)이다. 뱃속에 빈 곳이 2곳 있어 물을 담아 새끼를 기른다. 한 배에 2마리를 키우며 새끼는 아침에 되면 입으로 나갔다가 저녁이 되면 어미 뱃속으로 돌아온다."고 하였다.

지금 우리나라의 작어(鰌魚)가 그러하다는 것은 들은 적이 없고, 홍어(魟魚) 중 한 종류가 새끼가 어미의 뱃속을 드나드는 것 같다. 새끼는 어릴 때에는 살이 연하고 뼈가 없어, 어미를 따라 다니다가 큰 물고기에게 쫓길 때마다 놀라 어미 뱃속으로 들어간다. 그래서 바다 사람들이 출입홍어(出入魟魚)라 부르는데, 더 자라서 등마루 뼈가 단단해지면 들어갈 수 없다.

▍평설

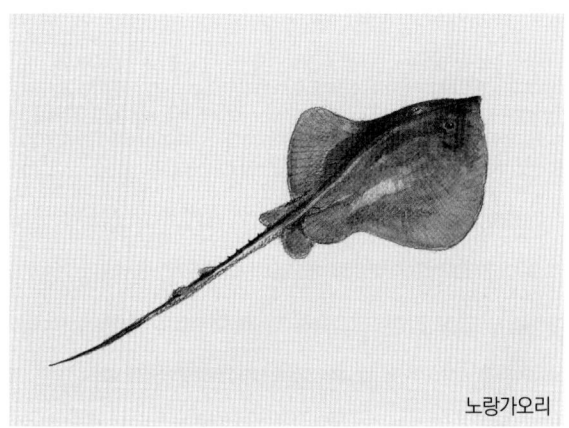

노랑가오리

가오리는 홍어목에 속하는 여러 과 가오리의 총칭이다. 몸은 가로로 넓적한 마름모 모양이고 꼬리가 긴 근해어이다. 홍어목을 구분해 보면 다음과 같다(김익수 외, 2005).

- 전기가오리과: 전기가오리
- 수구리과: 목탁수구리, 동수구리
- 가래상어과: 목탁가오리, 점수구리, 가래상어
- 홍어과: 바닥가오리, 저자가오리, 광동홍어, 도랑가오리, 무늬홍어, 깨알홍어, 홍어, 오동가오리, 고려홍어, 참홍어
- 색가오리과: 긴코가오리, 노랑가오리, 꽁지가오리, 흑가오리, 갈색가오리, 청달내가오리

- 흰가오리과: 흰가오리
- 나비가오리과: 나비가오리, 쥐가오리, 매가오리

가오리 종류의 일반적인 특징은 첫째, 아가미구멍이 5쌍으로 배 쪽에 넓게 열린다. 둘째, 가슴지느러미가 크며, 수평으로 넓고 머리와 함께 전체가 편평하다. 셋째, 눈이 등 쪽에 있으며, 넷째, 숨을 쉴 때 물을 들이마시는 기관인 분수공이 반드시 있다. 다섯째, 입은 배 쪽에 있으며, 꼬리는 보통 가늘고 길다. 여섯째, 등지느러미는 꼬리 부분의 위에 있는데, 전혀 없는 것도 있다.

어보에는 가오리 종류는 생식기[勢]가 2개라고 했다. 실제 이들 물고기는 2개의 생식기를 이용하여 교미를 하며, 받아들이는 암놈의 교미공도 2곳이다. 가오리는 그 종류가 여럿이기 때문에 어명고의 가오리가 어느 종류를 기준으로 쓴 것인지 비정하기 어렵다. 꼬리 쪽에 가시가 있고, 독을 쏜다는 점에서는 노랑가오리일 가능성이 있다. 노랑가오리는 등지느러미가 퇴화하여 독샘이 있는 꼬리가시로 변형되었고, 수컷의 배지느러미 안쪽에는 막대 모양의 교미기가 있다.

가오리 종류들은 난생어(卵生魚)도 있고 태생어(胎生魚)도 있다. 심지어 목탁가오리는 난생과 태생을 같이하기도 한다. 옛 사람들이 가오리 종류를 잡을 때 새끼들이 체외로 쏟아져 나오는 것을 보고 새끼가 어미 뱃속을 드나드는 것으로 보고 출입홍어라 부른 것이다.

〈원문〉 海鷂魚【가오리】形圓如盤, 又如大荷葉. 其色黃黑, 無鱗無足. 目在額上, 口在脅下. 尾狹長而有節聯比. 尾端有硬刺如針, 有鐵螫人. 甚毒不卽治, 毒入腹則死.『本草拾遺』云, 魚䱜竹及海獺皮鮮之. 今漁戶被毒, 用粳米粥浸之, 必過二潮頃然後, 漸次消平也. 其名甚多,『本草』有邵陽魚, 一作少陽魚·荷魚·石蠣·鯆魮魚諸名,『文選』謂之鯕魚. 魏武『食

制』謂之蕃踏魚,皆一物異名也. 今案:『酉陽雜俎』云,黃魟魚色黃無鱗,頭尖身似槲葉.口在頷下,眼後有耳,竅通於腦.尾長一尺,末三刺甚毒.『雨航雜錄』云,魟魚形圓似扇,無鱗.色紫黑,口在腹下,尾長於身如狸鼠.其最大曰鮫,其次曰錦魟,曰黃魟,曰班魟,曰牛魟,曰虎魟,魟字或作䱜.『文選』所謂鯆魚也.尾端有刺甚毒.據此二說,魟又海鷂之一種也.但『酉陽雜俎』所謂尾末三刺,恐是傳聞之誤.今海鷂魚尾末,只有一硬刺,尾底有兩勢,如尾而短小無刺,是誤認竝兩勢爲刺耳.段成式『酉陽雜俎』云,章安縣出,出入鱝腹,子朝出索食,暮入母腹中,容四子.沈懷遠『南越志』亦云,環雷魚,鱝魚也.腹有兩洞,貯水養子,一腹容二子,子朝從口出,暮還入腹.今我東鱝魚,未聞有此,而魟魚中有一種,子出入母腹者.其子小時肉軟無骨,每隨母而行,爲大魚所逐,則驚入母腹,海人呼爲出入魟魚,稍長脊骨硬,則不能入矣.

54. 홍어(洪魚)【무럼】

모양과 색깔이 모두 가오리와 같은데 꼬리가 납작하면서도 넓다. 생식기는 있지만 가시가 없어서 사람을 쏘지는 않는다. 살이 무르고 부드러우며 뼈와 가시가 없다. 어부들이 잡는 때는 매년 3월인데, 탕으로 끓여도 되고 구워도 모두 좋다. 우리나라 사람들이 즐겨 먹는 것이 도미[禿尾魚]와 같다.

세간에서 홍어라고 부른다. 아마도 홍(洪)은 홍(䱡)으로 써야 할 것 같으니, 곧 『유양잡조』의 황홍(黃魟)과 『우항잡록』의 홍(䱡)은 홍(洪)과 홍(䱡)이 음이 가깝고 글자가 비슷하여 잘못된 것이다. 그러나 홍어(魟魚)는 가시가 있어 사람을 쏘지만 홍어(洪魚)는 가시가 없어 사람을 쏘지 않으니 같은 것이 아니다.

▍평설

참홍어

홍어(洪魚)는 오늘날의 홍어를 말하지만, 홍어라 불리는 것에는 참홍어와 홍어가 있어 혼동을 준다. 참홍어(Raja pulchra)는 주둥이가 뾰족하고 몸은 마름모꼴로 어릴 때에는 등에 한 쌍의 눈 모양의 점이 있는 1m 이상 자라는 대형종이다. 옛 이름 '무럼'은 그 뜻이 '식품으로 먹는 홍어'를 말하며, '힘살이 매우 좋지 않은 사람을 비유하는 말'로도 쓰인다고 하였다(한글학회, 『우리말큰사전』). 홍어의 뼈가 연골인 점에서 비롯된 이름이다.

예로부터 참홍어는 톡 쏘는 맛이 나도록 삭혀서 막걸리를 곁들여 먹는 '홍탁'으로 유명한, 우리나라연안에서 잡히는 가오리 종류 중에서 가장 고급종이다. 최근에는 남획으로 인한 자원고갈로 인도양이나 남미에서 나는 유사종이 수입되고 있다. 눈가오리라고도 불리며, 방언으로는 홍어라고도 한다.

홍어(Okamejei kenojei)는 서·남해에서 많이 나오는 가오리의 일종으로 30~40cm급이 흔하다. 갈색 반점이 흩어져있는데 가슴지느러미 아래 양쪽에 눈 모양의 옅은 반점 한 쌍이 있다. 횟감으로 인기 있으며, 방언으로 간재미, 나무쟁이, 나무가오리라고도 한다.

흑산 홍어라든가, 고급 식용홍어는 참홍어를 말한다. 홍어는 『본초강목』에는 소양어(邵陽魚)라 하였고, 모양이 연잎을 닮았다 하여 하어(荷魚), 그리고 생식 과정이 괴이하다고 해서 해음어(海淫魚)라고도 하였다.

참홍어는 가오리와 흡사한 모양이지만 주둥이가 더 뾰족하며, 굵은 꼬리 윗부분에 2개의 지느러미와 가시가 2~4줄 늘어서 있다. 몸길이는 약 150cm이고, 몸은 마름모꼴로 폭이 넓으며, 머리는 작고 주둥이는 짧으나 튀어나와 있다. 눈은 튀어나와 있으며, 눈의 안쪽 가장자리를 따라 5개의 작은 가시가 나 있다. 꼬리의 등 쪽 가운데에는 수컷은 1줄, 암컷은 3줄의 날카로운 가시가 줄지어 있다. 수컷은 배 지느러미 뒤쪽에 대롱모양의 생식기 2개가 몸 밖으로 튀어나와 있다.

〈원문〉洪魚【무럼】形與色,皆同海鷂魚,而尾頗扁廣.有勢無刺,不螫人.肉慢而柔耎,無骨刺.漁戶之取之也,每在三月,羹臛燔炙,無不宜,東人喜食之,與禿尾魚等.俗呼爲洪魚.或疑洪當作鯕,卽『酉陽雜俎』之黃魟,『雨航雜錄』之鯕,洪鯕音近字似而訛.然魟魚有刺螫人,洪魚無刺不螫人,非一物也.

55. 청장니어(靑障泥魚)【청다리】

가오리[海鷂魚]와 비슷한데 모양이 정방형이고 눈과 꼬리가 모두 한 모퉁이의 모서리에 있다. 서해와 남해에서 난다. 큰 것은 사방 1~2장(丈)이고 두께가 1~2자이다. 살은 희고 뼈는 단단하며 등은 푸르고 배는 회색을 띤 흰색이다. 바다사람들이 청장니어(靑障泥魚)라고 하니 그 모양이 말안장의 말다래를 닮았기 때문이다.

일본인들은 만방어(滿方魚)라고 하고 사어(楂魚)라고도 한다. 『화한삼재도회』에 이르기를, "만방어는 성질이 노둔하여 항상 바다 물위에 떠 있다. 사람들이 긴 갈퀴로 그 등을 누르면 오래된 뗏목(楂)처럼 가만히 있고 피해 달아날 줄을 모른다. 그러므로 사어(楂魚)라고 한다."고 하였다.

▌평설

개복치

청장니어(靑障泥魚), '청다리'로 기록된 어종의 표준명은 개복치이다. 어명고에는 몸이 큰 가오리 종류로 보이게끔 기술되어 있지만, 뼈가 단단하고 모양이 정방형이라는 점에서 뼈가 연골인 가오리 종류는 아니다. 또 너비에 비해서 두께가 얇다는 점도 개복치를 표현한 것이다. 일본에서도 『화한삼재도회』의 만방어(滿方魚) 혹은 사어(楂魚)는 개복치로 비정되고 있다.

개복치는 복어목 개복치과에 속한다. 몸은 납작한 것이 둥근 타원형이고 가슴지느러미는 매우 작고, 배지느러미는 없다. 해안 가까이에는 잘 나타나지 않고, 해파리와 작은 갑각류를 먹이로 한다. 몸길이가 2.5~3미터, 무게는 140kg 내외이다. 우리나라 연해에도 살며 파도가 없는 조용한 날에는 등지느러미를 내놓고 옆으로 누운 채 물위에 떠서 쉬기도 한다.

어명고의 청장니어의 우리말 이름 '쳥다릭'에서 다래는 '말의 배를 덮어 흙 따위가 튀어 오르는 것을 막는 물건'인 장니(障泥)를 말한다.

〈원문〉靑障泥魚【쳥다릭】似海鷂魚而其形正方,目與尾皆在一隅稜處. 産西南海. 大者方一二丈, 厚一二尺. 肉白骨硬, 背靑腹灰白. 海人呼爲靑障泥魚, 爲其形類馬鞍障泥也. 日本人呼爲滿方魚, 亦稱楂魚. 『和漢三才圖會』云, 滿方魚性魯鈍, 每浮在海上, 人以長杷鎭其背, 則留如枯楂, 不知避去, 故名楂魚.

56. 수거어(繡鋸魚)【슈거리】

서해에서 난다. 모양은 가오리[海鷂魚]와 같고 몸이 둥글고 촉급하다. 꼬리도 가오리 종류와 같은데 가시가 없다. 두 어깨와 꼬리 좌우에 모두 단단한 지느러미가 있다. 등마루는 검은색이고 배는 선명한 흰색이다. 껍질에 모래구슬[沙珠]이 있어 칼집, 말안장, 우산자루 등의 물건을 꾸밀 수 있다. 세속에서 수거리(秀巨里)라고도 부르는데 의미가 없는 방언이다. 거(鋸)는 본래 석수어의 일종이어서 이 물고기와는 판이한데도 다만 음이 같기 때문에 부득이 음을 빌려와 이렇게 이름을 붙인 것이다.

▮평설

어명고에 수거어(繡鋸魚), '슈거리'로 기록된 물고기의 현재 이름을 비정할만한 대상에는 전자리상어과의 전자리상어와 범수구리가 있고,

전자리상어

수구리과의 목탁수구리와 동수구리가 있다.

전자리상어과는 돔발상어목에 속하고 수구리과와 가래상어과는 홍어목에 속해 족보가 다르지만 모양은 모두 가오리 종류를 닮았다. 전자리상어는 수구리, 수구리상어(평북, 전남), 저자상어, 점찰어(點察魚), 전자리라는 방언이름이 있고, 가래상어는 수구리, 슈거리라는 방언이름이 있다.

어명고에 가오리를 예로 들어 이 물고기를 설명한 점으로 미루어 수구리과와 가래상어과를 묘사한 것 같지만, '껍질에 사주(沙珠)가 있어 칼집, 말안장, 우산자루 등의 물건을 장식할 수 있다'고 한 점은 이 물고기의 껍질이 거칠다는 점을 강조하고 있어 상어 종류일 가능성이 있다.

어명고에서 슈거리가 '등은 검은색이고 배는 선명한 흰색'이라는 점에서는 전자리상어일 가능성이 가장 크다(정문기, 1991). 그러나 어명고 작성 당시에는 이들 물고기를 엄밀히 분류하지 않았을 수도 있다. 어쨌든 이들 물고기들은 가오리를 닮았기도 하고, 또 상어를 닮았기도 하며 생긴 모양이 비슷한 점이 많다.

전자리상어는 몸길이가 1.8m 내외로 어두운 갈색바탕에 불규칙한 무늬가 있다. 연안의 얕은 모래 바닥에 살며 한국남해와 일본 중부 이남의 해역에 분포한다. 몸의 표면은 거친 편이나 배 쪽은 미끈하다. 얕은 바다에 사는 저서성 어류인데 태생으로 한 배에 10여 마리의 새끼를 낳는다.

〈원문〉繡鯤魚【슈거리】出西海中. 形如海鷂魚, 身圓而促. 尾亦如海鷂魚而無刺. 兩肩及尾左右竝有硬鬐. 脊黑腹鮮白. 皮有沙珠, 可䥫刀鞘・馬鞍・傘柄等物. 俗呼秀巨里, 方言之無義者也. 鯤本石首魚之類, 與此魚判異, 而特以音同, 故姑假借名之.

57. 이추(鮧鰌)【몃】

동해, 남해, 서해에 모두 있다. 동글납작한 것이 짧고 작으며, 큰 것이라야 1치에 지나지 않는다. 등마루는 검고 배는 희며 비늘이 없고 아가미가 작다. 동해에서 나는 것은 항상 방어에게 쫓겨 휩쓸려서 오는데 그 형세가 바람이 불고 큰 물결이 이는 듯하다. 바다사람들은 살펴보고 있다가 방어가 오는 때를 알고는 즉시 큰 그물을 둘러쳐서 잡는데 그물 안이 온통 이추(鮧鰌)이다. 방어를 골라내고 뜰채로 이추를 퍼내어 모래자갈 위에 널어 펴서 햇볕에 말려 육지로 파는데 1줌에 1푼이다.

만약 장마철을 만나 썩어 문드러지면 밭의 거름으로 쓰는데 잘 삭은 분뇨보다 낫다. 서해와 남해에서 나는 것은 동해만큼 많지 않다. 그러나 나라 안에 흘러 넘쳐 시골사람들의 비린 반찬의 재료가 된다.

안: 이(鮧)는 본래 점(鮎)의 다른 한 이름이고 추(鰌)도 또한 선(鱓)

종류이나, 이 작은 물고기의 이름으로 삼은 것이 어디에서 그 뜻을 취한 것인지 알 수가 없다.

▎평설

멸치

이추(鮧鰌), '몃'은 멸치로 비정된다. 멸치는 청어목 멸치과의 작은 물고기로 바다 표면 가까운 곳에서 무리를 이루며, 봄과 여름에 연안에서 생활하다가 북쪽으로 이동한다. 최대 몸길이가 15cm에 불과하며 등은 짙은 푸른색이고, 중앙과 몸통과 배는 은빛이 도는 흰색이다. 유어일 때는 부유 해조류를 따라다니면서 작은 갑각류, 연체동물의 유생, 어류의 알 등을 잡아먹는다.

멸치는 『동국여지승람』에는 행어(行魚)라고 기록되어 있고, 멸치(蔑致), 멸어(蔑魚), 멸오치(蔑五致), 기어(幾魚), 멸어(滅魚), 추어(鰍魚)라는 이름이 고서에서 보인다. 『자산어보』에는 취어(鯫魚)라고 하였고, 『우해이어보』에는 말자어(末子魚), 멸아(鱴兒)라고 하였다. 지방에 따라, 크기에 따라 멧치, 몃, 잔사리, 열치, 돗자래기, 순봉이, 노랑고기, 중나리 등의 방언이름이 있다.

이렇게 이름이 다양한 것은 멸치가 여러 해역에서 잡히고, 예전부터 우리 식생활과 밀접한 관련이 있는 물고기임을 말해 준다. 『오주연문장전산고』에는 멸치에 대해, "조선 동해와 북해에서 나는 물고기 가운데 작은 것이 있는데 멸어(蔑魚) 혹은 며어(旀魚)라 한다. 그물을 한 번 치면 배에 가득히 잡힌다. 어부들이 바로 말리지 않으면 곧 썩어버려 밭에 비료로 쓴다. 산 것은 탕을 만드는데 기름기가 많아 먹기 어렵다. 마른 것은 날마다 반찬으로 삼는데, 마치 명태와 같이 온 나라에 두루 넘친다."라고 기록하고 있다.

멸치는 잡히면 바로 죽기 때문에 멸어(滅魚)라고 했고, 또 이동성 물고기어서 바다를 잘 오가기 때문에 행어(行魚)란 이름이 있다. 멸치의 흔한 한자이름은 멸(蔑)자가 든 것인데, 너무 많이 잡히고 흔한 것이어서 업신여김(蔑, 버리다)을 받기도 하는 물고기였던 모양이다.

〈원문〉鮧鰌【몃】東南西海皆有之. 圓扁短小, 大者不過寸餘. 脊黑腹白, 無鱗細鰓. 其産東海者, 每爲魴魚所逐, 擁咽而至, 勢如風濤. 海人候之, 知魴魚之來, 卽用大網圍繞取之, 則全網都是鮧鰌. 揀取魴魚, 以攙網舀取鮧鰌, 散鋪沙磧, 曝乾, 售于陸地, 一掬一錢. 若逢陰雨鮾敗, 則用以糞田, 美勝熟糞也. 西南海産者, 不如東海之多. 然亦流溢國中, 爲野人腥口之資. 案:鮧本鮎之一名, 鰌亦鱓類, 而乃以作此小魚之名, 未知其何所取義也.

58. 오적어(烏賊魚)【오적어】

모양이 산가지를 넣어두는 주머니[算袋][84]와 비슷하다. 껍질은 검고 비늘이 없다. 수염이 길어서 띠와 같고 배 아래에 여덟 개의 발이 있

---

[84] 맹인이 점을 칠 때 쓰는 산가지를 넣은 주머니로 산통(算筒)과 비슷한 말.

는데 입 주위에 모여서 자라있다. 뱃속에는 먹처럼 짙은 검은색의 피와 담이 있다. 사람이나 큰 물고기를 보면 즉시 먹물을 사방 몇 자 거리로 쏘아 스스로 자신의 몸을 안 보이게 하므로 일명 묵어(墨魚)라고 한다. 바람과 물결을 만나면 수염을 닻처럼 내리므로 남어(纜魚)라고도 한다. 성질이 까마귀 먹기를 좋아해서 매번 물위에 떠 있다가 날아가던 까마귀가 그것을 보고 죽은 줄로 여겨 내려가 쪼면, 다리로 감아서 물속으로 끌고 들어가 잡아먹기 때문에 오적어(烏賊魚)라고 한다.

『설문해자』에는 오즉(烏鰂)이라고 되어 있는데 오적어가 먹물[墨]이 있어서 모범[法則]을 삼을만하기 때문이다. 잡는데 정해진 때가 없고 건어물로 만들면 맛이 좋다. 등에는 하나의 뼈가 있는데 모양이 배와 같고 두께는 3~4푼이 된다. 양쪽 끝이 뾰족하고 색깔은 희며 통초[85]처럼 가벼워 물에 뜬다. 약에 넣을 때에는 해표초(海螵蛸)라고 한다.

▮평설

어명고에 오적어(烏賊魚), '오적어'로 기록되어 있는 오징어는 두족류 십완목(十腕目)에 속하는 연체동물의 총칭이다. 서식장소도 연안에서 심해에 걸쳐 광범위하다. 오징어란 이름은 오즉어, 오적어 등 한자이름에서 비롯되었다는데, 실은 '짚으로 엮어 만든 작은 섬'인 오쟁이 모양에서 비롯된 것으로 보는 의견도 있다(김인호, 2001).

일반적으로 식용으로 삼는 오징어 종류는 참오징어, 화살오징어, 살오징어 등이 있으나, 어명고에서 논한 오징어가 어느 종류의 오징어인지는 단정하기 어렵다.

참오징어는 몸 안에 길고 납작한 뼈 조직을 가지고 있어 갑오징어라고도 불린다. 어명고에서 해표초(海螵蛸)라고 한 부분이다. 오징어

---

[85] 요도가 막혀서 소변을 시원하게 보지 못하고 수종(水腫)이 발생했을 때 이 약재를 사용하면 바로 소변이 통하기 때문에 통초란 이름이 붙여진 것이다.

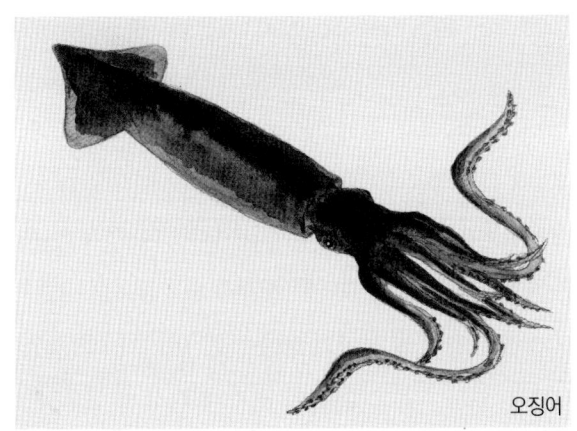

오징어

종류 중 가장 맛이 좋다고 해서 참오징어라 한다. 몸이 둥글고 다리가 짧은 것이 특징이며, 서해와 남해에 많은데 유자망, 통발로 잡는다.

화살오징어는 한치, 화살꼴뚜기라고 불린다. 다리가 짧아 1치(3cm) 밖에 안 된다고 하여 한치라고도 하고, 한겨울 추운 바다에서도 잡혀서 한치라 부른다고 한다. 지느러미는 세로로 긴 삼각형으로 몸통의 3분의 2에 달하며, 머리는 작고 팔도 짧으며 연약하다.

살오징어는 보통 오징어라고 불리며 속초, 울릉도 인근 바다가 주산지이다. 먼 바다에서 밤중에 집어등을 밝히고 채낚시로 잡는다. 동해에서 주로 잡혔으나 요즘에는 서해에도 드물게 나타난다. 울진군에서는 살오징어를 아예 '울진 오징어'라고 부르고 해마다 오징어 축제를 열고 있다.

〈원문〉 烏賊魚【오적어】狀如算袋. 皮黑無鱗, 鬚長似帶, 腹下八足, 聚生口旁, 腹中血及膽, 正黑如墨. 見人及大魚, 輒噀墨方數尺, 以自混其身, 故一名墨魚. 遇風波, 則以鬚下矴如纜, 故又名纜魚. 性喜食烏, 每自浮上, 飛烏見之, 以爲死而啄之, 乃卷入水食之, 故謂之烏賊. 『說文』作烏鰂, 則謂

其有文墨可法則也.取之無時,作淡虀味美.背有一骨,形如舟,厚三四分,兩頭尖,色白,輕泡如通草,入藥名海螵蛸.

59. 유어(柔魚)【전라도사람들은 '호독이'라고 부르고, 황해도 사람들은 '쏠독이'라고 부른다】

유어(柔魚)는 모양이 오징어와 비슷한데 머리가 약간 길며, 또 먹물이 있고 뼈가 있다. 『본초강목』에 뼈가 없다고 하였으나 뼈가 없는 것이 아니다. 뼈가 있지만 종이처럼 얇아서 없는 것 같을 뿐이다.

▌평설

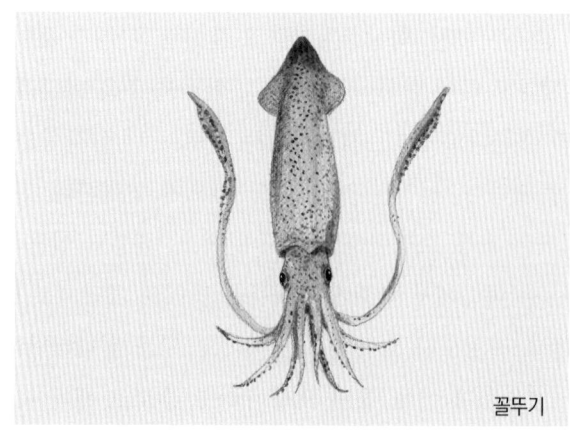

꼴뚜기

유어는 꼴뚜기를 말하며 오징어와 비슷하게 생긴 십완목 화살오징어과의 연체동물이다. 오징어보다 작으며, 4~5월에 남해에서 많이 잡히는데 주로 젓갈을 만들어 먹는다. 방언으로 고록(여수, 장흥, 보성, 고흥), 꼬록(군산, 부안, 김제, 고창, 서천), 호래기(마산, 진해, 창원), 꼴띠(통영), 한치(울산)로 불린다.

꼴뚜기의 몸통은 길쭉하게 생겼는데 길이가 폭의 3배 정도가 된다. 뼈는 얇고 투명하며 각질로 되어있고, 다리의 길이는 몸통의 반 정도이다. 수명은 1년이며, 연안에 많이 서식하고 이동을 많이 하지 않아 근육이 덜 발달되어 있어 오징어보다 훨씬 연하고 부드럽다.

〈원문〉柔魚【湖南人呼爲호독이,海西人呼爲꼴독이】形如烏賊而頭差長.亦有墨有骨.『本草』謂無骨,非無骨也.有骨而薄如紙,疑無耳.

60. 장어(章魚)【문어】

모양은 오징어와 같은데 머리가 둥글고 색깔이 희며 수염이 없고 8개의 발에는 모두 돌덩이 같은 빨판이 못처럼 덕지덕지 붙었다. 머리는 고깃살이 얇아서 깊은 맛은 다리에 있다. 또한 장거(章擧)라고도 하는데 한유(韓愈)의 시에 "문어와 진주조개는 다투어 괴이함을 스스로 뽐내네[章擧馬甲柱, 鬪以怪自呈.].”라는 구절이 바로 이것이다. 『임해이물지』에는 길어(佶魚)【음은 길(佶)이다.】라고 되어 있는데, 우리나라 사람들은 팔초어(八稍魚)라고 부른다.

▌평설

문어는 어명고에 한자로 장어(章魚), 장거(章擧)라 하고 한글로 '문어'라 기록되어 있다. 한자이름은 문어(文魚), 대팔초어(大八稍魚), 팔대어(八大魚) 등이다. 방언으로는 물꾸럭(제주도), 피문어(여수, 고흥, 장흥, 보성), 문에(양양, 강릉)라고 부른다.

문어는 문어목 문어과 팔완류의 연체동물로 수명은 3~5년이고, 위급할 때에는 검은 먹물을 뿜고 도망간다. 몸길이는 약 3m, 무게는

문어

15kg 정도로 자라며, 연안에서 심해까지 두루 서식한다.

문어는 번식 행위가 독특하다. 암컷은 4~6월에 수심 13~30m의 연안에서 알을 낳은 후 알이 부화할 때까지 보호한다. 다리를 이용해 신선한 물을 알에 흐르게 해서 산소를 공급해 주고, 깨끗하게 유지해 준다. 그동안 암컷은 먹이를 먹지 않는다.

〈원문〉章魚【문어】形如烏賊而頭圓, 色白無鬚, 八足皆䃜䃜䃜如釘. 其頭肉薄, 厚味在於足. 亦稱章擧, 韓文公詩, 章擧馬甲柱, 鬪以怪自呈, 是也. 『臨海志』作䱛【音佶】魚, 東人呼爲八梢魚.

61. 석거(石距)【낙지】

문어[章擧] 종류이다. 몸이 작고 긴 발에는 역시 돌덩이 같은 빨판이 붙어 있다. 돌 틈의 구멍 속에서 사는데 사람이 잡으려 하면 다리로 돌에 붙어 사람에게 저항하기 때문에 석거(石距)라고 한다. 어떤 사람은 뱀이 바다에 들어가 석거가 된다고 한다. 많이 먹으면 사람

몸을 차게 한다. 세간에서는 소팔초어(小八稍魚)라고 하고, 낙제(絡蹄)라고도 한다.

▎평설

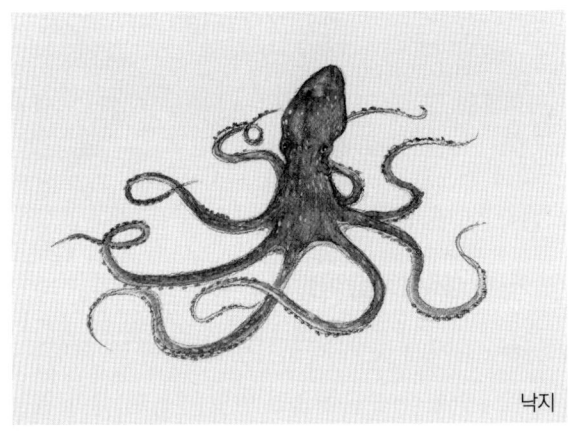

낙지

　어명고에는 낙지를 석거(石距), 낙제(絡蹄), 소팔초어(小八稍魚)로 기록하고 있고, 낙지를 문어의 한 종류로 보고 있다. 또 어명고에 기록된 한글이름은 '낙지'로 오늘날과 같다. 다른 한자이름으로는 초어(稍魚), 해초자(海稍子)가 있다.
　낙지는 팔완목 문어과의 연체동물로 연안의 조간대에서 진흙 속에 굴을 파고 산다. 큰 놈은 몸길이가 70cm에 달하기도 하며, 우리나라는 전라남북도 해안 갯벌이 주산지이다. 몸은 몸통, 머리, 팔로 되어 있고 머리처럼 보이는 몸통은 달걀 모양으로 심장 등 장기와 생식기가 들어 있다. 바위틈이나 진흙에 있는 굴속에 있다가 팔을 밖으로 내어 먹이를 잡아먹는다. 간의 뒤쪽에는 먹물주머니가 있어 쫓기거나 위급할 때 먹물을 내어 주위를 검게 물들임으로서 자신을 적으로부터 보호한다.

글을 배우는 선조들은 글 문(文)자가 든 문어는 좋게 보았지만, 낙지는 먹는 것을 기피하였다. 낙지의 한자이름 낙제(絡蹄)가 낙제(落第)와 음이 같아서 과거를 앞두고 먹으면 떨어진다는 속설이 있기 때문이었다(『청장관전서』).

〈원문〉 石距【낙지】章擧之類也. 身小而足長, 亦有碾磏. 居石穴中, 人取之則, 以脚粘石拒人, 故名石距. 或云蛇入海爲石距. 多食則令人冷. 俗呼小八梢魚, 亦曰絡締.

62. 망조어(望潮魚)【죽근이】

모양이 문어와 같지만 작다. 몸뚱이는 1~2치이고 다리의 길이는 그 배가 된다. 이른 봄에 잡아서 삶으면 머릿속에 흰 살이 있는데 찐 밥과 같은 알갱이들이 가득하다. 그래서 일본사람들은 망조어를 반소(飯鮹, いひだこ)라고 부른다. 3월 이후에는 살이 여위어지고 알이 없어진다고 한다.

또 두 종류가 있는데 그중 하나는 조개껍질 속에 살아서 이름이 패소(貝鮹)이고 다른 하나는 망조어(望潮魚)와 비슷한데 더 작고 머리가 참새 알 같다. 말리면 거미와 같으므로 이름이 지주소(蜘蛛鮹)이다. 『우항잡록』에, "망조(望潮)는 도희(塗蟢)라고도 부른다."고 하였는데 지주소를 가리킨 듯하다.

▌평설

어명고에 망조어(望潮魚), '죽근이'로 기록된 것은 오늘날의 주꾸미이다. 방언으로 죽거미, 쯔그미, 쭈깨미, 쭉지미, 쭈게미 등의 이름이 있는데, 그 모양이 거미[蜘蛛]를 닮아서 생긴 이름이다.

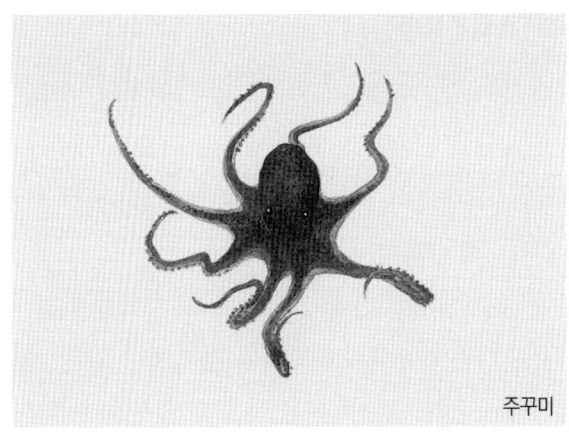

주꾸미

주꾸미는 팔완목 문어과의 연체동물이다. 몸통에 8개의 팔이 달려 있고 낙지와 비슷하게 생겼으나 크기가 70cm인 낙지에 비해서 몸길이가 20cm 정도로 작은 편이다. 수심 10m 정도인 연안의 바위틈에 서식하며, 주로 밤에 활동한다. 산란기는 5~6월이다.

그물로 잡거나 소라와 고둥의 빈껍데기를 이용한 전통적인 방식으로 잡기도 한다. 고둥, 전복 등의 껍데기를 몇 개씩 줄에 묶어서 바다 밑에 가라앉혀 놓으면 낮 동안 활동하던 주꾸미가 밤이 되면 그 속에 들어간다. 피뿔고둥 껍데기가 가장 좋다고 한다. 이러한 어구를 현지 사람들은 '소라통발' 혹은 '소라방'이라 부른다. 산란기를 앞두고 알이 꽉 들어찬 것이 특히 맛이 좋기 때문에 3~4월이 제철이다.

〈원문〉 望潮魚【쥭근이】形如章魚而小. 身一二寸, 足則倍之. 初春取而烹煮. 頭中白肉, 充滿粒粒如蒸飯, 故日本人呼爲飯鮹. 三月以後, 魚瘦而無飯云. 又有二種, 其一生在貝殼中, 名貝鮹, 其一似望潮而尤小, 頭如雀卵. 乾鯗則形如蜘蛛, 故名蜘蛛鮹. 『雨航雜錄』云, 望潮或呼塗蟢, 疑指蜘蛛鮹也.

63. 수모(水母)【물암】

광동사람들은 수모(水母)라고 하고 복건사람들은 해차(海蛇)라고 한다. 『이원』에서는 석경(石鏡)이라 하였고, 『본초습유』에서는 저포어(樗蒲魚)라고 하였으며, 『우항잡록』에서는 사항(蜡杭)이라고 하였다. 세간에서는 해철(海蜇)이라고 부른다.

그 모양이 마구 뒤섞여 한데 엉키어 있고, 사발을 뒤집어 놓은 것 같은데 자줏빛 나는 붉은색이고 구멍이 없고 발이 없다. 배의 아래에 혹이 달렸는데 풀솜을 매달아 놓은 것 같고 새우들이 붙어서 바람에 날리듯이 잠겼다 떴다 한다. 조수에 휩싸이게 되면 새우들이 떨어져 나가서 해차는 다닐 수가 없다. 소위 수모(水母)라고 하는 것은 새우를 눈으로 삼기 때문이다.

『본초』에서 이르기를, "날 것과 익힌 것 모두 먹을 수 있다. 짜고 따뜻하게 하고, 독이 없어서 쌓인 피[86]를 제거하고 민물고기의 병을 치료하게 하는 효능이 있다."고 하였다. 지금 서해와 남해 사람들은 매년 5~6월, 새우를 잡을 때에 해차가 그물에 들어온 것을 보면 문득 그 모양을 싫어해서 버리고 먹지 않으니 그 고기가 실제로는 연하고 맛있는 것을 모르기 때문이다.

또 한 종류는 모양이 수모와 같으나 꼴뚜기처럼 다리가 있는데 어떤 것은 4개 어떤 것은 6개이다. 몸 밖은 검은데 붉은빛이 돌고 안은 진한 붉은색이며 그 다리도 진한 붉은색이다. 바다사람들은 해승어(海蠅魚)【해파리】라고 부른다. 다른 한 종류는 모양이 해승어와 비슷한데 몸이 희고 발은 붉다. 바닷가 사람들이 승등어(承騰魚)【싱등이】라고 부른다. 모두 5~6월 새우를 잡을 때에 함께 그물 안으로 들어온다. 이 두 종류는 바닷가 사람들이 데쳐서 먹을 줄 아는데 맛이 꼴뚜

---

86 積血: 타박상 따위로 살 속에 피가 맺힘. 어혈(瘀血)과 같은 말.

기와 비슷하다고 한다.

▌평설

보름달물해파리

해파리는 자포동물인 해파리강과 히드라충강의 부유세대를 통틀어 부르는 이름이다. 몸은 한천질이고 삿갓 모양으로 생겼으며 갓 밑에는 많은 촉수가 늘어져 있고 그 가운데에 입이 있다. 촉수 표면에는 많은 자세포(刺細胞)[87]가 있는데, 그 속에 있는 독침으로 먹이를 쏜다. 헤엄치는 능력이 약하기 때문에 수면을 떠돌며 생활하고 해류와 같이 이동하므로 플랑크톤 무리에 넣고 있다.

어명고에는 해파리를 한글로 '물암'으로 기록하였으나, 후일 펴낸 「전어지」는 '물알'이라 고쳐서 기록하였다. 물알은 '아직 덜 여물어서 물기가 많고 말랑한 곡식알'을 말하며, 해파리가 물렁물렁한 모양임을 의미한다.

어명고에서는 '새우가 해파리의 눈'이라고 기술하고 있다. 이는 특

---

87 자포동물의 표피에 있는 특별한 세포로 자포 속의 독액과 나사 모양의 가시를 내쏘아 몸을 지키고 먹이를 잡는다.

정한 새우가 해파리의 몸 안에 살고 있음을 관찰한 것이고, 해파리와 새우의 공생관계를 설명하는 것으로 보아야 한다. 해파리와 새우의 공생은 중국 고전에 널리 알려져 있었다. 퇴계 이황의 글에도, "주자(朱子)가 이르기를 '성스럽다고 해도 지혜가 없으면 새우가 없는 해파리와 같다'고 하였다. 이를 살펴보면 '해파리는 눈이 없는 충(虫)으로 새우가 없으면 능히 앞으로 나갈 수가 없다'는 말이다(『퇴계집고증』, '答李剛而問目')."

해파리는 많은 종류가 있으나 실제 먹을 수 있는 종류는 숲뿌리해파리와 근구해파리 등 4종에 불과하다. 그것도 독이 없는 부분만 먹는다. 다른 해파리 종류는 접촉하거나 식용으로 먹었을 경우 독소가 있어 피부에 발진을 일으킨다. 우리 바다에는 200여 종의 해파리가 있지만 대부분 식용으로 쓸 수 없는 것들이고, 식탁에 오르는 해파리는 수입에 의존하고 있다.

근래 해양수온의 변화로 해파리가 퍼져서 어로작업에 큰 피해를 주고, 해수욕객에게 독성피해를 주기도 하였다. 어로작업에서 그물에 걸리는 해파리 종류는 주로 '노무라입깃해파리(큰덤불해파리)'인데 원래 우리나라에는 보기 어렵던 난대성 대형 해파리이다. 한 마리 크기가 1~2m에 달하고 무게가 100kg 이상이다. 2015년에 수산과학원은 이 해파리의 독성을 완전 제거할 수 있는 방법을 찾아내어 식품의약품안전처로부터 새로운 식품원료로 인정받았다. 해파리의 피해를 구제하고, 중국과 태국에서 수입하는 해파리 물량을 전량 국내산으로 대체한다는 계획이다.

〈원문〉 水母【물암】廣人謂之水母,閩人謂之海蛇.『異苑』謂之石鏡,『本草拾遺』謂之樗蒲魚,『雨航雜錄』又云,蜡杭.俗呼爲海蜇.其形混沌凝結,形如覆盂,色紫赤,無竅無足.腹下有贅疣如懸絮,羣蝦附之,浮沈如

> 飛,爲潮所擁,則蝦去而蛇不得行.所謂水母,以蝦爲目是也.『本草』稱生
> 熟皆可食,鹹溫無毒,有去積血,治河魚疾之功.今西南海人,每於五六月,
> 捕蝦時,見蛇入網,則輒惡其形,棄之不食.不知其肉實脆美也.又一種形
> 如水母,而有足如柔魚,或四或六,其身外黑揚赤,內深赤,其足亦深赤,海
> 人呼爲海蠅魚【희파리】.又一種形如海蠅魚,而身白足赤,海人呼爲承騰
> 魚【싱둥이】.皆於五六月捕蝦時,同入于網,此二種,海人知爍食之,謂味
> 類柔魚.

64. 해삼(海參)【히삼】

성질이 따뜻해서 비장을 보하는 효능이 인삼에 맞먹는 까닭에 해삼(海參)이란 이름이 있다. 『문선』의 토육(土肉), 『식경』의 해서(海鼠), 『오잡조』의 해남자(海南子), 『영파부지』의 사손(沙噀)이 모두 이것이다. 비늘과 뼈가 없으며 꼬리와 지느러미가 없다. 등은 둥글고 엷은 푸른색이며, 배는 평평하고 조금 흰색이다. 몸 전체에 우둘투둘 종기 같은 것이 나있는데, 큰 것은 5~7치이다. 물속에서 꿈틀거리며 헤엄쳐 가다가 다른 물체가 건드리면 공처럼 작아졌다가 천천히 다시 커진다. 물을 떠나면 오이를 반 가른 것 같은 모양이 된다. 자세히 살펴보면 껍질이 갈라진 것 같은 입이 있지만 이빨은 없으며, 칼로 새긴 것 같은 눈이 있지만 눈동자가 없다.

바다사람들이 잡아서 볶아 소금 즙을 제거하고 햇볕에 말리면 색깔이 그을린 것 같은 검은색이 되는데 대나무 꼬챙이 하나에 10마리를 꿰어서 사방으로 판다. 바다 어족 중에 가장 건강에 도움이 되는 효능이 있다. 동해에서 나는 것이 살이 두터워 품질이 우수하고, 서해와 남해에서 나는 것은 살이 얇고 효능이 떨어진다. 중국 사람들이 더욱 좋아하는데 매년 북경 상인들이 수레를 가지고 와서 싣고 가 많은 돈을 번다. 5~6월에 장연과 풍천[88] 해변에 금법(禁法)을 무릅쓰고 와서 채취하는 자들은 모두 중국의 각화도[89] 사람들인데 이익이 커서 금지할 수 없으니 아마도 중국에는 나지 않기 때문일 것이다.

『화한삼재도회』에 이르기를, "해서(海鼠)가 중국에서는 나지 않는다. 그러므로 『식물본초』에서 모양이 당나귀나 말의 음경(陰莖)과 같다고 한 것과 『오잡조』에서 형상이 남자의 생식기와 같다고 말한 것은 모두 다만 볶아서 말린 해서를 나타낸 것뿐이다. 그리고 『본초강목』에서 토육(土肉)을 괴수류(怪獸類) 속에 둔 것은 그것이 바다고기인 줄을 모른 것이다."라고 하였는데 그 말이 믿을 만하다.

우안: 『화한삼재도회』에서 이르기를, "해서의 내장을 절여서 젓갈을 담으면 향기로운 맛이 말할 수 없이 좋다. 내장 속에 붉은빛을 띤 누런색이 나고 죽과 같은 것을 해서자(海鼠子)라고 하는데 또한 맛이 좋다."고 하였다. 우리나라 어부들은 해서를 잡으면 곧바로 내장을 들어내어 햇볕에 말리기만 하니, 그 내장이 진귀한 반찬이 되는 줄을 모르는 것이다.

■평설

해삼은 극피동물 해삼강에 속하는 해삼류의 총칭이다. 바다 밑바닥에 살며 전 세계에 분포한다. 방언으로 홍삼, 목삼이라고 한다. 몸은 앞뒤로 긴 원통 모양이고, 등에 혹 모양의 돌기가 여러 개 나 있다. 몸의 앞쪽에 입이 열려 있고 그 둘레에 촉수가 여럿 달려 있으며, 뒤쪽에는 항문이 있다. 아랫면에 가는 관으로 된 관족[90]이 나 있어, 이것으로 바다 밑을 기어 다닌다. 촉수로 바다 밑에 깔린 모래 진흙

---

88 長淵과 豐川은 황해도의 지명이다.
89 覺華島: 중국 요동의 바다에 있는 섬으로 국화도(菊花島)라고도 한다.
90 管足: 극피동물의 수관계에 붙은 다리.

해삼

을 입에 넣어 모래 진흙 속에 들어 있는 작은 생물을 잡아먹고 모래와 배설물은 밖으로 내보낸다. 외부에서 자극을 받으면 내장을 끊어서 항문 밖으로 내보내지만 재생력이 강해서 다시 생긴다.

해삼은 알칼리성 식품으로 체내의 신진대사를 촉진하고 혈액을 정화하는 효능이 있다. 한의학에서는 예부터 해삼을 바다의 인삼으로 여겨오면서 남성의 생식기능 강장효과와 성신경흥분약으로 많이 사용했으며 폐결핵 그리고 여러 가지 출혈성 질환과 빈뇨증에도 썼다. 이러한 성능 때문에 해삼은 성질이 따뜻하여 비장을 보하므로 '효능이 인삼에 맞먹는다.'고 하였다. 또 생김새가 남성의 성기와 비슷하게 생겼고, 크기가 '작아졌다가 천천히 다시 커진다.'는 것도 남성의 발기력을 상기하기에 족한 것이었다. 어명고에서 해삼의 모양을 '오이를 반 가른 것' 같다고 했는데, 서구의 해삼의 이름이 '바다 오이(sea cucumber)'이다.

어명고에서는 황해도 해변에 중국인들이 와서 몰래 해삼을 채취해 간다고 하였다. 『택리지』에는, "장산곶 바다에서 해삼이 나는데 뼈가 없는 충(蟲)이다. 마치 한 덩어리 검은 것이 오이 같은데, 전신이 살로 된 가시가 있다. 중국인들이 검은 비단을 물들이는데 쓴다. 중국 등주와 내주 사람들이 매년 배를 타고 잡으러 와서 금지하는 것을 무릅쓰고 잡아가는데 그 이익이 아주 크기 때문이다. 북관지역의 6진과 회령, 경원에서는 중국인을 위한 시장을 여는데, 해삼이 비싼 물건이다. 그래서 공과 사를 막론하고 해삼을 무역한다. 중국인들은 해삼을 비단에 풀 먹이는 데와 보신제(補腎劑)에 쓴다 한다. 해마다 시장에서 거래하는데, 해삼이 없어지도록 사가며, 이것이 바다 백성들의 고질적인 폐단이다."라고 기록하고 있다.

〈원문〉 海參【히삼】性溫補脾, 功敵人蔘, 故以名. 『文選』之土肉, 『食經』之海鼠, 『五雜組』之海男子, 『寧波府志』之沙噀, 皆是物也. 無鱗無骨, 無尾無鬐. 背圓淺靑, 腹平微白, 渾身疣瘟, 大者五七寸. 其在水中, 蠕動遊行, 有物觸之, 則縮小如圓毬, 徐復漲擴. 離水則形如半剖胡瓜. 細察之, 有口如皮坼而無齒, 有目如刀刻而無睛. 海人取之, 熬去鹹汁, 曝乾則其色焦黑. 貫以竹籤, 一串十枚, 以貨于四方. 在海族中, 最擅補益之功. 出東海者, 肉厚品佳. 出西南海者, 肉薄功劣. 華人尤喜之, 每歲燕商, 都車輸入, 多獲奇羨. 五六月間, 長淵·豊川海邊, 冒禁來採海參者, 皆覺華島人, 而利重不能禁, 意中國所無也. 『和漢三才圖會』云, 海鼠不産中國, 故 『食物本草』所謂形如驢馬陰莖, 『五雜組』所謂狀如男子勢者, 皆但形容熬乾海鼠, 而 『本草綱目』則以土肉系之怪獸類之下, 不知其爲海魚也, 其言信矣. 又案: 『和漢三才圖會』云, 海鼠腸, 淹之爲醬, 香美不可言. 腸中有赤黃色, 如糊者, 名海鼠子, 亦佳. 我國漁戶得海鼠, 輒去腸曝乾, 不知其爲珍肴也.

65. 하(鰕)【시우】

『본초강목』에는 미하(米鰕), 강하(糠鰕), 청하(靑鰕), 백하(白鰕), 이하(泥鰕), 해하(海鰕) 등의 종류가 있고, 『화한삼재도회』에는 진하(眞

鰕), 거하(車鰕), 수장하(手長鰕), 백협하(白挾鰕), 천하(川鰕), 하강하(夏糠鰕), 추강하(秋糠鰕) 등의 이름이 있다.

우리나라 동해에는 새우가 나지 않으므로 소금에 절여 젓갈을 만들어 전국팔도에 넘치게 하는 것은 모두 서해의 강하(糠鰕)이다. 속칭 세하(細鰕)라고 하는데, 소금을 덜 치고 말린 것을 미하(米鰕)라고 하고 색깔이 흰 것을 백하(白鰕)라고 한다.

또 홍하(紅鰕)라는 것이 있다. 길이가 1자 남짓 되는 것을 속칭 대하(大鰕)라고 하는데 『본초강목』에서 말한 해하(海鰕)이다. 회로도 먹을 수 있고 국을 끓여도 되며 말리면 좋은 안주가 된다. 내와 계곡, 강과 호수에서 나는 니하(泥鰕)와 천하(川鰕) 같은 것은 바다에서 나는 것처럼 많지 않고 음식의 재료로 쓰는 사람들도 드물다.

안: 『이아』에서 호(鰝)는 대하(大鰕)라고 하였고 곽박의 주에서, "새우 중의 큰 것은 바다에서 나는데 길이가 2~3장이 되고 수염의 길이도 여러 자이다."라고 하였다. 단공로의 『북호록』에서 이르기를, "등순(滕恂)이 광주자사(廣州刺史)로 있을 때 어떤 손님이 등순에게 '새우 중에는 수염이 한 길이나 되는 것이 있는데 지팡이로 할 만합니다.'라고 하자 등순이 믿지 않았다. 손님이 동해로 가서 수염이 4자가 되는 새우를 잡아다가 보여 주었더니 등순이 그 괴이함에 감복하였다."고 하였는데, 이것 또한 새우 중의 아주 큰 것이다.

우안: 『남해잡지』에서 말하기를, "장삿배가 파도 가운데서 두 개의 돛대가 흔들리는 것을 보았는데 높이가 10여 장이었다. 배인가 보다 생각하고 있는데 나이가 가장 많은 뱃사공[91]이, 이것은 바다의 새우가 날씨가 갠 것을 틈타 2개의 수염을 말리는 것입니다."라고 말하였

---

91 長年: 뱃사공을 말함. 뱃사공을 이르는 장년삼로(長年三老)와 같은 뜻이다.

다. 대체로 바다의 어족 중에 작은 것은 쌀겨와 같지만 배를 삼킬 수 있을 정도로 큰 것은 오직 새우만이 그러하다.

지금 해주 바다의 포구에는 한 종류의 새우가 있는데 바늘 끝처럼 가늘다. 바다소라, 오이와 같이 젓갈을 담그면 색이 푸른빛을 띤 자주색이고 맛이 달고 좋다. 세속에서 감동해(甘冬醢)라고 하는데, 이것 또한 잔 새우로 대적할 만한 새우가 없다.

▌평설

대하

새우는 십각목 새우아목에 속하는 동물의 총칭이며 우리나라에는 대하·중하·꽃새우·중국젓새우·돗대기새우·자중새우 따위와 같은 온대성 새우 종류가 많이 산다. 어명고의 새우는 일반명이거나 통명이어서 오늘날의 표준적인 이름을 비정하기 어렵다. 미하(米鰕)는 보통 쌀새우, 백하(白鰕), 세하를 말하며, 대하는 해하와 홍하를 말한다. 강하(糠鰕)는 보리새우 혹은 참새우를 말한다. 니하(泥鰕)와 천하(川鰕)는 민물새우를 말한다.

새우는 주로 젓갈을 담아 썼고, 종류에 따라 철에 따라 다양하다.

새우젓은 보통 육젓, 오젓, 추젓, 뎃데기젓, 자젓, 곤쟁이젓 등으로 나뉜다. 그중 가장 상품은 6월에 잡은 것으로 담근 육젓이다. 색깔이 희고 살이 통통하며 맛이 고소하고 주로 김치 양념으로 사용된다. 육젓 다음으로 좋은 오젓은 5월에 잡은 새우로 담근 것으로 육젓과 추젓의 중간 크기다. 대체로 흰색이며 깨끗하고 육질이 좋다. 추젓은 가을철에 잡은 새우로 담근 것으로 육젓보다 작고 깨끗하다. 뎃데기젓, 자젓, 곤쟁이젓은 좀 하품에 속한다. 뎃데기젓은 껍질이 두껍고 단단하며 누런색에 가까운 보리새우(뎃데기)로 담근 것이다. 흔히 잡젓이라고 하는 자젓은 크기가 작은 새우를 선별하지 않고 담근 것이다. 동백하젓은 음력 2월 한 겨울에 나오는 새우젓으로 희고 깨끗하다.

곤쟁이는 곤쟁이과에 속하며 작은 새우와 비슷하게 생겼지만 새우와는 별도의 종이다. 대부분 바다에서 나며 민물에서 사는 것도 있다. 전 세계적으로 약 700종이 있고 우리나라에서는 27종이 알려져 있다. 자하(紫鰕), 권장이, 감동이라고 부르며, 감동해(甘冬醢)는 충분히 삭힌 곤쟁이젓으로 감동(甘同), 감동지(甘同之)라고도 부른다. 곤쟁이젓은 보통 2~3월에 잡히는 보랏빛을 띠는 어린 것을 사용한다.

〈원문〉 鰕【식우】『本草綱目』有米鰕・糠鰕・靑鰕・白鰕・泥鰕・海鰕諸種.『和漢三才圖會』有眞鰕・車鰕・手長鰕・白挾鰕・川鰕・夏糠鰕・秋糠鰕諸名. 我國東海無鰕, 其鹽醃爲醢, 流溢八域者, 皆西海之糠鰕也. 俗呼細鰕, 其淡乾者曰米鰕, 色白者曰白鰕. 又有紅鰕, 長尺餘者, 俗呼大鰕, 卽『本草』所謂, 海鰕也. 可膾可臞, 又可淡𩶤爲佳肴. 若泥鰕・川鰕之生川溪江湖者, 不如海産之多. 人亦罕充庖廚也. 案:『爾雅』鰡, 大鰕, 郭璞註, 鰕大者出海中, 長二三丈, 鬚長數尺. 叚[92]公路『北戶錄』云, 滕恂爲廣州刺史, 客語恂曰, 蝦鬚有一丈者, 堪拄杖, 恂不信. 客去東海, 取鬚四尺者以示. 恂方服其異. 此又鰕之絶大者也. 又案:『南海雜志』云, 商舶見

92 '段'의 오자로 보인다.

波中雙檣遙漾,高可十餘丈,意其爲舟,老長年曰,此海鰕乘霽,曝雙鬚也. 大抵海族中,細則如米糠,大可以吞舟者,惟鰕爲然. 今海州海浦有一種 鰕,其細如針芒.同海螺胡瓜醃醯,色靑紫,味甘美.俗呼甘冬醯,此又細鰕 之無對者也.

66. 대모(玳瑁)【딕모】

대모(玳瑁)는 대모(瑇瑁)라고도 한다. 모양은 거북이나 큰자래[黿]와 같지만 등껍데기가 조금 길다. 등에 12조각의 등딱지가 있고, 흑백의 아롱진 무늬가 서로 섞여서 이루어져 있다. 『남방이물지』에서 이르기를, "대모의 껍데기를 삶으면 부드러워져서 기물을 만든다. 상어의 껍질로 다듬고 마른 나무의 잎으로 광을 내면 곧 광채가 난다. 대개 남해에서 난다."고 하였다.

우리나라에서는 제주도의 먼 바다에 있다고 하는데 그것을 본 사람은 드물다.

▌평설

대모는 바다거북과에 속하는 거북의 한 종류(Eretmochelys imbricata)로 열대, 아열대의 바다에 분포한다. 몸길이는 60cm 정도이며, 껍데기가 아름다워 장식물 재료로 이용되었다.

대모갑은 색깔이 곱고, 촉감이 부드러운데다 열을 가하면 가공하기가 쉬워 플라스틱이 나오기 전에는 빗, 장신구, 안경테 등 일상용품으로 이용되었지만 대부분 수입에 의존하였다. 조선 선비들의 갓끈에도 대모껍데기를 갈아서 구슬을 만들어 줄에 끼워 만든 것이 있고, 또 안경테로도 가공되었다. 이른바 '대모테' 안경이다.

대모

〈원문〉 玳瑁【되모】或作瑇瑁. 狀如龜䵶而殼稍長, 背有甲十二片, 黑白斑文, 相錯而成.『南方異物志』云, 玳瑁甲煮柔作器. 治以鮫魚皮, 瑩以枯木葉, 卽光輝矣. 蓋南海産也. 我東耽羅海洋, 亦有之云, 而人罕見之.

67. 복(鰒)【싱복】

바다 속의 돌벼랑에서 나며 모양은 타원형이다. 한쪽에만 껍데기가 있는데 밖은 거칠고 검으며 안쪽은 빛이 난다. 등의 측면에 작은 구멍이 있는데, 7개인 것도 있고 9개인 것도 있다. 다른 한쪽에는 껍데기가 없이 돌에 붙어 있다. 살이 희면서 푸른색을 띠고 있는 것이 수놈이고, 붉은색을 띠고 있는 것이 암놈인데, 암놈이 맛이 더 좋다.

물속에 있을 때 살의 반을 껍데기 밖에 내놓는데, 움직일 때는 기어가듯 나아간다. 살의 머리와 꼬리에 모두 구멍이 하나 있는데, 아랫입술과 윗입술 모양과 같다. 큰 것은 지름이 4~5치이고, 아주 큰 것은 간혹 1자 가까이 자란다.

동해와 남해 그리고 서해에 모두 있다. 관동의 고성등지에서 나는 것은 껍데기가 작고 살이 말랐으며, 영남의 울산·동래, 호남의 강진·제주등지에서 나는 것은 껍데기가 크고 살이 쪄 있다. 어부들이 잡으면 혹간 살 속에서 진주를 얻는다. 둥근 모양이 고르고 광채가 나서 품질이 대합조개의 진주보다 상품이지만 얻기가 쉽지 않다.

살에서 껍데기를 벗겨내지 않고 얼음에 채워 파는 것을 속칭 생복(生鰒)이라고 하는데, 횟감의 진품이 된다. 껍데기를 벗겨내고 햇볕에 말려서 10마리씩 대꼬챙이에 꿴 것을 건복(乾鰒)이라고 하는데, 반쯤 건조시킨 것이 더욱 맛있다. 얇게 다져서 펴고 종잇장처럼 펴낸 것을 추복(搥鰒), 또는 장복(長鰒)이라고 하는데, 모두 안줏감으로 좋은 물건이다.

중국인은 복(鰒)을 먹는 것을 좋아하지 않는다. 『사기』에 "왕망(王莽)이 복을 먹었다."라고 하였으니, 또한 그가 특이한 음식을 즐긴 것으로 기록하였다. 본초에 관한 책에는 전복은 없고 석결명(石決明)이 있는데, 주석가들 중에 어떤 사람은 '복과 석결명은 서로 비슷하다.'라고 하고, 또 어떤 사람은 하나의 종류이면서 2개의 종이라고 한다. 그러나 지금 상고하건대, 『본초』서에서 묘사한 석결명은 지금의 복의 껍데기와 흡사하니 한 가지 사물이다.

■평설

전복은 원시복족목 전복과에 딸린 연체동물의 총칭이다. 수심이 5~50m되는 바다의 암초에 서식한다. 전복은 옛날부터 식용해온 주요 수산물로 우리나라에서 나오는 전복류에는 참전복, 까막전복, 말전복, 오분자기, 둥근전복 등 10여 종이 있다.

전복은 예로부터 구이, 죽, 회로 먹는 영양식의 하나였고, 우리나라 것이 질이 좋았다. 조선시대에도 일본인들이 우리바다에 와서 몰래 채취해 갔을 정도로 전복은 미식의 하나였고, 근대여명기인 1892년에

전복

는 전남 완도에서 통조림이 처음 제작되어 수산물 가공의 효시가 된 식재료이기도 하다.

어명고에 '왕망(王莽, B.C.45~23)이 전복을 먹었다'고 하며 '그가 특이한 음식을 즐긴 것을 기록한 것'이라 하였다. 왕망은 한(漢)나라의 왕권을 뺏고 신(新) 왕조(8~24)를 건국한 사람이다. 중국 황실에서는 『예기』에 나오는 것이 아닌 것은 먹지 않았다. 중국에서 먼 곳인 우리 바다에서 많이 나오는 전복은 『예기』에는 기록되지 않은 식품인 것이다. 왕망은 중화인이 아니라 전복을 즐겨 먹은 외래 민족의 후예였다. 그러기에 중국의 새로운 황실에서 전복을 즐겨 먹은 것을 기록으로 특별히 남긴 것이다.

『신증동국여지승람』에는 전복이 해안 46개 지역의 특산물로 기록되어 있다. 『여지승람』의 기록은 그 지역에서 전복이 많이 난다는 것만을 기록한 것이 아니라, 그 지역의 공물과 진상품으로 지정되어 있음을 의미한다. 그러나 신선한 전복을 바다에서 잡아 한양으로 수송하기는 어려웠다. 진상물이 상해 보낸 관리들이 벌을 받았다는 기록이 왕조실록에 자주 등장하게 된다. 전복 진상이 철폐된 것은 조선

고종 때였다.

> 〈원문〉 鰒【싱복】生海中石崖,其形隋[93]圓.一邊有殼,外麤黑,內光燿.背側有細孔,或七或九.一邊無殼,着在石上.其肉白而帶靑者爲雄,帶赤者爲雌,雌者味勝.其在水中,肉半出殼外,轉運以跂步.肉之首尾,皆有一竅,如上下唇之形.大者徑四五寸,絶大者或尺餘.東南西海皆有之.産關東高城等地者,殼小肉瘦,産嶺南蔚山·東萊·湖南康津·濟州等地者,殼大肉肥.蜑戶捕之,徃徃於肉中,得眞珠.圓勻光瑩,品在蛤珠之上,然不易得也.其肉不脫殼,照氷以售,俗呼生鰒,爲饌材珍品.去殼曝乾,每十枚竹籤貫之曰乾鰒.其半乾者,尤美.薄批砑伸,聯付如紙條曰砑鰒,亦曰長鰒.皆爲肴膳佳品.中國人不喜食鰒魚.『史』稱王莽啗鰒魚,亦書其嗜異物也.『本草』無鰒而有石決明,註家或謂鰒與決明相近,或謂一類二種.然今詳『本草』所形容石決明者,恰是今鰒魚之甲,非二物也.

68. 해방(海蚌)【바다긴조기】

강과 포구에서 나는 민물조개와 같지만 크다. 대체로 조개 가운데 구슬이 나오는 것은 모두 해방(海蚌)이다. 웅태고는, "남주(南珠)의 색깔은 붉고, 서양주(西洋珠)의 색깔은 희며, 북해주(北海珠)의 색깔은 약간 푸르니, 각각 자기 방위의 색깔을 따른 것이다."라고 하였다.

우리나라에서 나는 진주는 남해에서 얻는 것이 많다. 색깔이 엷은 흰색이고 천연의 보배로운 빛이 나서 중국 사람들이 매우 진귀하게 여긴다. 하지만 우리나라의 어부들은 물속에 헤엄쳐 들어가서 진주를 채취하는 기술이 없어서, 간혹 조개를 먹다가 어금니와 뺨 사이에서 얻는 것이 수천수백 분의 하나일 따름이다.

---

93 문맥상 원형을 따른다는 의미인 '隨'의 오자이거나, 타원(橢圓)의 '타(橢)'일 것으로 생각되어 전복의 모양에 의거하여 후자로 번역했다.

옛말에, "방(蚌)이 우레를 들으면 움츠러든다. 진주를 잉태한 것이 마치 사람이 아이를 밴 것 같기 때문에 주태(珠胎)라고 한다. 8월 보름에 달이 안 뜨면 해방(海蚌)에게 주태가 없다."고 하였다. 좌사의 부에서 이르기를, "방합(蚌蛤)의 주태는 달과 함께 차고 기운다."라고 한 것이 바로 이것이다.

▍평설

어명고에서 해방(海蚌)은 '바다긴조기'로 기록되어 있지만, 오늘날의 정확한 이름을 비정하기가 어렵다. 문자 그대로 바다긴조개라면 그 대상이 너무 많기 때문이다. 어명고의 설명도 주로 진주에 관한 이야기만 나오고 해방(海蚌)의 모양이나 특성을 설명하지 않고 있다.

진주조개는 진주조개과에 속하는 패류로 조개의 내부에 작은 핵을 넣어 진주를 양식하는 데 사용된다. 남해안 통영지역에서 양식이 이루어지고 있다. 원래 일본의 특산이었으나, 1965년에 일본으로부터 진주조개의 모패를 이식해서 양식하기 시작했다. 따라서 어명고의 해방은 진주조개일 수 없다.

『화한삼재도회』에는 해방이 수록되어 있지 않고, 해합(海蛤)만 '여러 가지 잡다한 조개의 총칭으로 한 가지 조개를 지칭하는 것은 아니다'라고 설명하고 있다. 중국에서 해방(海蚌)이라고 부르는 조개는 중국명이 서시설(西施舌)이다. 귀비방(貴妃蚌), 장항해방(漳港海蚌)이라고 부르며 학명은 Mactra antiquata이다. 이 조개는 개량조개과에 속하는 노랗고 둥근 명주개량조개(황조개)이며, 어명고의 '긴 조개'와는 모습이 합치되지 않는다.

〈원문〉 海蚌【바다긴조기】如江浦間蚌而大. 凡蚌之産珠者, 皆海蚌也.

> 熊太古稱南珠色紅,西洋珠色白,北海殊色微靑,各隨其方色也.我東之
> 産,多得之南海.其色淡白,有自然寶光,華人甚珍之.然我東蜑戶,無泅水
> 採珠之技.其或食蚌蛤,而得之牙頰間者,千百之一耳.古云蚌聞雷則瘠
> 瘦.其孕珠如人懷孕,故謂之珠胎.中秋無月,則蚌無胎.左思『賦』云,蚌蛤
> 珠胎,與月盈虧,是也.

69. 문합(文蛤)【딕합조기】

문합(文蛤)은 곳곳의 해변에 있다. 껍데기 위는 뾰족하고 돌출하였으며, 아래는 넓고 둥글납작하다. 두 껍데기를 서로 합치면 위의 것은 양(陽)이 되고 아래의 것은 음(陰)이 된다. 양각 안의 뾰족한 곳에 3개의 작은 이빨이 있고, 음각 안의 뾰족한 곳에 3개의 작은 홈이 있어 서로 맞물려 긴밀하게 합쳐진다. 밖에 작고 검은 피막이 있어서 음양의 껍데기를 연결하는데 마치 문짝에 붙어 있는 경첩과 같다. 안쪽에 살이 있고 내장이 있는데 깨끗이 씻고 잘라내어 생강초를 쳐서 술안주로 올릴 수 있고, 또한 소금에 절여 젓갈로 담을 수 있다.

껍데기 안쪽은 희고 바깥쪽은 자줏빛을 띤 검은색의 아롱진 무늬가 있는 까닭에 문합(文蛤)이라고 하고 화합(花蛤)이라고도 한다. 또 순갈색으로 된 것도 있고 순백색에 무늬가 없는 것도 있다. 큰 것은 둘레가 8~9치이고 작은 것은 2~3치이다. 또한 가늘고 작은 것이 있는데 1치가 못되는 것도 있다.

남양과 수원 해변지역에 조수가 물러나면 문합이 곳곳에 널려 있어서 모두 채취해도 끝이 없다. 북쪽으로 서울에 수송하여 날마다 먹는 반찬으로 삼는다. 껍데기는 자르고 갈아서 바둑알을 만들며, 또한 불에 구워 부수고 가루로 만들면 석회를 대신할 수 있다.

안: 『동의보감』에서는 문합(文蛤)과 해합(海蛤)을 같은 종류로 여겼고, 또 이르기를, "동해에서 나는 것은 크기가 참깨[94] 같은데, 자줏빛 광채가 나며 썩어 문드러지지 않은 것이 문합이고, 문드러진 것이 해합이다."라고 하였다. 이는 이천의 『의학입문』을 답습하여 틀린 것이다.

심괄의 『몽계필담』에는 문합과 해합의 다른 점을 분변하기를, "대합(大蛤)은 즉 오나라 사람들이 먹는 화합(花蛤)이다. 해합은 바닷가의 진흙과 모래 속에서 얻는데, 큰 것은 바둑알만하고 작은 것은 깨 알갱이만하다. 누른빛 도는 흰색인데 간혹 붉은색이 서로 섞여 있으니 대체로 같은 종류가 아니다. 곧 여러 합(蛤)의 껍데기는 바닷물에 갈리어 빛이 나니 모두 예전에 바로잡은 합(蛤)의 등속이 아니다. 종류가 지극히 많아 한 사물만 지적하는 것이 아니므로 통틀어 해합이라고 할 따름이다."라고 하였다. 『몽계필담』은 본래 드물고 귀한 책이 아닌데도 이천은 어찌 보지 못한 것인가.

▌평설

어명고에 문합(文蛤), '대합조개'로 기록된 조개는 대합조개를 설명하고 있다. 『표준국어대사전』에도 문합은 백합(白蛤), 대합조개로 풀이되고 있다. 대합조개(Meretrix lusoria)는 백합과에 속하는 조개로 문합(文蛤), 화합(花蛤), 백합(白蛤)이라고도 한다. 따라서 대합과 백합은 한 조개의 이름인데도 어명고에는 백합(白蛤)이란 조개가 별도로 기록되어 있다. 아마도 어명고의 저자가 대합과 백합을 별도의 종이라고 보고, 대합조개를 문합(文蛤)이라고 표기한 것으로 보인다.

백합은 백합과에 속하는 고유종 '백합'을 말하기도 하지만, 백합과에는 솜털백합, 비늘백합, 쇠백합, 주름백합, 비단백합, 말백합 등등

---

94 巨勝: 검은 참깨로 『물명고』에서는 '호마는 종자가 검어 검은깨라 하며 거승(巨勝)이라고도 한다' 하였다.

대합

백합이란 이름이 들어간 비슷비슷한 조개가 여럿이다. 따라서 일반적으로 백합이라 할 때 이러한 조개를 아우르는 총칭으로 쓰이기도 하는 것이다. 어명고에서 대합조개를 문합으로 부르고, 다시 백합을 설명하는 것은 생물 분류학이 발달되지 않은 당시의 실정을 반영한다.

　대합, 백합은 담수가 섞이는 해변 진흙 모래펄에 서식하며 속살은 맛이 좋아 여러 가지로 요리해서 식용하고, 껍데기는 두꺼워서 바둑돌, 고약용기로 쓰이고, 태워서 만든 석회는 고급 도료 등에 쓰인다.

〈원문〉 文蛤【디합조기】處處海濱有之. 其殼上尖而隆突, 下闊而扁圓. 兩殼相合, 在上者爲陽, 在下者爲陰, 陽殼內尖處, 有三小齒. 陰殼內尖處, 有三小溝, 以相嵌緊合. 外有小黑皮, 連綴陰陽殼如門扇鏶鉸. 殼內有肉有腸, 淨洗批切, 可以薑醋薦酒, 亦可鹽醃爲醢. 其殼內白, 而外有紫黑斑文, 故名文蛤, 亦名花蛤. 或有純褐色者, 又或有純白無文者. 大者圍可八九寸, 小者二三寸, 亦有細小, 不能以寸者. 南陽·水原海濱之地, 潮退, 蛤留遍地, 皆是取之無盡, 北輸于京, 爲日用常饌. 其殼可切磋, 作棊子, 亦可火煅爲粉, 以代石灰. 案:『東醫寶鑑』, 以文蛤·海蛤爲一種, 且云生東海, 大如巨勝, 有紫文彩, 未爛者爲文蛤, 已爛者爲海蛤. 此襲李梴『醫學入門』

而誤者也.沈括『夢溪筆談』有辨文蛤·海蛤之異者曰,文蛤,卽吳人所食花蛤也.海蛤,得之海濱泥沙中,大者如棊子,細者如油麻粒.黃白或赤相雜,蓋非一類.乃諸蛤之房,爲海水礱礪光瑩,都非舊質.蛤之屬其類至多,不適指一物,故通謂之海蛤耳.『夢溪筆談』本非僻書,而李豈未之見耶.

70. 백합(白蛤)【모시조기】

서해와 남해에서 나는데, 모양이 문합(文蛤)과 같지만 작아서 지름이 1치가량이다. 껍데기는 옥처럼 희고 가늘며, 가로로 결이 있는데 흰모시의 실오라기와 같은 까닭에 민간에서 저포합(苧布蛤)이라고 한다. 껍데기째로 삶아 익혀서 술안주로 낼 수 있고, 또한 소금에 절여 젓갈을 담아도 된다.

▮평설

모시조개

어명고에는 백합(白蛤), '모시조기'로 기록되어 있지만, 모시조개는 백합과 별도의 종류이다. 모시조개는 가무락조개라고도 불리며『물명고』에는 현합(玄蛤)이라 기록되어 있다.

　어명고의 저자가 우리말 이름이자, 지방이름인 모시조개를 한자이름으로 저포합(苧布蛤), 그리고 백합이라 기록한 것으로 보인다. 모시조개 역시 백합과에 속하며, 어떤 지역에서는 백합이라 불리기도 한다.

　가무락조개는 껍데기가 검고 겉면은 가는 방사늑(放射肋)과 성장맥(成長脈)이 서로 교차되어 천[布木]과 같다. 겉면은 황갈색의 각피로 덮여 있으나, 가장자리는 자색이고 때로는 백색인 경우도 있으며, 조가비의 안쪽은 청백색이다. 껍데기가 검다고 해서 가무락이라 한다. 패각의 색깔은 살고 있는 저질의 색깔에 따라 검은색에서부터 짙거나 옅은 황갈색에 이르기까지 다양하다.

　지역에 따라 다양한 방언으로 불린다. 대부분 지역에서 모시조개라 불리지만, 인천, 영광, 함평에서는 까무락으로도 불린다. 인천, 군산에서는 까막조개, 장흥, 보성, 고성에서는 백대롱 혹은 흑대롱이라 한다. 이외에 군산에서는 대동이라고도 부르며 고창에서는 다령, 보령·서천·홍성에서는 검정조개, 서천에서는 대롱, 서산·태안에서는 까막, 영덕에서는 깜바구라 한다. 우리나라에서는 남해안과 서해안에 분포하며 서해안에 특히 많다.

〈원문〉 白蛤【모시조기】生西南海, 形如文蛤而小, 徑可寸許. 甲白如玉, 有細橫理, 如白苧布經縷, 故俗呼苧布蛤. 連甲煮熟, 可以薦酒, 亦可鹽醃爲醢.

71. 합리(蛤蜊)【춤 조기】

바닷가 곳곳에 있다. 껍데기는 회색을 띤 흰색이고 가늘고 가로로 된 결이 있으며 입술은 엷은 자주색이다. 살은 장이나 젓을 담을 수 있고 껍데기는 불에 태워 부수어 회를 만들 수 있지만 굴 껍데기로 만든 회에는 미치지 못한다.

또 한 종류가 있는데 합리(蛤蜊)와 비슷하지만 작다. 큰 것은 1치이고 작은 것은 5~6푼이다. 어떤 것은 회색을 띤 흰색이고 어떤 것은 자줏빛 무늬와 검은색 무늬가 있다. 이따금 조갯살 속에서 진주를 얻는 경우가 있으니 색깔이 쌀가루와 같아서 함진(鹹螷)처럼 품질이 좋지는 못하다. 일본인들은 아자리[淺蜊]라고도 부른다.

▌평설

바지락

어명고에 합리(蛤蜊), 참조개로 기록된 조개는 바지락이다. 한자사전에 리(蜊)는 '참조개 리'로 참조개, 바지락, 새조개란 뜻으로 되어있다. 바지락은 백합과 같이 백합과에 속하는 조개이다. 『자산어보』에는 천합(淺蛤)이란 이름으로, "살도 또한 풍부하며 맛이 좋다."는 기록이 있다.

바지락은 껍데기의 길이가 4cm, 높이는 3cm 정도이며, 회색을 띤 흰색에 회색을 띤 푸른색의 무늬가 있으나 개체변이가 심하다. 민물이 섞이는 모래펄에 사는데 반지락, 바지라기, 바지락조개, 바지랑이, 참조개로 불리기도 한다.

한국인이 많이 먹는 조개로 주로 국물을 내는데 사용되며, 칼국수와 해장국 국물에도 잘 어울리는 조개이다. 양식이 쉬워서 어민의 소득원으로 활용된다. 칼슘, 철, 인, 비타민 B2가 풍부하여 담즙의 분비를 촉진하고 간장의 기능을 활발하게 하는 작용이 있어 예로부터 황달에 바지락 끓인 물을 먹였다. 피로해소 및 숙취제거 식품으로 애용되며 조혈작용도 한다.

일본인들은 합리를 시오후키[蛤蜊]라 부르며 조간대의 모래나 펄에 서식하는 개량조개과의 동죽(Mactra veneriformis)으로 비정하고 있다. 어명고에서는 합리(蛤蜊)와 비슷한 조개를 일본에서는 아자리[淺蜊]라고도 부른다고 했다. 아자리는 바지락과 학명(Ruditapes philippinarum)이 일치한다.

〈원문〉 蛤蜊【춤조기】處處海濱有之.其殼灰白而有細橫理.唇微紫.肉可作醬醢.殼可火煅爲灰,然不及牡蠣灰. 又有一種,似蛤蜊而小.大者一寸,小者五六分.或灰白,或紫斑黑斑.往往有得珠於腸中者,色如米粉,不如蝛蠪之珠.日本人呼爲淺蜊.

72. 함진(蝛蠪)【함진조기】

바다의 개흙 속에서 난다. 모양이 거거(車渠)[95]와 비슷하나 골 무니가 없다. 얇고 납작하며 길다. 엷은 누른빛 도는 붉은색이며 가는 털이 있고 두 껍데기가 하나로 합쳐진다. 머리에 작은 이빨이 있어 서로 꽉 물리는 것이 문합(文蛤)과 같다. 껍데기 안에 살이 가득한데 맛이 담백하며 성질이 차다. 혹간 진주가 있는데 빛이 특이하므로 일본인들이 즐겨 채취한다.

무릇 일본의 진주는 모두 함진과 천리(淺蜊) 두 종류에서 구한 것이다.『가우본초』에는 생진(生進)이라고 되어 있고,『임해수토기』에는 함합(蝛蛤)으로 되어 있다.

▌평설

어명고에는『화한삼재도회』의 내용이 거의 그대로 전재되어있으며, 함진조개의 오늘날 이름은 확인하기 어렵다. 샙조개를 이르는 것으로 보는 견해도 있다(김명년. 2007). 샙조개는 연해(沿海)에서 나는 모시조개 비슷한 조개로 껍데기가 엷은 갈색에 여러 개의 방사성의 얼룩무늬가 있다. 길이는 4cm, 높이 3cm. 폭은 2cm인 삼각형으로 강원도의 동해안 연안에 많이 나며 맛이 아주 좋다.

『광재물보』에는 함진조개를, '마도조개와 비슷하며 납작하고 털이 있다. 살은 사람을 차게 하므로 초를 쳐서 먹는다.'고 기록하고 있다. 마도조개라면 검은 민물조개이어서 샙조개와는 다르다.『물명고』에도 함진조개가 동해에서 난다고 기록되어 있는데 오늘날 어떤 조개를 말하는지 확실치 않다.

일본에서는 이 조개를 진주조개(Pinctada fucata martensii)로 비정하고 있지만 우리나라에는 없었던 종류이다.

---

95 車渠(giant clam): 이매패류 중 세계 최대의 종이다. 껍데기 길이 약 140cm, 너비 약 30cm, 높이 약 60cm, 무게 약 230kg이다. 전체적인 모양은 부채를 펼친 것 같은 모양으로서 5개의 굵은 방사륵(放射肋)이 있다.

〈원문〉蝛蠯【함진조기】生海泥中.形類車渠而無溝文,扁薄而長.色淡黃赤,有細毛,兩殼相合一.頭有細齒,嵌合如文蛤.肉滿殼內,味淡性冷.徃徃有珠,光耀異常,故日本人喜探之.凡日本珍珠,皆得之蝛蠯・淺蜊兩種者也.『嘉祐本草』作生進,『臨海水土記』作蝛蛤.

73. 거오(車螯)【가쟝큰조기】

바다에서 나는 큰 조개이다. 『주례』에서는, "봄에 자라와 신(蜃)을 바친다."고 하였고, 주석에, "신(蜃)은 큰 조개[大蛤]이다."라고 하였다. 『예기』의 「월령」편에, "꿩이 바다로 들어가 신이 된다."고 하였고 주석에, "신은 큰 조개이다."라고 하였다. 그러므로 신은 큰 조개의 통칭이 되고 거오는 그중 하나인 것 같다.

껍데기 색깔은 자줏빛인데 찬란하게 빛이 나므로 기물과 예식용으로 차는 칼을 장식할 수 있다. 천자의 귀한 옥 칼집자루에 자개로 장식을 하고, 선비도 칼집자루에 자개로 장식을 한다. 허숙중이, "요신(珧蜃)의 껍데기는 물건을 장식하는 여신(蠯蜃)에 속하는 것이다."라고 한 것이 이것이다.

살은 비교적 굳고 단단해서 합리(蛤蜊)의 부드러움에 미치지 못한다. 대체로 거오의 장점은 껍데기에 있지 살에 있지 않다. 종요는, "거오(車螯)와 감려(蚶蠣)는 겉모양이 안쪽으로 일그러져 있고, 울퉁불퉁한 껍데기로 바깥을 감싸고 있고, 향기도 없고 냄새도 없으니 기와조각과 다른 것이 있겠는가. 부엌에 채워서 오래 두고 먹는 것은 장점은 버리고 단점을 취하는 것이다."라고 말했다.

진장기와 나원은, "큰조개는 능히 기를 토하여 누대(樓臺)를 만든다."고 했다. 지금 동쪽과 남쪽 섬과 포구에서 맑고 따듯한 날에는 멀리에 누대가 있는 것이 보이며, 사람과 물건이 변화하는 것 같다. 이는 큰 조개 종류가 모이는 곳이다. 혹자는 신루(蜃樓)라 하며 교신(蛟蜃)이 조개 종류의 신(蜃)과 이름은 같지만 실은 다른 것이라 하는데 잘은 모르겠다.

▌평설

어명고에서는 거오(車螯)를 신(蜃)이라고 표기하고 한글로 '가쟝큰 조기'라고 병기하고 있다. 조개는 작은 것도 많지만, 큰 종류도 많다. 인도, 태평양의 산호초 속에 서식하는 대왕조개(Tridacna gigas)는 대형 조개로 패각의 길이가 약 1.5m, 무게는 약 225kg이다. 이렇게 큰 조개는 인간에게 외경의 대상이 될 수도 있을 것이다.

어명고에서는 중국의 고서를 인용해서 이 조개가 '능히 기를 토해서 누대를 만든다'고 하였다. 오늘날의 신기루(蜃氣樓)를 말하는 것이다. 신기루는 대기층이 불안정하고 빛이 굴절해서 물체가 실제 위치가 아닌 곳에서 보이는 시각현상이다. 사막이나 바다와 같이 바닥면과 대기의 온도차가 큰 곳에서 볼 수 있는 현상이다. 해시신루(海市蜃樓), 해루(海樓), 신루(蜃樓), 신루해시(蜃樓海市)라고도 한다. 신

일본의 풍속화 중 신기루

기루는 기상현상이기도 하지만 환상으로 빚어진 경관이나 사물을 말하며 우리생활에서 헛된 일을 비유하는 성어가 되어 있다.

중국의 『사기』에는, "바닷가 신이 토해 내는 모습이 누대처럼 보이고, 넓은 들판의 기운은 궁궐을 이룬 듯하다[海旁蜃氣象樓臺, 廣野氣成宮闕然.]."고 하였다. 신(蜃)은 조개라는 뜻도 있지만 이무기를 말하기도 한다. 이무기는 용이 되려다 용이 못 되고 물속에서 산다는 상상의 동물로 중국에서는 교룡(蛟龍)과 같은 의미로 쓰이기도 한다. 중국의 백과사전에는 신은 '전설의 교룡 종류로 능히 기를 토해 신기루를 만든다[傳說中的蛟屬, 能吐氣成海市蜃樓.]'고 쓰여 있다.

〈원문〉 車螯【가쟝큰조기】海中大蛤也.『周禮』春獻鼈蜃, 註蜃大蛤也.「月令」雉入海爲蜃, 註蜃大蛤也. 蓋蜃爲大蛤之通稱, 而車螯居其一也. 其殼色紫而璀粲光耀, 可餙器物・禮佩刀. 天子玉琫而珧珌, 士珧琫而珧珌. 許叔重謂珧蜃甲, 所以餙物瑤蜃屬, 是也. 肉頗堅硬, 不如蛤蜊之耎. 蓋車螯之美在甲, 不在肉. 而鍾絲云, 車螯・蚶蠣眉目內缺, 獵殼外緘, 無香無臭, 瓦礫何殊. 宜充庖廚, 永爲口食, 則可謂捨長而取短矣. 陳藏器・羅願, 皆謂蜃能吐氣爲樓臺. 今東南海島澳, 每天晴日暖, 望見樓臺. 人物之形, 依約變化, 皆車螯之類所聚會處也. 或謂蜃樓, 卽蛟蜃所爲與蛤蜃之蜃, 同名異實, 未知孰是.

74. 감(蚶)【강요쥬】

관북에서 나는 조개의 한 종류로 모양은 문합(文蛤)과 같은데 큰 것은 지름이 8~9치 혹은 1자쯤 된다. 껍데기는 누른빛을 띤 검은색이며 가로로 가는 결이 있으며 세로로 기왓골과 같은 문양이 있다. 안에 살이 있는데 맛이 아주 뛰어나다.

현지사람들은 이것을 얇게 두들겨 사방 1치의 조각을 만들고, 꼬챙이에 꿰어 햇볕에 말려 술안주로 만드는데 품질이 뛰어나다. 민간에서는 강요주(江瑤柱)라고 한다. 그러나 『본초강목』에는, "강요(江珧)는 일명 옥요(玉珧)인데 껍데기가 옥처럼 아름답기 때문에 이렇게 이름을 지었다."고 하였다. 단성식의 『유양잡조』에 이르기를, "옥요(玉珧)는 모양이 방(蚌)과 비슷한데 길이는 2~3치이고 너비는 3치이다. 이것이 옥요이니, 타원형이면서 작아 마도(馬刀)와 같다."고 하였다. 지금 세상에서 말하는 옥요주(玉瑤柱)와는 크기와 색깔, 형상이 서로 같지 않다.

안: 『이아』에서는 괴륙(魁陸)이라고 하였고 곽박의 주에 이르기를, "모양이 해합(海蛤)과 비슷하다. 둥글고 두터우며 밖에는 종횡으로 무늬가 있으니 지금의 감(蚶)이다."라고 하였다. 형병의 『소』에서는 『영표록이』을 인용하여 이르기를, "와구자(瓦溝子)는 남중(南中)에서 감자(蚶子)라고 하니, 그 껍데기가 기와지붕의 모양과 비슷하기 때문에 이렇게 이름을 지었다."고 하였다.

우리나라 민간에서는 강요주라고 부르니 바로 『이아』의 괴륙(魁陸)이고, 『본초』의 괴합(魁蛤)이다. 일명 와옥자(瓦屋子)라고도 하고 와롱자(瓦壟子)라고도 한다. 또 다른 이름은 복로(伏老)이다. 『설문해자』에서 이르기를, "늙은 박쥐[96]가 변해서 괴합(魁蛤)이 되었다. 그래서 복로라고 하였다."고 하였다. 소동파가 "강요주는 여지(荔枝)[97]와 비슷하다."라고 말한 것은 별다른 종류이니 우리나라에도 그것이 있는지 모르겠다.

---

96 伏翼: 박쥐[蝙蝠]와 같은 의미로 낮에 엎드려 있어도 날개가 있다고 해서 복익이라고 한다.
97 열대과일로 여지 혹은 리찌(litchi)라 한다.

▌평설

피조개

어명고의 강요주는 꼬막 종류를 말한다. 꼬막은 꼬막조개과의 조개 종류로 껍데기에 부챗살 모양의 골[放射肋]이 있다. 9~10월에 산란하며 모래 진흙 속에 산다. 강요주는 괴륙, 괴합, 복로, 와룡자와 같은 한자이름 외에 살조개, 안다미조개, 꼬마피안다미조개 등 여러 우리 이름이 있다.

꼬막은 크게 참꼬막과 새꼬막, 피조개의 세 종류로 분류된다. 꼬막 중 진짜 꼬막이란 의미에서 '참'자가 붙은 참꼬막은 표면에 털이 없고 쫄깃쫄깃한 맛이 나며 제사상에 올려져 '제사꼬막'이라고도 불린다.

꼬막류 중 최고급 종은 피조개이다. 꼬막류는 산소가 부족한 갯벌에 묻혀 살기에 호흡을 위해서 혈액 속에 철분을 함유한 헤모글로빈을 가지고 있어 붉은 피가 흐른다. 피조개라 이름 붙은 것은 참꼬막과 새꼬막에 비해 월등히 크고, 붉은 피를 두드러지게 볼 수 있기 때문이다. 조가비를 벌리고 조갯살을 발라내면 붉은 피가 뚝뚝 떨어진다.

꼬막 조개들은 예전에도 맛있고 귀한 음식으로 대접받았다. 허균이 쓴 「도문대작」에는, "강요주는 북청(北靑)과 홍원(洪原)에서 많이 난다. 크고 살이 연하여 맛이 좋다. 고려 때에는 원나라의 요구에 따라 모두 바쳐서 국내에서는 먹을 수 없었다."고 기록하고 있다(『성소부부고』). 강요주가 '크고 살이 연해서 맛이 좋다'고 하니 참꼬막이 아니라 피조개를 말한 것으로 짐작된다. 『우해이어보』를 쓴 김려(金鑢, 1766~1822)는 허준이 『동의보감』에서 와농자를 '관북지방에서 나는 강요주'라고 한 것을 비판하고 있다. 김려는 와농자는 꼬막으로, 강요주를 피조개로 구분해서 비정하고 있다. 어명고에서 큰 것은 지름이 1자가 된다고 했으니, 강요주는 피조개로 보는 것이 옳을 것이다.

〈원문〉蚶【강요쥬】關北出一種蛤,形如文蛤,而大者徑八九寸,或尺許. 其甲黃黑,而橫作細理,縱作瓦溝紋. 內有肉,甘美絕倫. 土人薄批,作方寸片,籤貫曝乾,爲酒儲佳品. 俗呼江瑤柱. 然『本草』江珧,一名玉珧,甲美如玉,故名. 段[98]成式『酉陽雜俎』云,玉珧形似蚌,長二三寸,廣三寸. 是玉珧,隋[99]圓而小如馬刀者也. 與今俗所謂江瑤柱,大小色狀,不相侔矣. 案: 『爾雅』魁陸,郭註云,狀如海蛤,圓而厚,外有理縱橫,卽今之蚶也. 『疏』引『嶺表錄異』云,瓦溝子,南中呼爲蚶子,以其殼似瓦屋之形,故名焉. 我東俗所謂江瑤柱,卽『爾雅』之魁陸,『本草』之魁蛤. 一名瓦屋子,一名瓦壟子,又名伏老. 『說文』云,老伏翼化爲魁蛤,故名伏老. 若東坡所謂江瑤柱,似荔枝者,另是一種,未知我東亦有之否也.

75. 담채(淡菜)【홍합】

동해에서 난다. 해조류의 근처에 사는 것을 좋아하고 맛이 달고 담백한 것이 나물과 같기 때문에 조개 종류이면서도 나물이름[菜]이 붙은 것이다. 껍데기가 몸의 절반을 감싸고 있으므로 중국 절강성 사람

---

98 '段'의 오자이다.
99 문맥상 '隨'의 오자이거나, 타원(橢圓)의 '타(橢)'일 것으로 생각된다.

들은 각채(殼菜)라고 부르고, 살색깔이 붉기 때문에 우리나라 사람들은 홍합(紅蛤)이라고 부른다. 한쪽 끝에 털이 북실북실 났는데 혹간은 여러 마리가 모여 털로 서로 줄로 엮은 듯이 연결되어 있다.

달고 따뜻하며 독이 없어 피로를 풀어 주고 사람을 보호하는 효험이 있다. 특히 부인들의 산후에 나타나는 여러 증상을 낫게 하는 데 알맞아 우리나라 사람들이 가장 중요하게 여겨서 해삼과 효과가 같다고 한다. 『본초강목』에서는 동해부인(東海夫人)이라고 하였다.

▌평설

홍합

홍합은 사새목 홍합과의 조개로서 바닷가의 바위에 붙어 서식한다. 담치, 합자, 열합, 섭이라고도 불린다. 맛이 달면서 성질이 따뜻해 피부를 매끄럽고 윤기 있게 가꿔준다고 하며, 한방에서는 자양, 양혈, 보간의 효능이 있어 허약체질, 빈혈, 식은땀, 현기증, 음위 등에 처방한다.

우리나라의 전 해안에 분포하며 남해안의 일부지역에서는 양식하고 있다. 늦봄에서 여름사이의 산란기에는 맛이 떨어지므로 늦겨울에서 초봄이 제철이다. 5~9월에는 '삭시토닌(Saxitoxin)'이라는 독소가 들어 있어 겨울철에 먹는 것이 안전하다.

홍합은 껍데기가 검은데다 속살은 붉고 검은 털이 많이 나 있다. 그 털은 족사(足絲)라는 섬유다발로 접착성이 강해 그것을 이용해 바위에 붙어산다. 최근 우리해안에 지중해담치가 퍼지고 있고, 껍데기 안쪽이 진주와 같은 빛깔이 난다고 하여 '진주담치'라는 이름이 붙었다. 홍합과 유사하게 생겼으나 대형종으로 껍데기가 얇고 너비가 넓다. 지중해담치도 족사를 내어 붙어사는데 강도가 강해 어른의 힘으로도 떼어내기 힘들며, 방파제나 어망, 부두의 다리 등에 달라붙어 문제를 일으키고 있다.

〈원문〉淡菜【홍합】出東海.好在海藻之上,而味甘淡如菜,故蛤類,而有菜之名.有殼包身之牛,故浙人呼爲殼菜.肉色紅,故東人呼爲紅蛤.一頭有毛鬖鬆,徃徃衆蛤,以毛相連如繩綴然.甘溫無毒,有已勞補人之功,尤宜婦人産後諸症,東人最重之,與海參同功.『本草』稱東海夫人.

76. 정(蟶)【가리맛】

바닷가 개펄에서 난다. 껍데기는 두어 치 정도 되는 작은 대나무 대롱 같고 살에는 두 개의 다리가 있는데 껍데기 밖으로 나와 있다.『본초강목』에 이르기를, "민월(閩粵) 사람들이 이것의 씨를 뿌리고는 조수의 들어옴을 살펴 흙을 쌓고 바닷물을 대는데 이것을 정전(蟶田)이라고 한다."고 했다. 살을 정장(蟶腸)이라고 하는데 지금 남양의 해변에 지천으로 널린 것이 모두 이것이다. 바닷가에 사는 사람들은 항상 쌀을 씻어 솥에 안치고는 아이를 보내 주워오게 하여 밥이 익는데 맞추어 국을 끓인다. 그래서 조개 씨를 뿌리고 기다리고 할 필요조차 없다.

속칭 토화(土花)라고 하는데, 『어우야담』에 이르기를, "만력[100] 연간에 우리나라에 온 장수가 서울에 주둔할 때 음식 만드는 일을 맡은 자를 보내 정(蟶)을 구하였다. 우리나라 사람들은 정이 무슨 사물인지를 몰랐다. 음식 맡은 자가 시장에 나가 가리켜 준 연후에야 중국 사람들이 토화(土花)를 정이라고 부르는지를 알게 되었다."라고 하였다.

▌평설

가리맛조개

어명고에 '정(蟶)', '가리맛'이라 기록된 것의 오늘날의 이름은 '맛조개'이다. 이 조개는 백합목 죽합과에 속하며 대나무처럼 가늘고 길며 식용으로 널리 사용된다. 내만의 모래진흙이나 갯벌에 주로 서식하며 방언으로 죽합, 개맛, 참맛, 끼맛, 개솟맛으로 불린다.

우리나라에서 나는 이 조개 종류는 모두 7종이지만, 식용으로 널리 사용되는 것은 맛조개이며 맛, 맛살로 불리고 있다. 길이는 10~15cm,

---

[100] 萬曆年間: 명나라 만력제 神宗의 연호이어서 신종이 다스리던 시기(1573~1619)를 지칭하며, 임진란 때 명나라가 군대를 보내왔던 때의 일이다.

너비는 약 1.5cm로 대나무처럼 가늘고 긴 원통형이다. 겉은 갈색이지만 살은 엷은 붉은색이다.

갯벌이나 얕은 바다의 모래펄에 타원형의 구멍을 파고 살며, 다른 조개류에 비해 입수공과 출수공이 유난히 길다. 갯벌에 물이 차면 구멍의 위쪽으로 올라와 물속의 유기물을 걸러먹는다. 썰물 때 작은 숨구멍을 찾아 모래를 걷어내고 이 구멍에 소금 등을 뿌리면 그 자극에 의하여 음경처럼 생긴 속살이 구멍 입구로 튀어나온다. 이러한 습성을 이용하여 잡기도 하고, '써개'나 '맛새'로 불리는 철사로 만든 갈고리 도구를 이용해 구멍 속을 더듬어 찍어내기도 한다.

어명고에 나오는 정전(蟶田)이란 것은 오늘날의 맛조개 양식장을 말한다. 비슷한 예로 감전(蚶田)은 중국에서 꼬막양식장을 말한다.

〈원문〉 蟶【가리맛】生海泥中.殼如數寸小竹管,而肉有兩股,出殼外.『本草』云,閩粤人以田種[101]之,候潮泥壅沃,謂之蟶田呼.其肉爲蟶腸,今南陽海畔,徧地皆是.濱海居人,每淅米入鐺,送童子拾取,可及飯熟,作羹臛.又無俟種田也.俗名土花,『於于野談』云,萬曆間,東征將士之住京者送掌饍者求蟶,我人不識蟶爲何物,掌饍者出市肆,指示然後,始知華人之呼土花爲蟶.

77. 모려(牡蠣)【굴조기】

일명 호(蠔)라고 한다. 『본초강목』에는 여합(蠣蛤)으로 되어 있는데 간혹 모합(牡蛤)이라고도 한다. 『임해이물지』에는 고분(古墳)이라고 하였다. 바닷가 조수가 드나드는 곳에서 나는데 돌에 붙어서 산다. 울퉁불퉁한 것이 서로 이어져 방처럼 되어있으므로 여방(蠣房)이

---

101 田種: 중국어로 '씨를 뿌리다' 혹은 '농사를 짓는다[耕種]'는 의미가 있다.

라고 한다. 처음에 생겼을 때에는 작아서 주먹크기만 한데 사면이 점점 자라서는 혹간은 바위처럼 큰 것도 있다. 또 여산(蠣山)이라고도 부른다. 살은 식품으로 먹는데 여황(蠣黃)이라고 하고, 껍데기는 불에 구워 가루로 만들어 약에 넣는데 여분(蠣粉)이라고 한다.

▎평설

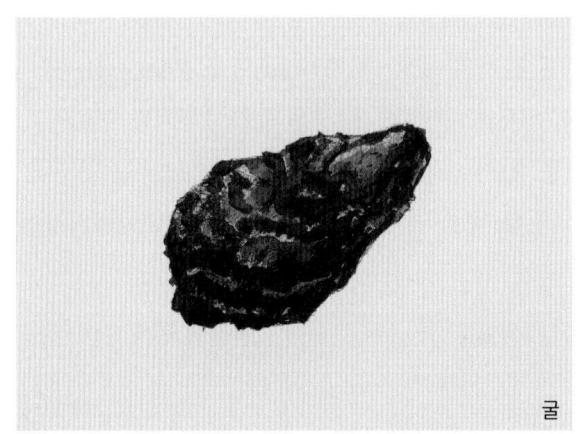

굴

굴은 사새목 굴과에 속하는 연체동물의 총칭으로 식용종은 참굴을 말하며 굴조개라고도 한다. 종류에 따라서 서식장소도 다른데, 참굴은 염분 농도가 낮은 조간대의 바위에 부착하지만 가시굴은 염분농도가 비교적 높은 내해의 바위에 부착한다.

굴을 식용으로 이용한 역사는 무척 오래되어 선사시대 조개 무덤에서도 굴 껍떼기가 많이 출토된다. 중국 사신인 서긍(徐兢, 1091~1153)이 고려를 다녀간 후 쓴 『고려도경』에도, "오로지 굴 종류는 썰물이 져도 도망가지 못해 사람들이 아무리 부지런히 주어 들여도 없어지지 않는다."고 할 정도로 우리 바닷가에 굴이 많았다.

굴은 왼쪽 껍데기로 바위 등에 붙으며, 오른쪽 껍데기는 좀 작고 볼록하다. 두 껍데기의 연결부에 이빨은 없고, 검은 인대로 닫혀 있다. 성장은 느리지만, 오랜 세월을 바위에 붙어 살다보니 굴이 굴을 뒤덮은 덩어리가 되어 살기도 한다. 옛 사람들은 이런 굴 더미를 호산(蠔山)이라고 했다. 어명고에서 여산(蠣山)이라 한 것과 같은 의미이다.

〈원문〉 牡蠣【굴조기】一名蠔.『本草』作蠣蛤,或稱牡蛤.『臨海異物志』作古賁.出海濱潮汐徃來處,附石而生.磈礧相連如房,謂之蠣房.初生小如拳,四面漸長,徃徃有大如巖石者.又呼蠣山.肉充食品,謂之蠣黃,房可煆灰入藥,謂之蠣粉.

78. 해라(海蠃)【흡힘】

라(蠃)는 라(螺)와 같은데, 또한 려(蟸)라고 쓰기도 한다. 바다에서 나는 해라(海螺)의 작은 것은 주먹만 하고 큰 것은 혹 말[斗]만하기도 하여 종류가 한 가지가 아니다.

안:『본초강목』에서 이르기를, "큰 것은 말만하다. 일남(日南)[102]의 남쪽바다[漲海][103]에서 난다. 향라(香螺)는 껍데기가 여러 색깔로 뒤섞여 있는 갑향[104]이란 것이고, 전라(鈿螺)는 광채가 나서 거울의 뒷면을 장식할 수 있는 것이다. 홍라(紅螺)는 엷게 붉은색이 나는 것이고, 청라(靑螺)는 비취색이 나는 것이고, 요라(蓼螺)는 여뀌[蓼]처럼 맛이 매운 것이고, 자패라(紫貝螺)는 곧 자패(紫貝)이다. 앵무라(鸚鵡

---

102 日南: 후한(後漢) 때 지금의 베트남에 있던 도시로 남쪽지방을 말함.
103 漲海: 중국 남해(南海)의 별칭이며 해풍현(海豊縣) 남쪽 50리에 있다(『구당서』).
104 甲香: 조개 종류의 껍데기로 위장통(胃腸痛), 이질(痢疾), 임질(淋疾), 치루(痔漏), 옴을 치료하는 약재임.

螺)는 바탕이 희고 자줏빛 머리가 새의 모양과 같은 것이다."라고 하였다.

　지금 우리나라에서 나는 것을 가지고 징험해 보건대, 전라와 홍라는 영남과 호남의 먼 바다에서 난다. 지금 통영(統營)에서 자개박이[螺鈿]로 여러 가지 기물을 만들고 꽃과 새, 물고기와 용의 무늬를 수놓는 것이 모두 이 해라의 껍데기이다.

　앵무라(鸚鵡螺)는 제주도의 먼 바다에서 나는데 사람들이 간혹 이것을 구하면 잔을 만든다. 그밖에 작아서 주먹만 한 것은 곳곳에 있다. 바닷가에 사는 사람들이 구하면 다만 살을 거두어 술안주로 먹거나 간혹 껍데기로 술잔을 만들 뿐이다. 껍데기는 모두 회색을 띤 흰색으로 광채가 없어 기물을 장식할 수 없다. 근래에 통영에서 나전 세공한 기물 중에는 전복의 껍데기를 사용하여 속이는 경우가 많다고 한다.

▎평설

뿔소라

　소라는 권패류 소라과에 속하며 방추형 모양에 직경 8cm, 높이

10cm 정도 크기의 대형종이다. 나층(螺層)은 6~7층으로 껍데기 겉이 어두운 푸른색이고 속은 회고 진주광택이 나며, 껍데기표면에 크고 작은 뿔 모양의 돌기가 많다. 소라과에는 소라 외에도 소라, 고둥이란 이름이 들어간 여러 종류가 속해 있으나 고둥류가 소라류에 비해 크기가 작은 편이다. 소라란 이름이 들어간 것은 소라, 납작소라, 월계관소라뿐이며 대부분 소라과 조개는 고둥이란 이름이 들어가 있다.

한자명으로는 해라(海螺)외에도 법라(法螺), 라(螺), 주라(朱螺) 등으로 불린다. 부산 포항등지에서는 소라고둥, 여수와 거문도에서는 꾸적, 제주도에서는 구쟁이, 해남과 통영등지에서는 살고둥 등으로 부르기도 한다. 살은 맛이 좋아 회, 구이 등으로 먹고, 우리나라에선 특히 제주도와 울릉도등지의 암초에서 많이 잡힌다. 껍데기는 공예품, 바둑돌 등에 이용한다. 살은 단백질이 풍부하며 지방이 적고 비타민A가 많지만 소화, 흡수율은 다른 생선에 비해 떨어지므로 노인과 병후 회복기에 있는 사람은 국물로 만들어 먹으면 좋다.

〈원문〉 海蠃【흡힘】與螺同,亦作螽.螺之産於海者,小者如拳,大或至斗許,種類不一.案:『本草綱目』云,大者如斗,出日南漲海中.香螺,壓可雜甲香者,鈿螺光彩,可餙鏡背者.紅螺,色微紅,靑螺,色如翡翠,蓼螺,味辛如蓼,紫貝螺,卽紫貝也.鸚鵡螺,質白而紫頭如鳥形.以今吾東之産驗之,鈿螺・紅螺,出嶺湖南海洋.今統營造螺鈿諸器,作花鳥魚龍之文者,皆此螺殼也.鸚鵡螺,出耽羅海洋,人或得之爲杯.其他小如拳者,處處有之.海人得之,但取其肉以薦酒,或作酢而已.其房皆灰白無光彩,不可以餙器用.近來統營螺鈿器,多用鰒甲僞之云.

III. 바닷물고기 중 확인하지 못한 것

Ⅲ. 바닷물고기 중 확인하지 못한 것

〈원문〉論海魚未驗.

우리나라는 삼면이 바다로 둘러싸여 있어서 동쪽으로는 일본과 가깝고 서쪽으로는 요해[105]와 접하고 있다. 조수가 왕래하는 것과 물고기와 자래[魚鼈]들이 낳고 자라는 것은 애초에 나라의 한계가 없으니 요해나 일본에서 나는 모든 물고기들은 모두 우리나라에서 나는 것이다. 그러나 지금 본초를 다룬 여러 학자들의 책과 『화한삼재도회』를 통해서 이름을 살펴보니 저들에게는 있는데 우리나라에는 없는 것이 10중에 2~3은 차지하고 있으니 무슨 까닭인가?

이는 원래 없었던 것이 아니라 고기 잡는 어부[漁工海夫]들은 능히 그 이름을 말하지 못했고, 공부하는 선비[學士大夫]들은 관심을 갖고 교감하고 징험하지 않고, 다만 그 없는 것을 의심하였을 뿐이다. 지금 그 모양과 이름, 색깔을 아울러 열거하여 물어보고 바로잡는 데에 대비할까 한다. 모두 아홉 종류이다.

▎평설

어명고의 저자가 문헌상으로 이름은 알고 있지만, 실제 확인하지 못한 바닷물고기에 대해 논하고 있다. 저자는 중국, 조선, 일본 3국이 서해바다를 같이 하고 있어서 생물상도 같을 것이라고 보고 있다. 그러나 논한 9종 중 5종은 큰 강에서 나는 물고기이다. 그리고 같은 한자이름으로 된 중국 물고기가 조선, 일본과 다를 수 있거나, 한 물고

---

105 遼海: 渤海와 같은 말로 중국 산동반도와 요동반도 사이의 바다 이름이다.

기가 서로 다른 한자이름으로 불릴 수 있다는 점은 간과하고 있다.

〈원문〉 我國三面環海, 東鱗日本, 西接遼海. 潮汐之所徃來, 魚鱉之所孶育, 初無有方域之限, 則一切魚族之出遼海·日本者, 皆吾東產也. 然今以本草諸家及『和漢三才圖會』, 按名考驗, 則其彼有而此無者十居二三, 何哉. 盖未嘗無之, 而漁工海夫, 不能言其名, 學士大夫, 又不肯留心勘驗, 遂疑其無耳. 今並列其形名色狀, 以備詢考證正, 凡九種.

1. 전(鱣)

『본초강목』에 이르기를, "전(鱣)은 양자강 중·하류와 회하, 황하와 요해의 깊은 물에서 나는 비늘이 없는 큰 물고기이다. 그 모양은 심(鱘)과 닮았고 색깔은 회색을 띤 흰색이다. 등에는 골갑(骨甲)이 세 줄기로 나 있고 코는 길며 수염이 있고 입은 턱 아래에 가까우며 꼬리는 갈라졌다. 나오는 때는 3월인데 물을 거슬러 올라오고, 사는 곳은 자갈과 바위가 있는 물이 흐르는 곳이다. 먹는 것은 입을 벌려 사물과 접하여 그들이 스스로 들어가기를 기다리며 먹이만 먹고 물은 마시지 않는다. 게와 물고기가 잘못 들어가는 경우가 많다.

작은 것도 1백근에 가깝고, 큰 것은 길이가 2~3장이 되며 무게는 1~2천근에 가깝다. 냄새가 몹시 비리다. 기름과 살이 층층이 서로 사이를 두고 있는데 살빛은 희고 기름 색깔은 밀랍처럼 누렇다. 등마루 뼈에서 코에 이르기까지 지느러미와 아가미가 나있는데 모두 연하여 먹을 수 있다.

배와 알은 소금에 절이면 좋고, 부레도 아교로 만들 수 있으며, 살과 뼈는 끓이거나 굽거나 젓을 담아도 모두 맛있다. 일명 황어(黃魚)라고 하기도 하고 납어(蠟魚)라고 하기도 하며 옥판어(玉版魚)라고 하기도 한다. 요동 사람들이 부르는 이름은 아팔아홀어(阿八兒忽魚)이다."라고 하였다.

『화한삼재도회』에서 이르기를, "전어의 작은 것은 2~3자이고 큰 것은 2~3장인데 모양이 대략 도롱뇽을 닮았으나 머리가 납작하고 둥글며 부리는 뾰족하고 눈이 크다. 입이 턱 아래에 있으며 넓고 크다. 이빨이 있는데 단단하고 예리하다. 등에는 3개의 갑골이 있으며 꼬리는 갈라졌고 비늘은 없고 사주(沙珠)가 있어 상어의 껍질과 같은데 회색을 띤 흰색이다.

종류에는 다섯 가지가 있다. 하나는 시로메후카[百目鱣]인데 작은 것은 2~3자이고 큰 것은 2~3장이며 등은 회색을 띤 흰색이고 배는 흰색이며 이빨은 크고 사람을 잘 문다. 고기는 맛이 좋다. 또 다른 하나는 우시후카[牛鱣]인데 모양이 시로메후카와 비슷하고 회색을 띤 검은색이며 이빨이 없고 길이는 3자 쯤 된다. 또 다른 하나는 네코후카[貓鱣]인데 머리가 고양이와 비슷하면서 납작하다. 몸에는 호랑이처럼 아롱진 무늬가 있고 이빨이 있으며 크기는 3~4자이며 맛은 별로 좋지 않다.

또 다른 하나는 가세후카[加世鱣]이다. 길이가 3~4자인데 혹 한 길이 되는 것이 있으며 회색을 띤 검은색이다. 입은 작고 이빨은 잘며 귀가 있고 눈동자가 귀 끝에 있다. 이 전(鱣)은 바다에 있어 사람을 해치지 않는다. 지역사람들이 그 쓸개를 취하여 감안약(疳眼藥)[106]을 만든다. 또 다른 하나는 사카다후카[坂田鱣]인데 크기가 2~3자이고 머리는 둥글고 납작하여 둥근 부채와 비슷하며, 몸은 좁고 길어 부채 자루와 비슷하다. 색깔은 회색이 도는 검은색이다."라고 하였다.

---

106 疳眼: 수유나 음식조절을 잘못한 어린아이에게 생기며 눈이 깔깔하고 허는데 더 심해지면 짓무르기도 한다.

안: 이 두 가지 설에 근거해 보면 요해와 일본은 모두 전어가 나는 땅이니 그사이에 끼어 있는 우리나라는 더욱 더 말할 것도 없다. 그러나 속명을 무엇으로 부르는지 연구해도 상세히 알 길이 없다.

지난해에 안변(安邊)의 어호에서 그물을 쳐서 큰 물고기를 잡았는데 길이가 거의 2장이 되었다. 누른 껍데기가 몸 전체를 덮고 있어 용이 아닐까 하고 놀라 급히 물을 먹였더니 입이 턱 아래에 있는데 주는 대로 물을 먹었다. 때마침 학포[107]에 놀러온 서울에 사는 선비가 있었는데, 『시집전』의, "전어는 용과 비슷한데 황색이고 입이 턱 아래에 있다."는 문장을 들어 전(鱣)이라고 비정하였다.

그러나 전어는 실상 회색을 띤 흰색이다. 『시집전』에서 말한 "용과 비슷한데 황색이다."라는 말은 아마도 곽박의 『이아』주에 '강동에서는 황어(黃魚)라고 한다.'라는 훈고를 답습한 것인 듯한데 황색이라고 말한 것은 다만 살과 기름이 황색이라는 것을 뿐이지 몸이 황색이라는 것은 아니다. 또 전(鱣)과 유(鮪)는 먹이는 먹지만 물은 마시지 않는다. 그러므로 『회남자』에서 말하기를, "사다새[鵜鶘]는 물을 몇 말을 마셔도 부족하지만 전유(鱣鮪)는 입에 이슬만큼 물을 넣어도 죽는다."라고 하였는데, 이 물고기에게 물을 주었더니 즉시 마셨다고 한다니 전어가 아닌 것이 분명하다.

평설

중국의 문헌에 나오는 물고기인 전(鱣)은 철갑상어 종류를 말한다. 현재 중국에서 전(鱣)은 심과(鱘科) 어류의 일종인 황어(鰉魚)로 비정되어 있고, 중문학명은 중화심(中華鱘)이며 라틴학명은 Acipenser

---

107 鶴浦: 함경도 안변의 지명. 고종 때에 학포를 강원도 흡곡(歙谷)으로 환속시켰다.

철갑상어

sinensis Gray이다. 황어는 심어(鱏魚), 황심(鰉鱘), 대라자(大癩子), 황심(黃鱘), 심사(鱏鯊) 등의 이름으로도 불리고 있다. 체장은 보통 2m 가량 되며 아주 크면 5m에 달하기도 한다. 모습이나 습성, 그리고 식이습관은 『본초강목』에서 묘사한 그대로이다. 중국에서는 1급 보호동물로 지정되어 있으며 '수중의 살아있는 화석[水中活化石]'이라고 불린다.

우리나라에 살고 있던 철갑상어는 크기는 2m에 달하며 서해안의 금강에 분포했지만 1995년 이후에는 관찰되지 않고 있다. 우리 철갑상어의 학명은 Acipenser sinensis Gray로 중국의 철갑상어의 한 종류인 황어(鰉魚)와 일치한다.

일본의 『화한삼재도회』에는 전(鱣)을 후카[鱏]라고 병기하고 있는데, 후카는 상어[鮫, 사메]와 용상어[蹀鮫, 초사메]를 의미한다.

〈원문〉 鱣. 『本草綱目』云, 鱣出江淮 · 黃河 · 遼海深水處, 無鱗大魚也. 其狀似鱘, 其色灰白, 其背有骨甲三行, 其鼻長有鬚, 其口近頷下, 其尾歧. 其出也以三月, 逆水而上, 其居也, 在磯石湍流之間, 其食也張口接物, 聽

其自入,食而不飮,蟹魚多誤入之.其小者近白斤,其大者長二三丈,至一
二千斤.其氣甚腥,其脂與肉,層層相間,肉色白,脂色黃如蠟.其脊骨及鼻
並鬐與鰓,皆脆軟可食.其肚及子鹽藏亦可,其鰾亦可作膠,其肉骨煮炙
及作鮓皆美.一名黃魚,一名蠟魚,一名玉版魚,遼人名阿八兒忽魚.『和
漢三才圖會』云,鱣小者二三尺,大者二三丈,狀畧類守宮蟲,而頭扁圓,
嘴尖眼大,口在頷下而濶大,有齒牙而堅利.背有三骨甲,尾有歧,無鱗,有
沙如鮫之皮,灰白色.種類有五,一曰,白目鱣,小者二三尺,大者二三丈,
背灰白腹白,齒大好嚙人.其肉味美.一曰,牛鱣,狀類白目鱣,灰皁色,無
齒,長三尺許.一曰,貓鱣,頭似貓而扁,身有虎斑文,有齒,大三四尺,味不
佳.一曰,加世鱣,大三四尺,或一丈,灰黑色.口小齒細,有耳,眼在耳端,此
鱣在海中,不害人.土人取其膽爲疳眼藥.一曰,坂田鱣,大二三尺,頭圓扁
似團扇,身狹長似團扇柄,而其色灰黑.案:據此二說,遼海・日本,皆是産
鱣之地,則介在兩間之我東尤無論也.然俗名云何,究莫可詳.向歲,安邊
漁戶,張網得大魚,長幾二丈,黃甲遍體,駭以爲龍,急以水灌之,則口在頷
下,隨灌隨吸.時有京居士子之遊鶴浦者,引『詩集傳』鱣魚,似龍黃色,口
在頷下之文,定爲鱣魚.然鱣實灰白色.『集傳』所云似龍黃色,蓋泓郭璞『
爾雅』註,江東呼爲黃魚之訓,而黃魚之稱,特因肉脂之黃耳,非謂身黃
也.鱣鮪食而不飮,故『淮南子』曰,鵜胡飮水數斗而不足,鱣鮪入口若露
而死,此魚灌水卽飮,則其非鱣明矣.

2. 심(鱏)

『본초강목』에, "심어(鱏魚)는 양자강과 회수, 황하와 요해의 깊은
물에서 나는데 전(鱣)의 종류에 속하는 물고기이다. 산속의 굴에 살
며 길이가 한 길 남짓이다. 봄이 되어야 나오기 시작하는데 물에 떠
서 햇볕을 받으면 눈이 반짝인다. 모양은 전과 같으나 등 위에 굳은
껍질이 없다. 색깔은 밝은 푸른색이고 배의 아래 색깔은 희다. 코가
길어 몸과 길이가 같고 입이 턱 아래 있으며 먹이를 먹기는 하지만

물을 마시지는 않는다. 뺨 아래에 푸른색의 아롱진 무늬가 있는데 매화 모양과 같다. 꼬리는 병(丙)자처럼 갈라졌고, 살은 순백색이며 맛은 전에 버금간다. 지느러미와 뼈가 무르지 않다."고 하였다.

나원이 이르기를, "심어의 모양은 가마솥과 같다. 위는 크고 아래는 작으며 머리도 크고 입도 커서 쇠투구와 비슷하다. 그 부레는 또한 아교를 만들 수 있다. 일명 심어(鱏魚)라고도 하고 벽어(碧魚)라고도 하며 유어(鮪魚)라고도 한다. 『예기』「월령」에 '늦봄에 천자가 유어(鮪魚)를 침묘(寢廟)에 바친다'고 하였는데 이 때문에 왕유(王鮪)라는 명칭이 생겨났다."고 하였다. 곽박이 이르기를, "큰 것은 이름이 왕유(王鮪)이고 작은 것은 이름이 숙유(叔鮪)이다. 더 작은 것은 이름이 낙유(鮥鮪)이다."라고 하였다.

안: 이시진이 심(鱘)을 심(鱏)이라고 하였고, 『이아석어소』에서, "심(鱏)은 코가 긴 물고기이고 무게가 천근이다."라고 하였다. 『후한서』「마융전」에는, "방서심편(魴鱮鱏鯿)을 말하였는데, 주에서 심(鱏)은 입이 턱 아래에 있으며 큰 것은 길이가 7~8자가 된다."고 하였으니 심(鱏)이 심(鱘)이라는 것은 믿을 만하다. 「전」에서 이르기를, "백아[108]가 거문고를 타면 심어가 나와서 들었다."라고 하였으니 음악을 좋아하는 물고기이다.

우안: 나원의 『이아익』에서는 다만, "유어(鮪魚)는 전어(鱣魚)와 비슷한데 푸른빛을 띤 검은색이고 머리가 작고 뾰족하다. 쇠로 만든 투구와 비슷하다."라고 말하고 더 이상 '모양이 가마솥과 같다.'라는 문장이 없으니 이시진이 어떤 판본에 근거하여 이렇게 말하였는지 알 수가 없다. 지금 『박고도』를 살펴보니, 심(鬵)[109]의 형상은 둥글고 아

---

108 伯牙: 춘추시대 초나라 악사로 거문고의 명인이다.
109 鬵: 용가마 심. 위가 크고 아래가 작은 시루 모양의 그릇을 말한다.

주 넓은데 다만 아래가 위에 비해 좁아져서 구부러져 있을 뿐이다. 심(鱏)은 몸이 둥글고 길며 꼬리 가까운 곳이 점점 좁아져서 심정(鐕鼎)의 모양과는 전혀 서로 닮지 않았다. 다만 『이아정의』에서 이르기를, "심어(鱏魚)는 격옥어(鬲獄魚)와 비슷한데 몸에 비늘이 없다."라고 하였으나 격옥어가 지금 무슨 물고기인지를 모르겠다.

▌평설

용상어

『본초강목』에 '심어(鱏魚)는 전(鱣)의 일종'이라고 기술되어 있지만 오늘날 중국의 분류단위로는 오히려 '전(鱣)이 심어(鱏魚)의 일종'이며 역시 철갑상어 종류이다. 심어의 별명으로는 유(鮪), 락(鮥), 숙유(鮛鮪), 위어(尉魚), 중명어(仲明魚), 심(鱏), 걸리마어(乞裏麻魚), 벽어(碧魚) 등이 있다. 모두 철갑상어 종류를 일컫는 이름이다. 철갑상어는 철갑상어목 철갑상어과에 속하며 이름에 상어가 들어 있지만, 연골어류인 상어와는 달리 경골어류에 속한다.

심어(鱏魚, Sturgeon)는 고대 이름이 심어(鱏魚)이며 체장이 5~7m까지 자라는 체형이 크고 수명이 긴 물고기이다. 중문학명은 심어(鱏

魚)로 심과(鱘科, Acipenseridae)에 8개종이 있으며, 국보급 천연기념물로 취급되고 있다. 최근 양식이 성행하면서 외국도입종과의 혼종이 일어나고 있다.

중국의 철갑상어류 중 3종이 우리나라 철갑상어와 같은 것이다. 중화심(中華鱘, Acipenser sinensis Gray)은 우리나라의 철갑상어이고, 중문심(中吻鱘, Acipenser medirostris Ayres)은 용상어이고, 달씨심(達氏鱘, Acipenser dabryanus Dumeril)은 칼상어이다.

경기도 방언으로 철갑상어를 심어(鱘魚)라고 부르며(『한국어도보』), 『재물보(才物譜)』에서는 철갑상어를 전어(鱣魚), 옥판어(玉版魚)라 부른다고 하였다. 그러나 동해안에서는 용상어를 심어(鱘魚)라 부르기도 한다(『한국어도보』).

〈원문〉鱘,『本草綱目』云,鱘出江淮・黃河・遼海深水處,亦鱣屬也.岫居,長者丈餘,至春始出,而浮陽見日,則目眩.其狀如鱣,而背上無甲.其色靑碧,腹下色白,其鼻長與身等.口在頷下,食而不飮,頰下有靑斑文,如梅花狀.尾歧如丙,肉色純白,味亞於鱣,鬐骨不脆.羅願云,鱘狀如鬵鼎,上大下小,大頭哆口,似銕兜鍪.其鰾亦可作膠.一名鱏魚,一名碧魚,一名鮪魚.「月令」季春,天子薦鮪于寢廟,故又有王鮪之稱.郭璞云,大者名王鮪,小者名叔鮪,更小者名鮥子.案:李時珍以鱘爲鱣,今考『爾雅釋魚疏』云,鱣長鼻魚也,重千斤.後漢『馬融傳』魴・鱮・鱣・鰋,註鱣口在頷下,大者長七八尺,鱣之爲鱘信矣.傳稱伯牙鼓琴,鱏魚出聽.蓋魚之好音者也.又案:羅願『爾雅翼』但云,鮪似鱣而靑黑,頭小而尖,似鐵兜鍪.更無狀如鬵鼎之文,未知李氏據何本而云然也.今考『博古圖』,鬵形圓而磅礴,但下比上微殺而鞠而已.鱘則身圓而長,近尾處次次漸殺,與鬵鼎之形全不相類.惟『爾雅正義』云,鱣魚似鬲獄魚,而身無鱗,未知鬲獄魚,在今爲何魚也.

3. 유(鮪)

『화한삼재도회』에서 이르기를, "유(鮪)와 전(鱣)은 심어(鱘魚)에 속하는 물고기이다. 『본초강목』에서 한 사물이라고 한 것은 정확한 것이 아니다. 심어(鱘魚)는 밝은 푸른색이고 코가 길어 몸길이와 같다. 유어(鮪魚)는 머리가 심어보다 크고 코가 길지만 심어만큼 길지는 않다. 입이 턱 아래에 있고 두 뺨과 아가미가 철투구와 같다. 뺨 아래에 푸른색의 아롱진 무늬가 있고 등과 배에는 지느러미가 있으며 비늘은 없다. 어떤 사람은 푸른빛을 띤 검은색의 잔 비늘이 살짝 있다고 한다. 배는 운모(雲母)를 바른 것 같이 희고 꼬리는 갈라졌으며 딱딱하다. 위쪽은 크고 가운데는 둥글고 아래쪽은 좁아진다. 큰 것은 1장 남짓이고 작은 것은 6~7자이다. 고기는 살지며 엷은 붉은색인데 등위의 살은 검은 피무늬가 2줄이 있으니 먹는 자는 이것을 제거해야 한다. 유어가 올 때에는 무리를 지어 난류를 타고 물위에 떠서 오는데 해가 비치면 눈이 반짝거린다, 고기 잡는 사람들이 잡아서 살은 회와 굽기에 알맞고 또 조려서 기름을 얻는다."고 하였다.

안: 여기에 근거해 보면 심어(鱘魚)와 유어(鮪魚)는 같은 류(類)이면서 두 종(種)이다. 위에서 『본초강목』의 심어와 유어를 합하여 하나로 여긴 것을 인용하였다. 그러므로 인용한 '코가 길어서 몸과 같다'라는 말은 곧 심어를 형용한 것이니 유어 또한 코가 길기는 하지만 몸과 같은 데에 이르지는 않는다. 또 인용한 '살빛이 순백색이라는 것은 또한 심어를 형용한 것이니 유어라면 살빛이 엷은 붉은색이다.

그러나 『이아정의』에서 이른, "유어는 전어와 비슷한데 코가 길다."라는 말과 육기의 『시초목충어소』에서, "유어의 큰 것은 왕유(王鮪)이고 작은 것은 숙유(叔鮪)이며 일명 낙(鮥)이라고 한다. 살빛은 희다."고 한 것은 유어와 심어를 뒤섞어서 하나로 여긴 것이 자고로 이미 이러하니 그 잘못이 『본초강목』에서 비롯된 것이 아니다.

　우안: 육기의 『시초목충어소』에서 이르기를, "유어는 지금 동래(東萊)와 요동(遼東) 사람들이 위어(尉魚)라고 하는데 혹 중명어(仲明魚)라고도 한다. 중명(仲明)은 낙랑의 위(尉)인데 바다에 빠져 죽어 이 물고기로 변하였다."고 하였다. 비록 그 설이 괴이하여 상식에 맞지는 않지만 유어가 낙랑에서 난다는 것은 분명하다.

　일본인들은 그 모양과 이름을 자세히 고찰하였는데 『화한삼재도회』에서 이미 그 모양을 그리고 또 우두화(宇豆和), 목록(目鹿), 목흑(目黑), 말흑(末黑), 파두(波豆) 등의 이름을 열거하였다. 그러나 우리나라 사대부들은 평소 박식하다고 이름난 자라 하더라도 그 속명을 어떻게 부르는지 알지 못한다. 소중화(小中華)의 문명국이라 하면서 초목조수의 이름을 많이 아는 데 있어서는 이에 옻칠을 하고 풀로 옷을 해 입는 무리들보다 못하니 이는 사대부들이 소학(小學)에 마음을 기울이려 들지 않기 때문이다.

▎평설

중국 철갑상어 백심

유어(鮪魚)는 현재 중국에서 다랑어를 말하기도 하지만, 철갑상어의 일종인 백심(白鱘)의 옛 이름이기도 하다. 백심은 속칭 상어(象魚), 상비어(象鼻魚), 주심황(柱鱘鰉), 비파어(琵琶魚)라고도 불리며, 학명은 Psephurus gladius Martens이다. 어명고에서 설명하려는 어종은 철갑상어의 한 종류인 백심으로 보아야 할 것이다. 백심은 우리나라에는 없는 철갑상어 종류이다.

『화한삼재도회』의 유어

『화한삼재도회』에서 설명한 유어는 일본 이름이 시비(しび), 하쓰(はつ)라고 병기되어 있으며 현재는 철갑상어와 다랑어의 의미로 비정되고 있다. 다랑어[鮪, 鱛]는 사바과 마구로속으로 분류되는 경골어류로 학명은 Thunnus이며 우리나라에서 참치로 불리는 어종이다. 또 유어의 종류로 열거한 우즈와[宇豆和], 메지카[目鹿], 메구로[目黑], 마구로[末黑], 하쓰[波豆]는 다랑어나 참치 종류의 이름이다. 일본에서도 유어(鮪魚)란 한자이름을 중국 물고기와는 다른 자기네 물고기 이름으로 쓰고 있는 것이다. 『화한삼재도회』의 유어 그림은 다랑어와 비슷하다.

〈원문〉 鮪.『和漢三才圖會』云, 鮪·鱣, 屬鱘之類也,『本草綱目』, 以爲一物者, 未精矣. 鱘青碧色, 鼻長與身等. 鮪頭大於鱘, 鼻長而不如鱘之長. 口在頷下, 兩頰腮如鋜兜鍪, 頰下有靑斑文, 背腹有鬐無鱗. 或曰微有些細鱗蒼黑色. 肚白如傅雲母. 尾歧而硬, 上大中圓下殺. 大者一丈餘, 小者六七尺. 肉肥淡赤色. 背上肉有黑血紋兩條. 食者宜去之. 其來成群, 乘暖浮水, 見日則目眩. 漁人取之, 肉中膽炙, 亦可熬取油. 案: 據此, 則鱘·鮪一類二種. 上所引『本草綱目』, 合鱘·鮪爲一, 故其所云, 鼻長與身等者, 卽所以形容鱘魚者, 鮪亦鼻長, 而不至與身等也. 其所云, 肉色純白者, 亦所以形容鱘魚者, 鮪則肉色淡赤也. 然『爾雅正義』云, 鮪似鱣長鼻. 陸璣

> 『詩草木蟲魚疏』云,鮪大者爲王鮪,小者爲叔鮪,一名鮥.肉色白則混鮪・鱘爲一,自古已然,其失不自『本草綱目』始也.又案:陸璣『草木蟲魚疏』云,鮪魚今東萊・遼東人謂之尉魚,或謂之仲明魚.仲明者,樂浪尉也.溺死海中,化爲此魚.雖其說諾皐不經,而鮪之爲樂浪之産,則審矣.日本人能詳其形名,『和漢三才圖會』,旣圖其形,且列宇豆和・目鹿・目黑・末黑・波豆諸名,而我國士大夫雖素號博識者,亦不能擧其俗名云何,以小華文明之邦,而多識草木鳥獸之名,反遜於漆齒卉服之類,士大夫不肯留心小學之過也.

4. 우어(牛魚)

『통아』에서 말하기를, "우어(牛魚)는 북방의 유어류(鮪魚類)이다."라고 하였다. 왕이의 『연북록』에서 말하기를, "우어의 주둥이는 길고 비늘은 능(鯪)과 같으며 머리에 읍골(腤骨)이 있다. 무게가 1백 근인데 지금 남방의 심어(鱘魚)이다."라고 하였다.

『이물지』에서 말하기를, "남해에 우어(牛魚)가 있는데 일명 인어(引魚)이다. 무게가 3~4백근이고 모양이 가물치와 같으며 인골(鱗骨)이 없다. 등에는 아롱진 무늬가 있고 배 아래는 푸른색이고, 바다조수의 들고 남을 안다. 고기 맛이 자못 좋다."라고 하였다. 이런 설에 근거해 보면 유어는 북쪽에서 나고 심어는 남쪽에서 나는 것이라면 우어는 남북에 모두 있는 것이다.

진장기의 『본초습유』에서 "동해에서 난다."고 하였고, 『대명일통지』에 "여진(女眞)의 혼동강[110]에서 나니 우어는 또한 동방에서 나는 것이다."라고 하였다. 어떤 이는 압록강에서 난다고 하는데 지금 보지 못하였으니 어쩌면 압록강의 하류인 대총강[111]이 바다로 들어가는 곳인가.

---

110 混同江: 厚通江이라고도 하며 현재 중국 송화강의 중류.
111 大摠江: 현 압록강의 하류 지점으로 동국여지승람과 대동여지도에는 대총강

안: 『본초습유』에 이르기를, "우어의 고기는 독이 없고 여러 가지 가축의 질병을 치료한다. 말린 포를 만들어 가루를 내어 물에 타서 코에 흘려보내면 즉시 누런 콧물을 나게 한다."라고 하였는데, 또한 병든 소 곁에 놓아두어 기운이 서로 훈자되게 할 수 있으니 농사에 부지런하고 가축 기르기를 좋아하는 사람은 마땅히 우어를 많이 구하여 말려서 보관해 두어야 할 것이다.

▍평설

칼상어

우어(牛魚)는 장화가 『박물지』에, "동해에 우어가 있는데, 모양이 소와 같다. 그 가죽을 걸어놓으면 밀물이 들면 털이 일어나고, 썰물이 지면 털이 눕는다."고 기록하고 있다. 그래서 어명고에서는 우어가 조수의 들고 남을 안다고 한 것이다.

우어의 비늘이 종(鯼)과 같다지만, 이는 조기를 뜻하는 것이 아니고 중국의 잉어과 대형 물고기인 종어(宗魚)를 뜻하는 것이다. 그리

(大摠江), 『대동수경』에는 大總江으로 기록되어 있다. 압록강하류로 여러 지류가 합류되어 바다로 들어가는 곳이다.

고 유어(鮪魚)와 심어(鱏魚)를 예로 든 것을 보면 이 전설 같은 물고기는 철갑상어 종류일수도 있다.

『자산어보』에 우어란 이름의 물고기에 대한 관찰이 있다.

"우어(牛魚), 속명은 화절육(花折肉)이다. 길이는 2~3장이고, 아래부리가 3~4척이다. 허리 굵기가 소만하고 꼬리는 뾰족하니 모지라졌다. 비늘이 없고 온몸의 살이 눈처럼 희고, 맛은 아주 부드럽고 연하여 아주 좋다."

『자산어보』의 설명에 있는 '부리가 길다는 점'은 철갑상어의 특징이 아니다. 그리고, "우어는 흑산도에서 화절육, 꽃제륙을 말하며 새치 종류이다."라는 의견이 있다. 즉 중국문헌의 우어는 철갑상어일 수도 있으나, 실제 흑산도 지역에서 관찰된 우어란 이름의 물고기는 새치인 것이다(이태원 5).

『난호어명고』에서 묘사하려 한 우어는 철갑상어과의 칼상어로 보인다. 우어(牛魚)라는 하나의 한자이름을 가지고 두 어보의 저자가 각기 다른 물고기를 지칭했을 가능성이 있기 때문이다. 칼상어는 우리나라 서남해에 분포하고 압록강, 대동강 및 한강에서도 간혹 잡혔고, 황하와 양자강수역에도 분포한다. 그리고 칼상어의 한자이름의 하나가 우어(牛魚)이다(『한국어도보』).

〈원문〉 牛魚.『通雅』曰,牛魚北方鮪類也.王易『燕北錄』曰,牛魚觜長鱗鬣,頭有脃骨,重百斤,卽南方鱏魚.『異物志』曰,南海有牛魚,一名引魚,重三四百斤.狀如鱧,無鱗骨,背有斑文,腹下靑色,知海潮,肉味頗長.據此諸說,鮪是北産,鱏本南産,而牛魚則南北皆有者也.陳藏器『本草拾遺』云,生東海.『大明一統志』云,出女眞混同江,則牛魚又東方産也.或稱出

Ⅲ. 바닷물고기 중 확인하지 못한 것

鴨綠江,而今未見,豈産鴨綠下流大摠江入海處耶.案:『本草拾遺』云,牛魚肉無毒,治六畜疫疾,作乾脯爲末,以水和灌鼻,卽出黃涕,亦可置病牛處,令氣相熏,凡勤稼穡好畜牧者,宜多求牛魚,作鮝以儲之.

5. 위(鮠)

『본초강목』에서, "위어(鮠魚)는 양자강과 회하 사이에서 나는 비늘이 없는 물고기이니 또한 심어(鱘魚)에 속한다. 머리와 꼬리 몸과 지느러미가 모두 심어와 비슷하지만 다만 코가 짧을 뿐이다. 입이 턱 아래에 있고 뼈는 부드럽고 연하지 않으며 배는 메기와 비슷하다. 등에는 살과 지느러미가 있다."고 하였으니 곽박이, "호어(鱯魚)는 메기와 비슷하지만 크고 색깔이 희다."라고 말한 것이 이것이다.

북인들은 호(鱯)라고 하고 남인들은 위(鮠)라고 하는데, 모두 음이 회(鮰)와 비슷하여 근래에 와서는 통칭 회(鮰)라고 한다. 진(秦)[112]나라 사람들은 문둥병을 일으킨다고 해서 라어(鱳魚)라고 한다.

『화한삼재도회』에 이르기를, "위(鮠)의 모양은 전(鱣)과 비슷하고, 점(鮎)과도 비슷하지만 몸이 둥글다. 그 큰 것은 길이가 2~3장이 되고 회색이며 눈이 없다. 다만 머리 위에 두 개의 구멍이 있는데 물을 뿜어낸다. 꼬리는 고래 꼬리와 비슷하고 고기 맛은 고래의 고기 맛과 같다. 기름기가 많아 조려서 기름을 만든다."고 했다.

살펴보건대 읍(鮨)은 본래 전(鱣)이나 유(鮪)의 종류였으니 한보승이, "메기[鮎]의 큰 것이다."라든가, 진장기와 이천이, "석수어(石首魚)의 큰 것이다."라고 한 것은 모두 잘못된 것이다. 『동의보감』에서, "회(鮰)는 곧 지금의 민어(民魚)인 듯하다."라고 한 말은 더욱더 잘못

---

112 원문에는 글자의 부수가 禾가 아니라 示이고 없는 글자이나 나라 이름으로 보아 秦으로 하였다.

된 것이다.

평설

중국 위어

　메기와 비슷하게 생긴 중국의 물고기이나 크고 길이가 길다는 점에서 중국의 위어(鮠魚)로 비정된다. 외어는 회어(鮰鱼)라는 이름으로 통칭되기도 한다.
　이 물고기는 모양이 가늘고 길며 앞쪽은 평평하고 납작하며 뒤쪽은 측편되어 있다. 주둥이가 뽀족하며 위를 향해 돌출되어 있으나 입은 아래쪽에 있다. 입술이 두텁고 눈은 작으며 비늘이 없는듯하다. 체색은 분홍이며 등 쪽은 회색, 배는 흰색이다. 중문학명은 장문위(長吻鮠)이며 학명은 Leiocassis longirostris이다. 강단(江團), 비타(肥沱) 등의 별명이 있다. 중국의 요하, 회하, 장강, 민강 등지에 산다.
　중국 위어(鮠魚)는 강바닥에 사는 저서층 어류로 1m 가까이 자란다. 고기 맛이 좋은 고급 어종으로, 장강사선(長江四鮮)의 하나로 불리며 약용가치도 높다.
　『화한삼재도회』에서 철갑상어처럼 묘사하고, 머리 위에 있는 구멍에서 물을 뿜어낸다고 한 것은 이름을 잘못 적용한 것으로 보인다. 우리나라에는 없는 물고기이다.

> 〈원문〉鮠.『本草綱目』云, 鮠生江淮間, 無鱗魚. 亦鱏屬也. 頭尾身鬐, 俱似鱏, 惟鼻短爾. 口亦在頷下, 骨不柔脆, 腹似鮎魚, 背有肉鬐. 郭璞所謂鱯魚似鮎而大, 白色者, 是矣. 北人呼鱯, 南人呼鮠, 並與鮰, 音相近, 邇來通稱鮰. 秦人謂其發癲, 呼爲鱋魚.『和漢三才圖會』云, 鮠狀似鱣, 亦如鮎, 而身圓. 其大者長二三丈, 灰色無眼. 但頭上有二穴, 吹潮, 尾似鯨尾. 肉味亦如鯨肉, 多脂可熬之取油. 案: 鮠本鱏·鮪之類, 韓保昇以爲鮎之大者. 陳藏器·李梴, 以爲石首魚之大者, 皆誤矣. 若『東醫寶鑑』, 疑鮰卽今之民魚, 尤失之千里者也.

6. 마교어(馬鮫魚)

『남산지』에 이르기를, "마교어(馬鮫魚)는 푸른색의 얼룩무늬가 있으며 비늘이 없고 이빨이 있다. 일명 장곤(章鯤)이라고 한다. 작은 것을 청전(靑箭)이라고 한다."라고 하였다.『화한삼재도회』에서 이르기를, "마교어(馬鮫魚)는 머리가 뾰족하고 눈이 크며 비늘이 없고 푸른색이다. 등에 푸른색의 아롱진 무늬가 있으며 혹간 무늬가 없는 것도 있다. 배는 희고 지느러미는 억세며 꼬리가 갈라졌고 꼬리 끝에 큰 톱날과 같은 지느러미가 있다. 큰 것은 3자쯤 된다. 봄에 많이 나오므로 속칭 춘어(鰆魚)라고 한다. 그 아주 큰 것은 길이가 5~6자이고 속칭 양춘(洋鰆)이라고 하는데 고기 맛은 다소 떨어진다."고 하였다.

안: 마교어(馬鮫魚)는 중국의 남해와 일본에 모두 있으니 우리나라의 동해와 남해에도 마땅히 있을 것이다. 마땅히 어호에 가서 실제로 조사해 보아야 할 것이다.

▋평설

　중국에서 마교어(馬鮫魚, Scomberomorus niphonius)는 삼치를 말한다. 마교(馬鮫), 발(鮁), 판교(板鮫), 연어(燕魚)라고도 부른다. 어명고에서는 일본의 『화한삼재도회』를 인용하고 있는데 일본에서도 마교어는 삼치를 말하며, 사와라鰆, 馬鮫魚라고도 부르고 있다. 또 우리나라에서 삼치를 부르는 별명의 하나가 마교어(馬交魚)이다(『한국어도보』).
　어명고의 저자가 바닷물고기 삼치는 잘 알고 있으면서도 문헌으로만 아는 이름인 마교어(馬鮫魚)와 연관시키지 못한 것으로 보인다.

〈원문〉馬鮫魚.『南產志』云,馬鮫魚,靑斑色,無鱗有齒.一名章鮫,小者曰靑箭.『和漢三才圖會』云,馬鮫魚,頭尖眼大,無鱗靑色,背有靑斑紋,亦或有無斑紋者,肚白鬐硬尾歧,尾崇有刺鬣如大鋸齒.大者三尺許.春月盛出,故俗呼鰆魚.其極大者長五六尺,俗呼洋鰆.肉味頗劣.案:馬鮫魚,南海・日本,皆有之.則我國東南海,亦當有之.宜從漁戶考驗.

7. 견어(堅魚)

　『화한삼재도회』에서 이르기를, "견어(堅魚)는 유어(鮪魚)에 속한다. 모양은 메구로[目黑鮪]와 비슷하지만, 몸이 둥글고 살이 쪘으며 머리가 크다. 주둥이가 뾰족하고 비늘이 없으며 푸른빛을 띤 검은색이면서 빛이 난다. 배가 운모니(雲母泥)처럼 희다. 등에는 억센 지느러미가 있는데 꼬리 끝까지 이어져 있으며 톱니와 같은 모양이다. 꼬리는 갈라졌다. 살은 매우 붉고 맛은 달고 따뜻하다. 등위의 양쪽 살에 검은 핏자국이 하나 있다. 관동지방에 많다."라고 하였는데 우리나라 동해와 남해에도 역시 있는지 모르겠다.

■평설

가다랑어

　어명고에서는 견어를 설명하면서 『화한삼재도회』만을 인용하고 있다. 『화한삼재도회』에서 기술된 견어는 가다랑어이다. 일명 가다랭이로 불리는 농어목 고등어과의 바닷물고기로 전 세계의 온난해역에 널리 분포하고 봄부터 가을에 걸쳐 일본의 태평양연안을 따라 북상하여 북해도까지 북상한다. 가다랑어는 둥글고 기름지며 머리가 크고 주둥이가 뾰족하며 비늘이 없고 검푸른 색인데, 속칭 가쓰오[加豆乎]라 한다. 가쓰오부시[鰹節]이라는 것은 가다랑어 고기를 말려서 관솔처럼 쪼갠 것으로 우동국물을 내는데 쓰인다. 현재 중국에서도 견어는 가다랑어를 말하며 중국학명은 견어(鰹魚)로 농어목 금창어과(金槍魚科)로 분류하며 라틴학명은 Eleotridae taxonomy이다.

〈원문〉 堅魚. 『和漢三才圖會』云, 堅魚鮪屬. 狀似目黑鮪, 而圓肥頭大, 嘴尖無鱗, 色蒼黑而光潤, 腹白如雲母泥. 背有硬鬐, 至尾端如鋸齒, 尾有歧. 其肉深紅味甘溫, 背上兩邊, 肉中有黑血一條. 關東多有之. 未知我國東南海, 亦有之否也.

8. 회잔어(鱠殘魚)

『본초강목』에서 이르기를, "회잔어(鱠殘魚)는 강소성의 송강(松江)과 절강성의 절강(浙江)지역에서 난다."고 하였고, 『박물지』에서는, "합려(闔閭)가 회를 먹고 나머지를 물에 버렸는데 변화되어 이 물고기가 되었다. 그러므로 왕여어(王餘魚)라고 한다."고 하였는데 아마도 억지로 끌어다 붙인 말인 것 같다.

큰 것은 길이가 4~5치 되고 몸이 젓가락처럼 둥글다. 은처럼 깨끗하고 희며 비늘이 없다. 마치 회를 뜨고 난 고기[已鱠之魚] 같은 것이다만 눈에 2개의 검은 점만 있다. 청명 이전에 알을 낳는데 먹으면 아주 맛있다. 청명 이후에는 알이 흩어져 파리해지기 때문에 다만 젓갈을 담을 수 있다.

『화한삼재도회』에서, "강과 바다가 교차하는 곳에서 나는데 입춘에 처음 나오고 2~3월에는 뱃속의 알 맛이 조금 떨어진다. 머리와 꼬리가 뾰족하고 몸이 납작하다. 지느러미는 있지만 껍질과 뼈가 없으며 살아서는 몸에 푸른색을 띠고 물을 떠나면 흰색을 띠며 끓이면 더욱 희어진다. 끓여서 먹으면 달고 맛이 있는데 혹 대나무로 눈을 꿰어 햇볕에 말려 건어를 만든다."고 하였다.

안: 이 물고기는 강절(江浙)과 일본에 모두 있으니 우리나라의 서해와 남해에도 마땅히 있을 것이다. 그러나 속명이 무엇인지 지금 알 수가 없다. 색상이 자못 지금의 빙어와 같지만 빙어는 강에서 나는 것이지 바다에서 나는 것이 아니다.

또 관북에서 나는 은어(銀魚)와 대략 비슷하다. 또 회잔어(鱠殘魚)는 은어(銀魚)라는 이름이 있으니 혹 같은 종류인 듯도 하다. 그러나 관북에서 나는 은어는 머리가 뾰족하지 않고 등의 색깔이 엷은 검은 색이며 그 나는 때도 9~10월이니 반드시 회잔어라고 볼 수는 없을 것 같다. 아무래도 먼 바다에서 나는 별다른 종류인 듯하다.

■평설

국수뱅어

회잔어의 이름은 중국 전국시대 오나라의 왕인 합려(闔閭, 闔廬, B.C.515~B.C.496)의 전설 같은 이야기에서 비롯되었다. 회잔어는 그 이름 그대로 '회를 뜨고 난 것 같은 흰 물고기'로 설명된다. 회잔어는 살이 희고 아름다운 물고기를 두루 말하는 것으로, 그 대상에는 뱅어, 빙어, 은어, 가자미가 있다. 은어라고 불리는 도루묵과 가자미는 이미 회잔어가 아님을 어명고의 저자가 이미 논증하고 있다.

그리고 본문에서 빙어는 민물고기라서 회잔어가 아님을 지적하였다. '청명 이후에는 알이 흩어져 파리해 지기 때문에 다만 젓갈을 담을 수 있다'는 점에서는 회잔어를 뱅어 종류로 비정할 수 있을 것이다. 어보의 저자가 뱅어를 몰라서가 아니라 중국 옛 문헌에서 회잔어라 불린 물고기가 우리의 어느 물고기에 해당되는가를 적시하지 못한 혼선이 있을 뿐이다. 또 전설상의 물고기를 현존하는 물고기의 이름과 짝을 맞추는 것이 쉽지는 않다.

〈원문〉鱠殘魚.『本草綱目』云, 鱠殘出蘇松浙¹¹³江.『博物志』謂闔閭食
膾, 棄餘於水, 化爲此魚. 故一名王餘魚, 蓋出傅會之言也. 大者長四五寸,
身圓如筯, 潔白如銀, 無鱗, 若已膾之魚, 但目有兩黑點. 清明前有子, 食之
甚美. 清明後子散而瘦, 但可作鮓腊.『和漢三才圖會』云, 生江海之交, 立
春初出, 二三月腹有子味稍劣. 頭尾尖而身扁, 有鬐無皮骨, 生帶靑色, 離
水則白, 煮之則益潔白, 煮食甘美. 或以竹串貫眼, 曝乾作鮁. 案: 此魚, 江
浙・日本, 皆有之, 則我國西南海, 亦應有之, 而俗名云何, 今不可知. 色狀
頗似今之氷魚, 而氷魚産江不産海. 又與關北出銀魚, 略相似, 且鱠殘, 亦
有銀魚之名, 或意其一種. 然關北銀魚, 頭不尖, 脊色淡黑. 其出在九十月,
未見其必爲鱠殘, 疑海洋中自有其種也.

9. 해마(海馬)

『본초습유』에 이르기를, "해마(海馬)는 남해에서 나는데 모양이 말과 같다. 길이는 5~6치이고 새우 종류이다."라고 하였고,『남주이물지』에서, "부인의 난산(難産)으로 찢어져서 아이가 나오는 경우에 손에 이 물고기를 쥐면 양처럼 쉽게 아기를 낳는다."라고 하였다.

또 『본초연의』에서 이르기를, "머리는 말과 같고 몸은 새우와 같다. 그 등은 구부러졌고 대나무 마디 같은 게 있으며 길이가 2~3치이다."라고 하였고,『성제총록』에 이르기를, "해마의 암놈은 황색이고 수놈은 푸른색인데 햇볕에 말릴 때에는 반드시 암컷과 수컷을 서로 마주보게 해야 한다."라고 하였다.

안: 중국 남해와 일본의 먼 바다에 모두 해마가 산출되니 우리나라 서해와 남해에도 마땅히 있을 것이다. 그러나 어부들이 혹간 얻는다 하더라도 어망 중에 섞여 있어 그것이 새우와 비슷하면서도 새우가

---

113 '浙'의 오자로 보인다.

아니므로 버리고 거두지 않으니, 이는 그것이 여자의 난산에 성약(聖藥)이며 또한 뱃속의 병을 해소하고 흉터를 아물게 하고 부스럼을 치료하는 효과가 있다는 것을 모르기 때문이다.

▌평설

해마

해마는 실고기목 실고기과의 바닷물고기로 크기는 6~10cm이고 연한 갈색에 작은 반점과 무늬가 있다. 몸은 여러 개의 마디가 있는 석회질의 딱딱한 껍질로 덮여 있고, 머리가 말대가리 비슷하며 주둥이는 대롱형태이다. 곧추서서 등지느러미로 헤엄치는 데 수컷에는 새끼를 기르는 육아주머니가 있어 암컷이 낳은 알을 넣어 부화한다.

고기는 먹지 않고 한방(韓方)에서 소화제 원료로 쓰이며 호흡기질환과 발기부전에 효능을 보인다고 보고 있다. 한국과 일본 등 아열대 해역에 분포한다. 해마 이외에 진실해마, 가시해마, 산호해마, 복해마가 알려져 있으며, 영명은 sea horse이다.

〈원문〉 海馬,『本草拾遺』云, 海馬出南海, 形如馬, 長五六寸, 鰕類也.『南

州異物志』,以爲婦人難産,割裂而出者,手持此蟲,卽如羊之易産也.『本草衍義』云,首如馬身如鰕,其背傴僂,有竹節紋,長二三寸.『聖濟總錄』云,海馬雌者黃色,雄者靑色,暴乾必以雌雄爲對.案:中國南海及日本海洋,皆産海馬,我國西南海,亦宜有之,而漁戶雖或得之,雜魚網中,以其似鰕非鰕,棄之不收,不知其爲難産聖藥,且有消瘰治疗之功也.

Ⅳ. 중국에서 나는 물고기 중 확인하지 못한 것

Ⅳ. 중국에서 나는 물고기 중 확인하지 못한 것

〈원문〉論華産未見.

『이아』와 『본초』 관련 책에서 어족이 살고 있는 곳에 대해 말한 것은 모두가 고금에 통하는 바이다. 남과 북에서 같이 나는 것이 있으니, 어찌 유독 우리나라에만 없겠는가? 다만 우리말 사투리가 천덕스럽고, 명칭이 뒤섞여 본초에 관한 책에 있는 어느 물고기인지 분변할 수 없을 뿐이다. 이제 중요한 것을 추려 수록하여 이름을 확인하는 데에 대비한다.

■평설

이 난은 어명고의 저자가 문헌에서 파악한 중국의 물고기 11종에 대해 검토하고 있다. 중국에서는 나는 것이 확실하기는 한데 저자가 알 수 없는 종류이거나 우리나라에 없는 물고기에 대해 논하고 있다.

〈원문〉諸雅本草諸書,凡言,魚族之在處有之者,皆古今之所通. 有南北之所同産也,寧獨吾東無之. 秪緣方音哇哩,名稱猥雜,莫可辨,其在本草爲何魚耳. 今撮錄梗槩,以備按名考驗.

1. 서(鱮)

『본초강목』에 이르기를, "일명 련(鰱)이다. 모양이 용(鱅)과 같지만 머리가 작고 형체가 납작하고, 잔 비늘과 살진 배를 갖고 있다."고 했다. 빛깔이 매우 흰 까닭에 「서정부」에 '흰 서어[素鰱]'라고 일컬은 것이 있다. 물이 없으면 쉽게 죽으니 이는 약한 물고기이다.

안: 어떤 사람은 서어가 요즘 세상에서 말하는 도미어(道尾魚)라고 하는데, 반드시 그러한지는 알지 못하겠다.

▎평설

백련어

서(鱮)는 중국의 민물고기 련어(鰱魚)로 우리나라에는 없었던 어류이다. 련어는 잉어목 잉어과에 속하는 민물고기로, 중국의 주요 양식어의 하나이며 백련(白鰱)과 화련(花鰱) 등의 종류가 있다. 우리나라에는 1963년에 백련어를 양식용으로 부산 수산대학에서 도입하였다.

중국에서 들여올 때 중국 양자강 하구에서 부르는 이름인 백련어(白鰱魚, Hypophthalmichthys molitrix)를 그대로 따른 것이다.

몸이 흰빛을 띠고 있어 붙여진 이름이며, 몸길이는 1m가량으로 큰 편이다. 몸의 등 쪽은 초록빛을 띤 갈색, 배 쪽은 은빛 나는 흰색이다. 크기가 큰 데다 빨리 자라서 어가소득을 올린다는 명목으로 도입되었지만 우리 강계에서는 번식하지 못하고 있으며 혹간 150cm까지 자란 성체가 발견되곤 한다. 백련어는 이름이 련어(鰱魚)이어서 우리나라에 사는 연어(年魚)와 혼동되기도 한다. 북한에도 백련어가 도입되어 있다. 1958년에 김일성 수령이 백련을 처음 잡았다고 해서 '기념어(紀念魚)'라고 명명되었고 양식어종으로 분류되고 있다.

〈원문〉 鱮.『本草綱目』云,一名鰱.狀如鱅而頭小形扁,細鱗肥腹.其色最白,故「西征賦」有素鱮[114]之稱也.失水易死,此弱魚也.案:或謂鱮,卽今俗所謂道尾魚,亦未知其必然也.

2. 용(鱅)

『본초강목』에서 이르기를, "일명 추(鰫)이다. 모양은 서어[鱮]와 같지만 빛깔이 검다. 머리가 매우 커서 40~50근에 이르는 것이 있다. 맛은 서어에 버금가는데, 서어는 배가 맛있고, 용(鱅)은 머리가 맛있다."고 하였다. 『산해경』에서 이르기를, "추어(鰫魚)는 잉어[鯉]와 유사하지만 머리가 크다. 먹으면 사마귀가 없어진다."고 하였는데, 바로 용(鱅)을 가리킨다.

▎평설

중국에 있는 민물고기로 우리나라에는 없는 것이다. 련어의 한 종류이나 백련어보다 색깔이 검고, 머리가 크다는 점에서 흑련(黑鰱)으로 비정된다. 흑련은 화련(花鰱), 대두어(大頭魚), 포두어(包頭魚)라고도 불린다. 흑련은 양식을 위해 1967년 대만에서 우리나라에 도입되었고, 현지 양식업자들이 부르는 대로 대두어(大頭魚)라 불리고 있다.

---

114 "華魴躍鱗, 素鱮揚鬐."『文選』「西征賦」.

대두어

흑련어(Aristichthys nobilis)는 몸길이가 1m 이상 자라는 대형 민물고기로 백련어보다 깊은 곳을 좋아하며 동식물성 플랑크톤을 주로 먹는다. 백련어나 초어와 마찬가지로 강 상류에서 산란하면 알이 수정되어 하류로 떠내려 오다가 부화한다. 우리나라에는 양식어종으로 도입되었지만 자연번식은 확인되지 않고 있다.

〈원문〉鱅.『本草綱目』云,一名鰫.狀似鰱而色黑,其頭最大.有至四五十斤者.味亞于鰱,鰱之美在腹,鱅之美在頭.『山海經』云,鰫魚似鯉大首,食之已疣卽指鱅也.

3. 환(鯇)

『본초강목』에서 이르기를, "환(鯇)은 성질이 느린 까닭에 일명 환(鰀)이다. 풀을 먹는 까닭에 초어(草魚)라고도 한다. 곽박이 이른바 '혼(鯶)의 새끼는 준(鱒)과 유사하지만 크다.'라고 한 것이 이것이다. 형체는 길고 몸은 둥글며, 살을 두텁지만 거칠고, 모양은 청어와 유사하다. 청환(靑鯇)과 백환(白鯇)의 두 가지 빛깔이 있는데, 흰 것이 맛이 더 나아서 상인들이 많이 소금에 절인다."라고 하였다.

안: 민월(閩越)·강서(江西) 등지에서 못을 파고 물고기를 기르는 집은 새끼물고기를 강호에서 사들인다. 준(鱒)·혼(鯶)·서(鰱)·용(鱅)의 종류가 다 있지만, 혼(鯶)과 련(鰱)을 가장 중시하니 그것이 쉽게 자라고 맛이 좋기 때문이다. 이제 기르는 방법을 본받으려고 한다면 반드시 먼저 혼(鯶)과 련(鰱)의 속명을 무엇이라고 하는지 분변해야 한다. 그런 뒤에 치어를 구해도 될 것이다. 우리나라에서는 구할 수 없으니, 중국이나 일본에서 사더라도 불가한 것은 아니다. 대체로 물고기 알은 진흙에 있는데, 비록 마른 곳에 여러 해 있더라도 물을 얻으면 곧 갓 태어난 것과 다를 것이 없다.

■평설

초어

환(鯇)은 중국에서 나는 초어(草魚, Ctenopharyngodon idella)로 비정된다. 모양은 잉어와 비슷하나 등지느러미가 몸통과 연결되는 부위인 기저(鰭低)가 짧고 수염이 없는 점이 특징이다. 중국에서 초어는 환(鯇), 초환(草鯇), 백환(白鯇), 흑청어(黑青魚), 혼자어(渾子魚)라고도 부르며 나뭇잎이나 풀줄기까지 탐식하는 초식성어류이다. 수생잡초의 생물학적 방제의 일환으로 이 물고기가 이용되기도 한다. 초식을 해서 사료 확보에 문제가 있지만 쉽게 자라서 중국에서 양식을 하고 있다.

초어는 1970년에 양식어로 우리나라에 도입되었다. 흐르는 물에 알을 낳는데, 하천이 짧은 곳에서는 알이 깨어나지 못해 우리나라에서는 번식이 안 되었다. 풀을 주식으로 하고 있어 강과 호수에서 수초를 먹어 없애서 오히려 생태계 교란을 일으켰다.

〈원문〉 鯇.『本草綱目』云,鯇其性舒緩,故一名鰀.以其食草,故又名草魚. 郭璞所謂鱮[115]子似鱒而大者,是也.其形長身圓,肉厚而鬆,狀類青魚.有青鯇·白鯇二色,白者味勝,商人多鮠之.案:閩越·江西等地,鑿池養魚之家,買魚苗于江湖,鱒·鱮·鱭·鱅之類,皆有而最重鰱·鱮,爲其易長而味美也.今欲倣其法養魚,必先辨鱮·鱮俗名之云何,然後可以取秧. 苟不能得之吾東,雖購之中原或日本,未爲不可.蓋魚噀子在泥,雖乾涸多年,得水卽生與初生者,無異也.

4. 청어(青魚)

『본초강목』에서 이르기를, "강이나 호수에서 나며 남방에 많이 있는데 북지에서도 간혹 있고, 잡는데 정해진 때가 없다. 초어와 유사하게 생겼지만 등이 진한 푸른색이다. 머릿속의 침골[116]을 쪄서 공기

---

115 '鱮'의 오자로 보인다.
116 枕骨: 머리뼈의 뒤쪽 하부를 이룬 뼈로 누울 때에 베개에 닿는 부분이다.

를 통하게 하고, 햇볕에 말리면 모양이 호박(琥珀)과 같다. 형초[117]사람은 삶고 두드려서 술그릇과 빗, 빗치개를 만드는데 매우 곱다."라고 하였다.

안: 중국 청어는 우리 청어와 다른 것이다. 중국 청어는 강과 호수에서 나고 우리 청어는 바다가 아니면 없다. 중국 청어는 사시사철 모두 있지만 우리 청어는 겨울과 봄이 아니면 없고 또 침골로 기물을 만들 수 없다. 아마 우리 강이나 하천에도 진짜 청어 종류가 있겠지만, 사람들이 매일 쓰면서도 알지 못하는 것이 아닐까 싶다.

▌평설

중국청어

중국 청어(Mylopharyngodon piceus)는 1m가 넘는 잉어과의 대형 민물고기로 우리나라에는 없는 어종이다. 오청(烏靑), 청혼(靑鯶), 흑환(黑鯇), 나사청(螺絲靑)이라고도 부르며 고기 맛이 좋고, 성장이 빠른데다 환경적응성이 좋아 경제적 가치가 큰 양식어류이다. 사육환경

---

117 荊楚: 중국 호북성의 옛 지명이다.

이 좋고 먹이가 충분하면 50kg까지 자란다.

2012년 1월 5일, 중국의 한 언론은 저장(浙江)성 후저우(湖州) 안지(安吉)현의 한 저수지에서 길이 192cm, 무게 104kg에 이르는 대형 청어가 잡혔다고 보도했다. 북한에도 중국 청어가 도입되어 양식되고 있으며, '강청어'란 이름으로 불리고 있다.

민물청어는 바다에서 나는 청어와 한자이름이 같아 혼동을 불러일으켰다. 우리나라와 마찬가지로 한자를 쓰고 있는 일본에서도 바다에서 나는 청어를 청어(鯖魚) 혹은 진청(眞鯖)이라고 부르며, 우리 진해 연해의 어류를 기록한 『우해이어보』에도 청어가 진청(眞鯖)이라고 기록되어 있다.

〈원문〉 靑魚.『本草綱目』云,生江湖間,南方多有,北地或有之,取無時.似鯇而背正靑色.其頭中枕骨,蒸令氣通,曝乾狀如琥珀.荊楚人,煮拍作酒器・梳篦,甚佳. 案:中國靑魚,與我東靑魚異者,中國靑魚,産江湖,我東靑魚,非海洋則無也. 中國靑魚,四時皆有,我國靑魚,非冬春則無也,且枕骨不可作器用也. 豈我國江湖川澤自有眞靑魚之種,而人自日用而不知耶.

5. 백어(白魚)

『본초강목』에서 이르기를, "일명 교어(鱎魚)이다. 형체가 좁고 배가 납작하며 비늘은 잘다. 머리와 꼬리는 모두 위로 향해 있고 살 속에 잔가시가 있다. 무왕(武王) 때에 '백어가 배에 들어왔다.'라고 하였는데 곧 이것이다."라고 하였다.

안: 혹시 바로 지금의 위어(葦魚)가 아닌가 싶지만, 위어는 머리와

꼬리가 위로 들려있지 않고, 또 나오는 것에 정해진 때가 있으니 백어(白魚)가 사시사철 모두 있는 것과 같지 않다.

▎평설

강준치

　백어(白魚)라 불리는 물고기는 빙어, 뱅어, 강준치가 있으나 어명고의 형태 묘사로 보아 강준치로 비정된다. 강준치는 어보의 묘사대로 웅어와 모양이 비슷하지만 더 크고, 머리와 꼬리는 모두 위로 향해 있는 언월도(偃月刀) 형의 물고기이다.
　'흰 물고기가 배로 뛰어들다[白魚入舟]'라는 중국고사가 있다. 주나라의 무왕이 은나라의 주왕을 치려고 강을 건널 때 백어가 배로 뛰어 들어와서 은나라가 항복한다는 조짐을 보였다는 데서 온 말로, 적이 항복함을 비유하는 말이다(『사기』). 강에서 배에 뛰어 들어올 수 있는 큰 물고기라면 강준치가 합당하다.
　강준치는 잉어목 강준치아과의 민물고기로 주로 서해로 흐르는 큰 강에 분포하며 물살이 느린 곳에서 산다. 강준치는 강우럭, 물준치, 민물우럭, 백다라미, 변대, 앙어, 연왕어, 우레기, 우럭, 우럭이, 입쟁이, 준어, 준치라고도 불리며 『재물보』와 『물명고』에는 백어(白魚)라 기록하고 있다.

중국에는 여러 종류의 백어가 있으며, 백어(白魚), 백사(白絲), 혈취홍백(趐嘴紅鮊) 세 종류가 흔한 편이다. 이중 백어(Erythroculter erythroptrus)가 우리 강준치와 학명이 일치한다.

강준치는 우리 강에서 흔히 볼 수 있는 어종인데 어명고에 기록이 없는 점은 의문이었다. 중국문헌상의 물고기 이름과 우리의 실물 물고기의 이름을 연결시키지 못한 또 하나의 사례이다.

〈원문〉白魚.『本草綱目』云,一名鱎魚.形窄腹扁鱗細.頭尾俱向上,肉中有細刺.武王時,白魚入舟卽此.案:或疑卽今之葦魚,而葦魚頭尾不昻,且其出有時,不似白魚之四時皆有也.

6. 종(鯮)

『본초강목』에서, "그 눈이 엿보는[䁲視] 모양이기 때문에 종(鯮)이라고 하는데 종(鯼)이라고도 쓴다. 강에서 나고 몸체는 둥글고 두터우며 길다. 감어(鱤魚)와 유사하지만 배가 조금 더 나와 있다. 이마가 납작한데다 부리는 길고, 입은 턱 아래에 있다. 비늘이 잘고 배는 검은데, 등은 약간 황색이다. 다른 물고기를 잘 잡아먹는다. 큰 것은 20~30근이다."라고 하였다.

안: 종(鯮)은 발음이 조(祖)와 동(動)의 반절이고, 양웅의 『방언』에, "종(鯮)은 사시(伺視)이다."라고 하였으니, 대체로 서로 몰래 흘겨보는 것이다. 중국의 강소성에서는 간혹 종(鯮)이라고 한다.

▎평설

중국 종어

    종(鯼)은 우리 옛 자료에서 조기 종류를 뜻하기도 한다. 『훈몽자회』에는 종(鯼)자를 '조기 종'이라 하고 석수어(石首魚)를 말하고 있다. 그러나 어명고에서는 황석수어를 논하면서 '종(鯼)은 강이나 호수에서 나는데 글자를 종(鯮)으로 쓰기도 한다. 모양과 색깔, 성질과 맛이 조기와는 판이하게 다르다.'고 설명한다.

    『명물기략』, 『재물보』과 같은 물명서에서는 우리 강계에서 나는 메기목 동자개과의 민물고기인 종어(宗魚)를 종어(鯼魚)로 기록하고 있다. 종어는 몸길이가 30~50cm이다. 몸은 길고 앞부분은 위아래로 납작하며 뒷부분은 옆으로 납작하다. 주둥이는 많이 튀어나와 있고, 그 밑에 입이 있다. 입은 거의 일자형으로 양쪽 끝만 뒤로 약간 구부러져 있다. 입수염은 4쌍으로 모두 가늘고 짧은데, 특히 뒤 콧구멍 바로 앞에 있는 수염이 가장 짧다. 아래턱은 위턱보다 짧다.

    어명고에서는 중국의 옛 자료를 인용해서 무게가 20~30근이나 되는 큰 민물고기를 설명하려하고 있지만, 우리 종어로 보기에는 너무 큰 물고기이다. 중국의 종어(鯼魚)는 민물에 사는 대형 육식어종으로 잉어과에 속한다. 다 자라면 길이가 1.6m, 무게가 50kg에 달하기도 한다. 성질이 사납고 다른 물고기를 먹이로 해서 양식장에 피해를 주기도 한다. 중국 양자강, 주강(珠江) 유역과 지류에 살며, 민강(閩江)과 남부지역의 강과 호수에서 산다. 첨두감(尖頭鱤), 검감(劍鱤), 마제종(馬頭鯮), 압각종(鴨嘴鯮), 라팔어(喇叭魚), 장취감(長嘴鱤)이라고도 하며 속명은 마두경(馬頭鯨)이다.

〈원문〉鰻.『本草綱目』云,其目䁾視,故謂之鰻,或作鯮.生江湖中,體圓厚而長,似鱤魚而腹稍起.扁額長喙,口在頷下.細鱗腹黑,背微黃色,善噉魚.大者二三十斤.案:䁾祖動切,揚子『方言』,䁾伺視也,凡相窺視.南楚或謂之䁾.

7. 감(鱤)

『본초강목』에서, "일명 함어(鮨魚), 일명 환어(鰥魚), 일명 황협어(黃頰魚)이다. 강에서 나며 몸체는 종(鯮)과 닮았지만 배가 평평하고, 머리는 환(鯇)과 닮았지만 입이 크다. 뺨은 점(鮎)과 닮았지만 빛깔이 누렇고, 비늘은 준(鱒)과 닮았지만 좀 더 잘다. 큰 것은 30~40근이다. 『산해경』의 「동산경」에 이르기를, '고아(姑兒)의 강물에 감어(鱤魚)가 많다.'라고 하였는데, 이것이다."라고 하였다.

안: 종(鯮)과 감(鱤) 두 물고기는 다른 물고기를 잡아먹고 독성이 매우 강해서, 양어장에 이 물고기가 한 마리만 있어도 물고기를 기를 수 없다. 다만 강에서 잡아서 굽거나 젓갈을 담그는데 쓸 수 있다. 『본초강목』에서 두 물고기를 모두 일컬어 말하기를, "달고 평하며 독이 없다. 종(鯮)은 오장을 보하고, 근골에 좋으며, 비위를 온화하게

한다. 감(鱤)을 많이 먹으면 구토가 그치고, 속을 따뜻하게 하여 위에 좋다."고 하였다.

▌평설

중국 감어

한자 감(鱤)의 뜻은 '동자개 감'이다. 어보에서는 자가사리나 동자개 종류와 비슷한 중국의 물고기를 설명하고 있지만, 무게가 30근이 넘는다는 점에서 우리나라에는 없는 물고기이다.

감(鱤)은 중국의 잉어과에 속하는 민물고기로 몸이 길쭉하여 마치 베틀의 북처럼 생겼고, 학명은 Elopichthys bambusa이다. 황찬(黃鑽)이나 간어(竿魚)라고도 부른다. 중국 감어는 몸길이 1.5m, 무게 50kg까지 자라는 전형적인 야생 육식성의 사나운 어류로 양어장에 피해를 주고 있다. '수노호(水老虎)'라고도 불리며 잉어, 붕어, 초어까지 잡아먹는다.

〈원문〉 鱤.『本草綱目』云, 一名鮥魚, 一名鰥魚, 一名黃頰魚. 生江湖中, 體似鯮而腹平, 頭似鮵而口大, 頰似鮎而色黃, 鱗似鱒而稍細. 大者三四

十斤.『東山經』云,姑兒之水多鱓魚,是也. 案:鰻鱓兩魚,噉魚最毒,養魚池中,一有此魚,不能畜魚.但可取之江湖,以供炙鮓.『本草』稱二魚,皆甘平無毒.鰻補五藏,益筋骨和脾胃.多食宜人鱓已嘔暖中益胃.

8. 황고어(黃鯝魚)

『본초강목』에서, "강에서 나며 모양은 백어(白魚)와 비슷하지만 머리와 꼬리가 위로 들려있지 않다. 몸이 납작하고 비늘이 잘고, 빛깔이 희다. 너비는 1치를 넘지 않고, 길이는 1자가 못된다. 젓갈과 절임을 만들 수 있는데, 구우면 매우 맛있다. 내장은 기름이 많아 어부들이 고아서 황유(黃油)를 얻어 등불을 켜는데, 비린내가 심하다. 남쪽 사람들은 잘못알고 황고어(黃姑魚)라고 하고, 북쪽 사람들은 잘못알고 황골어(黃骨魚)라고 한다."고 하였다.

안: 일본에도 이 물고기가 나기 때문에,『화한삼재도회』에 이르기를, "곳곳의 못과 하천에 있고, 붕어와 더불어 산다."고 하였다. 우리나라에도 마땅히 있을 것인데, 속명을 무엇이라 하는지 알지 못하니, 마땅히 어부들을 찾아가 봐야겠다.

▌평설

황고어(黃鯝魚)는 오늘날 잉어과의 민물고기인 참마자의 다른 이름이라고 『표준국어대사전』에 나와 있다. 『물명고』에서는 황고를 황골어(黃骨魚)와 같다고 하였고, "우리나라의 은구어가 아닌개[或疑東俗은구어是].'라고 기술하고 있다.

중국에서 고어(鯝魚)는 원문고(圓吻鯝, Distoechodon tumirostris), 세린사령고(細鱗斜頷鯝, Plagiognathops microlepis), 역어(逆魚, Acanthobrama

중국 황고어

simoni Bleeker) 등을 포괄하여 부르는 총칭이며, 잉어과에 속하는 물고기이다.

『화한삼재도회』에서 설명한 일본의 황고어는 와다카[腸香]라고 하는 잉어과의 담수어이다. 요도가와[淀川]와 비와코[琵琶湖] 지역의 특산어종인 일본 고유종으로 학명은 Ischikauia steenackeri이다. 참마자와는 학명이 다르며, 우리나라에는 없는 물고기이다.

황고어(黃鯝魚)라는 같은 한자이름을 가지고 중국과 일본은 서로 다른 물고기를 말하는 것이다.

〈원문〉 黃鯝魚.『本草綱目』云,生江湖中.狀似白魚,而頭尾不昂,扁身細鱗白色.濶不踰寸,長不近尺.可作鮓葅,煎炙甚美.其腸多脂,漁人煉取黃油然燈,甚腥.南人訛爲黃姑魚,北人訛爲黃骨魚.案:日本亦産此魚,故『和漢三才圖會』云,處處池川,與鮒並生.我國亦應有之,特不識俗名爲何,當訪之漁戶.

9. 금어(金魚)

『본초강목』에서, "금어(金魚)에는 리(鯉)·즉(鯽)·추(鰍)·찬(鰲)의 여러 종이 있는데, 추(鰍)·찬(鰲)이 제일 구하기 어렵고, 오로지 금붕어[金鯽]만이 오래 산다. 옛날에는 아는 이가 드물었으나, 중국 송나라 때 처음 기르는 사람이 있었고, 지금에는 곳곳의 인가에서 완상용으로 기른다. 늦은 봄에 풀 위에 알을 낳는데 처음에 검은 빛깔을 띠다가 시간이 지나면 붉게 변한다. 또 간혹 희게 변하는 것은 은어(銀魚)라고 한다. 또한 붉은 점, 흰 점, 검은 점이 뒤섞여 있어 일정한 색깔이 없는 것도 있다."고 하였다.

안: 요즘 연경[118]에 간 사람들이 간혹 유리병에 이 물고기를 담아와서 문방의 애완을 삼는다. 그러나 기르는 방법을 몰라서 종자를 얻을 수 없다. 양공이 편찬한 『의방적요』에, 금구리[119]를 치료하는 데 금사리(金絲鯉)를 쓰는 방법이 있는데 바로 이 물고기이다. 책상 위에 애완용일 뿐만 아니라, 이질을 치료하는 데도 기이한 효험이 있으니 마땅히 서둘러 종자를 전파하여 길러야 한다.

▌평설

물고기를 관상용으로 개량한 사육종을 논하고 있다. 금붕어, 금잉어가 가장 흔하며 많은 품종이 있다. 금붕어의 원산지는 양자강 하류의 절강성 항주(杭州) 지방이다. 『본초』에 금어(金魚) 또는 금즉어(金鯽魚)라 하고 있어 당나라 때에 야생의 금붕어가 있었음을 기록하고 있다. 북송시대(960~1126)에는 몸빛깔이 황금색으로 변이한 금붕어에 관한

---

118 燕京: 춘추 전국 시대 당시 연나라의 수도가 이 지역이었던 것에서 유래했다. 중국 베이징시에 위치한다.
119 噤口痢: 이질(痢疾)의 일종이다.

금붕어

기록이 있으며, 절강성 가흥(嘉興)의 남호와 서호가 발생지라 하였다. 서호에서 방생행사를 하기위해 금붕어 사육이 시작되었고, 송나라 때에는 상품화되고 사육이 일반화되었다. 16세기 초엽에 일본으로, 16세기 말에 영국으로, 18세기 중엽에 프랑스로, 19세기 초엽에는 미국 등으로 전래되어 세계적으로 확산되었으며 많은 신품종이 생겨났다.

금사리법은 이질 치료법의 하나로, 금빛 줄무늬잉어[金絲鯉][120] 한 마리(무게 한두 근)를 소금, 장, 파, 후추 등을 넣어 달여서 김을 쏘이거나 먹으면 오래된 설사병이 뿌리 뽑힌다고 한다.

〈원문〉 金魚.『本草綱目』云,金魚有,鯉·鯽·鰍·鱉數種,鰍·鱉尤難得,獨金鯽耐久.前古罕知,自宋始有畜者,今則處處人家養玩.春末生子于草上,初出黑色,久乃變紅.又或變白者,名銀魚.亦有紅白黑斑相間無常者.案:今赴燕者,或有用琉璃瓶貯此魚,而來爲文房玩好,然養之無法,不能取種也.揚拱『醫方摘要』,有治禁口痢用金絲鯉法,卽此魚也.不但供几案間淸玩,亦有治痢奇效,亟宜傳種摯養也.

---

120 金絲鯉: 중국 남부현(南部縣) 보마하(寶馬河)의 특산 잉어로 배 양쪽에 한 줄의 금색 줄무늬가 있고, 다른 잉어에 비해 살지고 맛이 좋다고 한다.

10. 조(鯛)

일본에서 난다. 모양은 붕어[鯽]와 유사한데 납작하다. 비늘과 지느러미는 모두 엷은 붉은색인데, 물 밖으로 나오면 진한 붉은색으로 변한다. 지느러미는 특히 붉고, 살은 희며 맛이 좋다. 큰 것은 1~2자, 작은 것은 1~2치이다. 일본사람이 매우 귀하게 여긴다. 중국에서는 본래 희귀종이기 때문에 『옥편』에서 단지 명칭만을 말하고 모양과 빛깔은 들지 않았다.

오직 『민서』와 『남산지』에만, "극렵어(棘鬣魚)는 붕어와 유사하지만 크다. 지느러미가 붉은빛이 도는 자주색이다."라고 하였으니, 곧 이 물고기를 가리킨 것이다. 그리고 본초 여러 책에서 약술한 것이 적지 않으니, 근세에 강소성과 절강성의 상선들 중에 일본에 갔던 배가 많이 싣고 돌아오기 때문에 영파해[121]에 많이 있게 되었다고 한다.

우리나라는 일본과 바다 하나를 사이에 두고 있지만 마침내 종자를 전하는 것이 없으니, 이용후생의 방법이 요원하여 다른 나라에 미치지 못한 것이 분명하다.

▎평설

도미를 논한 것이다. 우리 자전에 조(鯛)의 뜻은 '도미 조'이지만 어명고에서는 도미를 독미어(禿尾魚)라고 기록하고 있다. 조(鯛)를, '일본에서 난다. 모양은 붕어[鯽]와 유사한데 납작하다'고 표현한 것은 도미 묘사와 합치된다. 일본에서도 조는 도미 종류를 말한다. 특히 붉은 것이라면 마다이[眞鯛]로 참돔을 말한다. 안정복(1712~1791)도 '도미를 왜인은 조어(鯛魚)로 이름 붙였다[度美魚, 倭人名以鯛魚].'고

---

121 寧波海: 영파는 절강성(浙江省) 동쪽 용장(甬江) 하류에 있는 도시로 송나라 이후 한국·일본·아라비아·동남아시아와의 무역 중심지로 번영하였다.

기록하고 있다(『순암집』).

중국에서도 도미 종류의 총칭은 조어(鯛魚)이고, 참돔은 진조(眞鯛)라 부른다. 그러나 중국에서는 흔치않은 어류여서 『본초강목』과 『삼재도회』에도 실려 있지 않다. 중국의 무역선이 식량 겸 배의 안정을 위한 밸러스트로 수조에 만세기[鱰]를 싣고 일본에 왔다가, 중국으로 돌아갈 때는 그 자리에 만세기 대신 도미를 싣고 갔기 때문에 도미가 영파해에 전해졌다는 설이 있다(『화한삼재도회해설』). 중국 배가 오가면서 도미종자가 전해졌다고 하지만, 해양의 변화로 중국에도 도미가 많아졌다고 볼 수도 있을 것이다.

어명고에서는 도미가 우리 연해에 있음에도 불구하고 '중국에서 나는 물고기 중에 확인하지 못한 것' 난에 포함시켜 놓고 있다. 우리가 쓰는 도미의 한자이름과 일본과 중국에서 쓰는 도미의 한자이름이 달라서 조(鯛)란 물고기가 우리나라에는 없다고 본 것이다. 그러나 어명고의 저자가 바닷물고기의 종자를 구해서 어민의 이용후생을 도모하려는 아이디어는 당시로서는 대단한 발상이다.

〈원문〉 鯛.出日本.形似鯽而扁.其鱗鬣,皆淡赤色.離水則變爲正赤色. 鬣特紅,其肉白而味美.大者一二尺,小者一二寸.日本人甚珍之.其在中國,本爲稀種,故『玉篇』但云魚名,而不擧似其形色.惟『閩書』·『南産志』俱云,棘鬣魚,似鯽而大.其鬣紅紫色者,卽指此魚.而本草諸書,不少槩見,近世江浙商舶之至倭者,多載之而歸,故寧波海中多有之云.我國與日本,又隔一帶海洋,而迄無有傳種者,宜其利用厚生之遠不及他邦也.

11. 후(鱟)

『산해경(山海經)』에, "후어(鱟魚)는 모양이 혜문관(惠文冠)[122]과 같고, 푸른빛을 띤 검은색이다. 12개의 다리가 있고, 몸길이가 5~6자로 게를 닮았다. 암컷은 항상 수컷을 업고 다니니 어부들이 잡으면 반드시 한 쌍을 얻는다. 알은 깨알만하고, 남쪽 사람들이 장을 담근다. 대개 민월(閩越)사이에 나는 바다어족이다."라고 하였다.

우리나라 남해에도 이 게 종류가 있을 것이다. 왕세무의 『민부소』에 이르기를, "바닷가 여러 군에 후피(鱟皮)를 국자로 사용하여, 한 해에 구리 1천여 근을 절약한다."고 하였다. 우리나라는 삼면이 바다로 둘러있어 실로 바다나라[海邦]이니, 만약 후의 껍질[鱟殼]로 국자를 만들면, 온 나라 통틀어 말하면 구리를 절약하는 것이 어찌 수천 근뿐이겠는가?

▎평설

투구게

후(鱟)는 우리나라에는 없는 투구게(horseshoe crab)로 비정된다. 투구게는 껍질이 둥글고 꼬리까지 함께 보면 국자 모습이다. 투구게는 절지동물 검미목(劍尾目) 투구게과로 중국과 일본의 남부 연안에

---

122 惠文冠: 모자의 이름이다. 중국 전국시대 조나라 혜문왕(惠文王)이 썼다.

산다. '살아 있는 화석'으로 일컬어질 정도로 고대의 모습을 하고 있다. 중국에서는 투구게를 마제해(馬蹄蟹)라고도 부른다.

이름에는 '게'자가 들어 있지만 혈액 성분상 거미류에 가까우며 3속 5종이 현생하는 것으로 알려져 있다. 난생으로 연안에 서식하며 몸길이는 약 60cm이다. 몸은 머리가슴과 배, 꼬리의 3부분으로 되어 있고 갑각으로 덮여 있다. 머리가슴 앞면에는 2개의 홑눈과 1개의 겹눈이 있다. 윗입술 좌우에 3마디로 된 부속지가 붙어 있는데, 끝의 2마디가 집게를 이룬다. 머리가슴에는 5쌍의 다리가 있으며 끝이 집게모양이다. 배 아랫면에는 6쌍의 판 모양의 배다리가 있다. 꼬리는 긴 칼 모양이다.

어명고에는 투구게의 다리가 12개라고 하였고, 껍질이 구리처럼 단단함을 강조했는데, 저자가 직접 눈으로 확인하고 쓴 것 같지는 않다.

〈원문〉 鱟.『山海經』云,鱟魚形如惠文冠,青黑色.十二足,長五六尺似蟹.雌常負雄,漁子取之,必得其雙.子如麻子,南人爲醬,蓋閩越間海魚也.我國南海亦有此介族耶.王世懋『閩部疏』云,瀕海諸郡,以鱟皮代杓,歲省銅千餘斤.我國三面環海,固海邦也,如得取鱟殼爲杓,通一國言之,其歲省銅,何啻累數千斤也.

V. 우리나라에서 나는지 확실하지 않은 것

V. 우리나라에서 나는지 확실하지 않은 것

1. 담라(擔羅)

『본초습유』에 이르기를, "담라는 조개의 한 종류인데 신라국에서 나고 그 사람들이 먹는다."고 하였다. 또 이르기를, "달고 고른 맛에 독이 없고 열을 다스리며 기를 삭힌다. 다시마와 섞어서 국을 만들어 먹으면 기가 울결[123]한 경우에 잘 듣는다."라고 하였다. 그 형태와 빛깔을 말하지 않았으므로 우리나라에 있는지, 속명이 무엇이라 부르는지를 알지 못하겠다.

▌평설

당나라 때의 의서인 『증류본초』에도 어명고와 같은 설명이 있다. 어명고는 중국 의서에 나온 담라 기사를 이기한 것으로 보인다. 예전에도 중국은 한반도와 약재를 교역하였다. 중국 양무제(梁武帝, 464~549)는 백제에 의사들을 파견하여 약물을 구해오게 하였는데 그 가운데 담라가 포함되어 있었다. 담라는 수당시대에 비교적 성행한 약재로 한반도에서 나며 약효는 하품에 속한다고 평가되고 있다.

담라(擔羅)는 제주도의 옛 이름인 담라(儋羅)와 비슷해서 제주도에서 나는 조개를 설명하는 것 같지만, 어명고의 간단한 설명만으로 현재 이름을 비정할 수 없다.

어명고에서는 이 난을 '우리나라에서 나는지 자세하지 않은 것을 논함'이라고 제목을 붙이고 있지만, 담라 한 종류만 논하고 있다. 이

---

123 結氣: 기가 맺혀서 운행하지 못하는 병증이다.

러한 점에서 어명고가 완결되지 않은 상태로 오늘에 전해진 것이 아닌가 하는 의문점도 남기고 있다.

〈원문〉論東産未詳.擔羅.『本草拾遺』云,擔羅蛤類也,生新羅國,彼人食之.又云甘平無毒,治熱氣消.食雜昆布作羹,主結氣.不言其形色,未知在吾東,俗名云何也.

· 고서 · 인명 해설 ·

가공언소(賈公彦疏): 중국 당나라 고종 연간의 유학자이며 경학가인 가공언(賈公彦, ?~?)이 쓴 주례소(周禮疏)를 말한다.

가우본초(嘉祐本草): 가우는 송나라 인종의 연호이며 장우석(掌禹錫, 992~1068)이 1060년에 찬한 본초서이다.

강부(江賦): 중국 동진(東晉)의 시인 겸 학자인 곽박(郭璞, 276~324)의 부(賦)로 어류에 대한 고찰이 있다.

고공기(考工記): 주례의 제6편으로 중국에서 가장 오래 된 공예기술서이다.

고금주(古今注): 중국 진(晉)나라의 천문학자이자 약학자인 최표(崔豹)가 물명을 고증한 책으로 輿服·都邑·音樂·鳥獸·魚蟲·草木·雜注·問答 8개 부문으로 나누어 고찰하였다.

고려도경(高麗圖經): 원명은 선화봉사고려도경(宣和奉使高麗圖經)으로 1123년 송나라의 사신 서긍(徐兢)이 고려에 와서 보고 들은 사실을 글과 그림으로 적어 놓은 책으로 그림은 없어지고 글만 남아 있다.

광아(廣雅): 중국 삼국시대 위(魏)나라의 장읍(張揖)이 찬술한 자전으로 박아(博雅)라고도 부른다. 주나라 주공(周公)이 지은 이아(爾雅)와 같은 형식으로 자구를 해석고증하고 주석을 달았다.

국어(國語): 중국 춘추시대 노나라의 좌구명(左丘明, B.C.556~B.C.451)이 8국의 역사를 국별로 적은 책으로 오나라의 위소(韋昭)가 주한 것만 완전하게 남아 있다.

균역사목(均役事目): 조선의 균역청에서 1752년에 발간한 공무에 관하여 정한 일종의 규정집이다. 設廳·結米·餘結·軍官·移劃·減革·需用·會錄·海稅·給代·雜令 등 11개조로 구성되어 있다.

금충술(禽蟲述): 중국 명나라 때 원달(袁達)이 지었다는 연대미상의 지리박물지이다.

금화지비집(金華知非集): 조선후기의 문신이자 실학자인 서유구(徐有榘, 1764~1845)의 유고로 소·계·박고의·서·변·기·신도비명·묘표·묘지명·유사·잡저·대책 등이 수록되어 있다.

기월집(冀越集): 중국 원말명초 때 사람인 웅붕래(熊朋來, 1246~1323)가 쓴 본초에 관한 책이며, 태고(太古)는 그의 자이다.

길주지(吉州志): 함경북도 길주의 군지를 말한다.

김창업(金昌業): 조선 후기의 문인이자 화가(1658~1721)로 1712년에 청나라에 사신으로 가는 형 김창집과 같이 연경에 다녀와 중국의 산천, 인민, 풍속 등을 담은 기행문인 『노가재연행일기』를 썼다.

농암(農巖): 조선후기의 문신인 김창협(金昌協, 1651~1708)으로 대사간, 동부승지, 대사성을 역임하였으며, 문집에 『농암집』이 있다.

낙청지(樂淸誌): 중국 낙청현(樂淸縣)의 지지(地誌)로 오대 양나라 때 오월이 낙청현을 설치했다.

남방이물지(南方異物志): 중국 당나라 때 사람인 방천리(房千里, ?~?)가 쓴 잡가서이다.

남산지(南産志): 중국 명나라 때 하교원(何橋遠, 1558~1631)이 지은 복건지방의 지방지 민서(閩書)의 제2권이다.

남월지(南越志): 중국 남북조시대 심회원(沈懷遠, 557~589)이 쓴 남쪽 지방의 지지로 현재 남아있지 않고, 영표록이(嶺表錄異)에 인용되어 있다.

논형(論衡): 중국 후한 때에 왕충(王充, 27~104)이 지은 시국을 비판한 잡가서로 당시의 가치관이나 학문 등 다양한 문제에 대하여 논했다.

대명통일지(大明一統志): 중국 명나라 때 이현(李賢) 등이 1461년에 편찬한 지리지로 중국전역과 조공국의 지리를 기록한 총지이다.

도경본초(圖經本草): 중국 송나라 때 의학자 소송(蘇頌, 1020~1101)이

1061년에 찬한 본초서이다.

도홍경(陶弘景): 중국 남북조시대의 도사이자 본초의가이며, 호가 은 거이다.

동산경(東山經): 중국 고대 지리서인 산해경의 편명이다.

동월조선부(董越朝鮮賦): 명나라의 동월(董越, 1430~1502)이 1488년에 조선에 사신으로 왔다가 조선의 풍토를 부(賦)로 읊은 책이다.

동의보감(東醫寶鑑): 조선의 허준(許浚, 1539~1615)이 1610년에 저술한 의서로 음식물, 동식물에 대한 고찰도 같이 정리되어 있다.

명물기략(名物紀略): 조선 고종 때의 명의인 황필수(黃泌秀)가 1827년에 쓴 어휘사전이다. 총 4권 중 제3권에 음식과 관련된 여러 물명을 수록하고 있다. 한자로 표제어를 적고, 한글발음이나 이명, 속칭을 기록하고 있으며, 주석도 부기하고 있다.

모시(毛詩): 춘추시대 노나라 모형(毛亨)학파가 주석한 시경을 모시(毛詩)라 하며 시전(詩傳)이라고도 한다.

모시초목충어소(毛詩草木蟲魚疏): 중국 삼국시대 오나라의 육기(陸璣)가 시경에 나오는 초목충어(草木蟲魚)의 물명을 주석한 책으로 약칭해서 육기시소(陸璣詩疏)라고도 한다.

모씨시전(毛氏詩傳): 모씨가 주해한 것만이 완전한 시경이어서, 모시는 시경을 지칭한다.

몽계필담(夢溪筆談): 11세기 중엽 중국 북송 사람 심괄(沈括, 1031~1095)이 약학·기술·천문학 등 과학에 대해 쓴 책으로 전 26권으로 보필담(補筆談)이 2권, 속필담(續筆談) 1권이다.

문선(文選): 중국 남조 양나라의 소통(蕭統, 501~531)이 편찬한 주나라 이후의 시문을 모은 책이다.

민부소(閩部疏): 중국 명나라 때 왕세무(王世懋, 1536~1588)가 지은 필기소설(筆記小說)이다.

민서(閩書): 명나라 때의 하교원(何喬遠, 1558~1631)이 지은 복건지방의 지방지이다.

민중해착소(閩中海錯疏): 중국 명나라 때의 도본준(屠本畯)이 지은 복건지방의 해산생물에 관해 기록한 책이다.

박고도(博古圖): 중국 송나라 휘종 때 왕보(王黼, 1079~1126)가 편찬한 고기도록(古器圖錄)으로 선화박고도록(宣和博古圖錄)이라고도 한다. 저자의 본이름은 왕보(王甫)이다.

박물지(博物志): 중국 서진(西晉)의 학자 장화(張華, 232~300)가 저술한 수신기(搜神記) 종류의 지괴서이다.

방언(方言): 중국 전한말기의 학자 양웅(揚雄, B.C.53~18)이 각 지방의 언어를 집대성해 쓴 책이다. 양자방언(揚子方言)이라고도 한다.

본초(本草): 본초학의 준 말로 한방에서 약제나 약학을 일컫던 말이며, 본초강목의 줄인 이름이기도 하다.

본초강목(本草綱目): 중국 명나라 때 본초학자 이시진(李時珍, 1518~1593)이 저술한 의서로 임상학적 기술 외에 水·火·土·金石·草·穀·菜·果·木·器服·蟲·鱗·介·禽·獸·人의 차례로 모두 1,892종의 약물을 싣고 있다.

본초경집주(本草經集註): 중국 남북조시대 양(梁)나라의 본초학자 도홍경(陶弘景, 456~536)이 쓴 본초에 관한 주해서이다.

본초습유(本草拾遺): 중국 당나라 사람 진장기(陳藏器, 681~757)가 편찬한 의서로 원본은 전하지 않는다.

본초연의(本草衍義): 중국 송나라 구종석(寇宗奭, ?~?)이 편찬하여 1116년에 간행된 의서로 가우보주신농본초(嘉祐補註神農本草)의 470종 가운데 설명이 미진한 약물에 대하여 상세하게 주석했다.

북호록(北戶錄): 중국 당나라 때 단공로(段公路, ?~?)가 쓴 책으로 북호잡록(北戶雜錄)이라고도한다.

비설록(霏雪錄): 중국 명나라 때의 류적(鎦績, ?~?)이 지은 잡가서이다.

사기봉선서(史記封禪書): 중국 전한(前漢)의 사마천(司馬遷, B.C.145?~B.C.86?)이 상고시대의 황제(黃帝)에서 한나라 무제 연간의 중국과 그 주변 민족의 역사를 포괄하여 쓴 역사서이다. 봉선서는 사기8서의 하나로 황제의 천명을 받은 의식을 기록한 것으로 순임금에서 한무제까지의 봉선제도를 기록했다.

사기화식전(史記貨殖傳): 중국 전한 사마천의 사기의 편명으로 화식은 재산을 늘림을 의미한다.

산림경제보(山林經濟補): 조선시대 홍만선(洪萬選, 1643~1715)이 농업과 일상생활에 관한 사항을 광범위하게 기술한 백과사전적인 책이다.

산해경(山海經): 중국 최고(最古)의 지리서로 B.C.4세기 전국시대 후의 저작으로 보인다. 원래는 23권이 있었으나 전한(前漢) 말기에 유흠(劉歆)이 교정한 18편만 전해지고 있다.

삼재도회(三才圖會): 중국 명나라 때 왕기(王圻, 1530~1615)가 지은 백과사전으로 왕기의 자를 따라 왕사의삼재도회(王思義三才圖會)라고도 한다. 여러 서적의 도보(圖譜)를 모으고, 천·지·인 삼재에 관한 사물을 그림으로 설명했다.

서정부(西征賦): 중국 진(晉)나라 때 시인이자 문인인 반악(潘岳, 247~300)이 지은 글의 편명. 반악이 장안령이 되어 통과하는 곳의 산수와 인물을 논했다.

설문해자(說文解字): 중국 한나라 허신(許愼, 30~124)이 한자를 자획에 따라 분류하고 음과 뜻을 새긴 것으로 한자의 구성과 운용의 원리를 서술한 것이다. 자서(字書) 또는 자전(字典)이라고도 하고, 설문(說文)이라고도 한다.

성제총록(聖濟總錄): 송나라 휘종(徽宗) 때에 편찬된 방서(方書)로 역대 의학서적과 민간과 의학자의 방문을 모아 정리하고 편집한 임상 각과의 병증과 치료, 양생 등을 망라하였다.

성호사설(星湖僿說): 조선후기의 실학자 이익(李瀷, 1681~1763)이 책을 읽다가 느낀 점이있거나 흥미 있는 사실이 있으면 그때그때 기록해 둔 것을 정리한 책으로 천지문·만물문·인사문·경사문·시문문의 다섯 가지로 분류해서 총 3,007편의 항목에 관해 기술했다.

수경주(水經註): 중국 북위의 지리학자 역도원(酈道元, 469~527)이 각 지의 하천, 수계를 기록한 지리서이다.

순자(荀子): 중국 주나라 때 유학자인 순황(荀況, B.C.298?~B.C.238?) 제자백가의 사상을 비판적으로 집대성한 책이다.

시경(詩經): 고대 중국의 시가를 모아 엮은 오경(五經)의 하나로, 3천여 편이었다고 전하나 공자에 의해 305편으로 간추려졌다.

시전(詩傳): 시경을 주한 책으로 전(傳)은 경서의 주해라는 뜻이 있다.

시주(詩註): 중국 송나라 주희(朱熹, 1130~1200)가 찬한 사서집주(四書集注) 중 시경의 주해서이다.

식경(食經): 중국 당나라 최우석(崔禹錫)이 찬한 책으로 화명초(和名抄)에 인용되어 있으나 현전하지 않는다. 남북조시대 최호(崔浩, ?~450), 수나라 때 사풍(謝諷, ?~?)이 지었다는 설도 있다.

식료본초(食料本草): 중국 당나라 맹선(孟詵, 612~713)이 지은 본초학에 관한 책이다.

식물본초(食物本草): 중국 명나라 왕영(汪穎)이 찬한 본초에 관한 책으로 명나라 세종 5년, 즉 조선 중종 21년 요문청(姚文淸) 등의 서문을 붙여 간행한 의학서이다. 각류에는 조목마다 해당 식물의 맛・본성・이익・독성 등을 적어놓았다.

습유기(拾遺記): 중국 후진(後晉) 때 왕가(王嘉)가 중국의 전설을 모은 지괴서(志怪書)로 습유록(拾遺錄)이라고도 한다.

양어경(養魚經): B.C.500년경 중국 전국시대 월나라의 도주공 범려(陶朱公 范蠡)가 지은 양어 기술서이다.

어경(魚經): 중국 명나라 때 황성증(黃省曾, 1490~1540)이 찬한 물고기 해설서이다.

어우야담(於于野談): 조선시대 유몽인(柳夢寅, 1559~1623)이 지은 구비문학서이다.

여씨춘추(呂氏春秋): 중국 전국시대 진(秦)나라의 재상이었던 여불위(呂不韋, ?~B.C.235)가 선진시대의 여러 학설과 사실・설화를 모아 편찬한 책이다. 도가·유가·법가·음양가·농가 등의 설을 망라하고 있다.

역(易): 유교의 경전 3경(三經)의 하나로 역경, 주역을 말한다. 점복(占卜)을 위한 원전과도 같은 것이며, 동시에 어떻게 하면 조금이라도 흉운을 물리치고 길운을 잡느냐 하는 처세상의 지혜이며, 우주론적 철학이기도 하다.

연북록(燕北錄): 중국 송나라 사람 왕역(王易)이 쓴 지리서이다.

연서지(然犀志): 중국 청나라 이조원(李調元, 1734~1802)이 1779년에 지었으며, 93종의 어·패·하·해·구(魚貝蝦蟹龜) 등의 해양어류가 기록되어 있다.

영남이물지(嶺南異物志): 중국 송나라 때 맹관(孟琯, 805~?)이 찬한 영남지방의 진기한 생물에 대한 책으로 줄여서 이물지라고도 부른다.

영파부지(寧波府志): 중국 명나라 장시철(張時徹, 1500~1577)이 찬한 절강성 영파부의 지방지이다.

영표록(嶺表錄): 중국 당나라 유순(劉恂)이 지은 책으로 중국 영남지방의 초목충어가 그림과 함께 상세하게 기록되어 있다. 영표록이(嶺表錄異), 영표록이기(嶺表錄異記) 등의 명칭도 있다.

오도부(吳都賦): 중국 서진(西晉) 때의 좌사(左思, ?~306)가 부(賦)의 형식으로 삼국시대 세 나라 도읍의 번화상을 묘사한 삼도부(三都賦) 중 하나이다.

오잡조(五雜俎): 명나라 때 시인인 사조제(謝肇淛, 1567~1624)가 각종 현상과 사물을 논한 잡가서이다.

오주연문장전산고(五洲衍文長箋散稿): 조선후기의 실학자 이규경(李圭景, 1788~?)이 쓴 고금의 사물에 대하여 고증하고 해설한 백과사전류의 책이다.

옥편(玉篇): 한자를 자획에 따라 분류, 배열하고 그 음과 뜻을 새긴 것으로 한자의 구성과 운용의 원리를 서술한 것이다. 자서(字書)

또는 자전(字典)이라고도 한다.

온해지(溫海志): 중국 절강성 온주(溫州)의 지지이다.

우항잡록(雨航雜錄): 명나라 사람 풍시가(馮時可, 1541~1621)가 지은 책으로 하권에 물산과 잡사에 대해 기술했다.

위무식제(魏武食制): 중국 위나라 무제(武帝)의 사시(四時)의 식제(食制)를 정리한 책으로 사시식제라고도 한다.

위소(韋昭): 중국 삼국시대 오나라 사관을 지낸 사람(204~273)으로 국어(國語)를 주석했다.

유규(劉逵): 중국 진(晉)나라 사람으로 상복요기(喪服要記)를 지었다.

유람지(遊覽志): 중국 명나라 전여성(田汝成, 1503~1557)이 항주 전당 지방의 전설 등을 찬한 지리서로 서호유람지라고도 한다.

유양잡조(酉陽雜俎): 중국 당나라 단성식(段成式, ?~863)이 도서·의식·풍습·동식물·의학·종교·인사 등 여러 사항에 대해 기술한 책이다.

육서고(六書故): 중국 송나라 때 대동(戴侗, 1200~1285)이 편찬한 자서(字書)이다.

육전(陸佃): 중국 북송 사람(1042~1102)으로 문자학에 정통하여 비아(埤雅)를 저술했다.

의감(醫鑑): 중국 명나라 때 공신(龔信, 1368~164)이 찬한 의학서인 고금의감(古今醫鑑)을 말한다.

의방적요(醫方摘要): 명나라 때 의학자인 양공(楊拱)이 편찬한 의서 12권이다.

의학입문(醫學入門): 중국 명나라 때 이천(李梴)이 고금의 방론을 모아 1575년에 정리한 의서이다.

이물지(異物志): 중국 동한시대 양부(楊孚)가 지은 잡가서로 인물·지지·금수·곡식·과일·수목·충어 등이 기록되어있다. 후일 비슷한 체제와 이름으로 여러 이물지가 나왔다. 만진(萬震)의 남주이물지, 심형(沈瑩)의 임해수토이물지, 초주(譙周)의 이물지, 송응(宋膺)의 이물지, 맹관(孟琯)의 영남이물지 등이다.

이아(爾雅): 유교 경전의 집성으로서 당나라 때 이루어진 내용과 문자의 뜻을 고증하고 설명하는 사전적인 성격을 지닌 책이다. 진(晉)나라의 곽박(郭璞)이 제설을 집성하면서 여러 주석들이 나왔다. 곽박의 주와 송나라 형병(邢昺)의 소로 이루어진 이아주소(爾雅注疏), 송나라 때 정초(鄭樵)가 지은 이아주(爾雅注), 나원(羅願)이 지은 이아익(爾雅翼)이 있다.

이아석어소(爾雅釋魚疏): 이아는 고서의 자구를 해석한 책으로 13경(十三經)의 하나이다. 석어소는 현재 전해지는 19편 중 물고기에 대한 부분이다.

이아익(爾雅翼): 중국 송나라 때 나원(羅願, 1136~1184)이 편찬한 초·목·조·수·충·어를 해설한 책이다.

이아정의(爾雅正義): 중국 청나라 때 소진함(邵晉涵, 1743~1796)이 쓴 이아의 주석서이다.

이아주(爾雅注): 송나라 때 정초(鄭樵, 1104~1162)가 쓴 이아의 주석서이다.

이원(異苑): 중국 육조(六朝)시대 송나라의 유경숙(劉敬叔)이 지은 설화집으로 신선·괴이에 관한 기록집인 지괴서(志怪書)의 하나이다.

일화자제가본초(日華子諸家本草): 송나라 초에 나온 저자미상의 본초서로 간략하게 일화자본초(日華子本草) 또는 일화본초(日華本草)라고 한다.

임해수토이물지(臨海水土異物志): 중국 삼국시대 오나라의 심형(沈瑩, ?~280)이 찬한 지리서로 임해수토기(臨海水土記)라고도 한다.

임해이물지(臨海異物志): 중국 당나라 단공로(段公路)가 찬한 책이나 북호록(北戶錄)에 인용되어 있을 뿐 전모는 알 수 없다.

자서(字書): 6서에 의해 한문자를 분석하여 해석한 책으로 설문, 옥편과 같은 것이다.

장자(莊子): 춘추시대 송나라 사람으로 이름은 주(周)이나 장자라고

존칭된다. 장자는 장주가 지은 책으로 남화진경이라고도 한다. 경상초(庚桑楚)는 장자의 편명이다.

전국책(戰國策): 중국 춘추시대 이후 초한이 일어나기까지 245년에 걸친 전국시대 모사들이 유세한 내용을 나라별로 묶은 책이다.

절지(浙志): 절강변지(浙江匾志)의 줄인 이름으로 1522~1556년간에 저술된 항주 인근의 지지이다.

정자통(正字通): 중국 명나라의 장자열(張自烈, 1564~1650)이 지은 한자 음운의 자서이다.

조벽공 잡록(趙辟公 雜錄): 출전 미상의 책이다.

조선통어사정(朝鮮通漁事情): 일본인 세키자와(關澤明淸)와 다케나카(竹中邦香)가 1893년에 발간한 조선의 수산업 전반에 관해 조사한 보고서로 조선의 수산업 침탈을 위한 기초자료로 작성되었다.

주공(周公): 본명은 희단(姬旦)이고 주나라 때의 정치가이자 사상가로 형인 주무왕(周武王)을 보좌하여 상(商)나라를 멸하고, 무왕 사후에 어린 성왕(成王)을 보좌하였다.

주례(周禮): 주나라 왕실의 관직제도와 전국시대 각국의 제도를 기록한 유교경전의 하나이다. 원래 명칭은 주관(周官) 또는 주관경(周官經)이었는데, 전한(前漢) 말에 경전에 포함되면서 예경(禮經)에 속한다 하여 주례라 한다.

주례천관(周禮天官): 주례의 편명으로 천관총재(天官冢宰)는 국정을 전반적으로 아우르는 직책이다.

증류본초(證類本草): 경사증류비급본초(經史證類備急本草)의 줄인 이름으로 북송시대인 1082년에 당신미(唐愼微)가 쓴 의서이다.

지봉유설(芝峯類說): 조선의 실학자 이수광(李睟光, 1563~1628)이 1614년에 고서와 고문에서 뽑은 기사일문집인 백과사전 형식의 책이다.

집운(集韻): 중국 북송시대에 정탁(丁度)이 1039년경에 지은 중국의 운서(韻書)로 이체자(異體字)와 이독(異讀)을 널리 수록하였다.

집해(集解): 집주(集注, 集註)라고도 하며 제가의 주석을 모은 책이다.

종요(鍾繇): 중국 삼국시대 위(魏)나라의 정치가(151~230)이다.

채도명(蔡道明): 중국 진(晉)나라 사람(281~356)으로 본초강목과 화한 삼재도회에는 채모(蔡謨)라고 기록되어 있다. 도명은 호이다.

천주부지(泉州府志): 중국 명나라 때 황봉상(黃鳳翔, 1545~?)이 지은 복건성 천주부의 지지이자 물산지이다.

청장관전서(靑莊館全書): 조선 후기의 실학자 이덕무(李德懋, 1741~1763)의 저술총서이며 청장관은 그의 호이다.

초사(楚辭): 한나라 유향(劉向, B.C.77~6)이 춘추시대 굴원(屈原), 송옥(宋玉) 등의 사부를 모아 정리한 책이다.

촉본초(蜀本草): 오대 촉나라의 한보승(韓保昇)이 935~960년간에 당본초를 참교 증주하여 약물에 대해 저술한 본초의서이다.

태평어람(太平御覽): 중국 송나라 때 이방(李昉), 이목(李穆), 서현(徐鉉) 등의 학자가 839년에 전대의 잡서로부터 채록 편찬한 백과사서이다. 신라와 고구려에 관한 기록이 있다.

통아(通雅): 중국 명나라의 방이지(方以智, 1611~1671)가 이아의 체제를 본떠서 명물, 산수, 훈고, 음운 따위의 어원에 대하여 고증하였다.

포박자(抱朴子): 중국 동진(東晉)의 갈홍(葛洪, 283~343)이 지은 중국의 도교서로 노장사상을 기초로 하여 신선사상을 도교의 중심에 놓고, 누구나 선인이 될 수 있음을 강조하였다.

포적론(炮炙論): 남조(南朝)의 유송(劉宋) 시대에 뇌효(雷斅)가 588년에 지은 본초서로 뇌공포적론(雷公炮炙論)이라고도 한다.

필담(筆談): 몽계필담(夢溪筆談), 보필담(補筆談)을 줄여 말한 것이다.

한서(漢書): 중국 후한(後漢)시대의 역사가 반고(班固, 32~92)가 저술한 기전체의 역사서로 전한서(前漢書) 또는 서한서(西漢書)라고도 한다.

함양지(咸陽志): 경상북도 함양군의 군지이다.

허목(許穆): 허목(1595~1682)은 호가 미수(眉叟)이며 조선중기의 학자 겸 문신으로 퇴계 이황의 학통을 이어받아 남인 실학파의 기반이 되었다.

허숙중(許叔重): 중국 후한초기에 『설문(說文)』을 쓴 허신(許愼, 30~124)을 말하며, 숙중은 자(字)이다.

화명초(和名抄): 화명류취초(和名類聚抄)의 줄인 이름이다. 931~937년간에 중국의 원순(源順)이 찬한 백과사전적인 책으로 이러한 종류의 책 중 제일 오랜 것이다.

화한삼재도회(和漢三才圖會): 1713년에 일본의 데라시마 료안(寺島良安)이 쓴 백과사전이다. 천·지·인의 삼재(三才)로 나누어 만물을 글과 그림으로 나타냈다.

해보(蟹譜): 1. 중국 송나라 부굉(傅肱)이 게에 대해 1059년에 찬한 책이다.
    2. 중국 북송연간에 여항(呂亢, ?~?)이 절강성 태주부(台州府) 임해현령(臨海縣令)으로 있으면서 특히 게에 관심이 많아 해보(蟹譜)를 썼으며 12종의 게에 대해 그림을 붙인 책을 각판하였다.

해부(海賦): 중국 서진 사람인 목화(木華, ?~?)가 지은 해양수산에 관한 책이며, 현허(玄虛)는 그의 자이다.

현혁론(賢奕論): 중국 명대의 문인 유원경(劉元卿, 1544~1609)이 쓴 필기고사집인 현혁편(賢奕編)을 이르는 것으로 보인다.

형소(邢疏): 중국 북송의 경학가인 형병(邢昺, 932~1010)이 이아를 교정, 그 주를 냈는데, 이를 형소(邢疏)라고도 한다.

회남만필술(淮南萬畢術): 중국 전한(前漢)의 회남왕(淮南王) 유안(劉安, B.C.179~B.C.122)이 유학자들과 함께 지은 회남자(淮南子)의 편명이다.

회남자(淮南子): 중국 전한의 회남왕 유안이 유학자들과 함께 지은 잡가서. 선진(先秦) 및 한대(漢代) 제가의 학설과 천문·지리·의학·풍속·농업기술 등 제반분야에 걸쳐 정리하였다.

본문에 나온 단위 설명

斛 : 옛날에 곡식을 계량하던 10말[斗]들이 그릇 또는 용량 단위이다.

尋 : '길이 심'의 뜻이며 8척을 심이라 한다.

尋常 : 고대 중국의 길이를 나타내는 단위로, 심은 8자 길이를 뜻하며, 상은 16자 길이를 뜻한다. 춘추전국시대에 제후들은 얼마 되지 않는 '심상의 땅'을 가지고 다투었다는 용례가 있다. 좁은 땅을 가지고 위해 싸웠다는 뜻으로 심상은 짧은 길이를 가리키는 말에서 작고 보잘 것 없다는 말로 비견되기도 했다.

圍 : 둘레나 길이, 양 팔을 벌려 낀 둘레로 한 아름과 같은 뜻이다.

仞 : 높이나 깊이의 단위로 8척, 7척 등 여러 설이 있다. 1장과 같은 의미로 쓰이기도 한다.

丈 : 1장은 10尺이지만, 중국 주나라에서는 8척을 1장이라 하였고, 성년 남자의 키를 1장으로 보았으나 당시의 1척은 지금의 1척보다 작았다. 사람의 키만 한 길이를 '한 길'이라고 하는 것도 거기서 유래되었다.

周尺 : 우리나라는 고려 때부터 국가가 관리하는 도량형의 기본단위로 주척을 채택해왔다. 경국대전에는 1주척이 0.606황종척이나, 증보문헌비고에는 0.6황종척으로 되어 있다.

尺 : 중국 고대의 척은 18cm이었고 한나라 때는 23cm, 당나라 때는 24.5cm로 변천되었다. 조선초기까지는 32.21cm를 1자로 했고, 세종 12년에 31.22cm로 바꾸어 사용해 오다가 1902년에 일제의 곡척으로 바뀌면서 30.303cm로 통용되었다.

把 : 1파(把)는 1악(握)과 같은 말로 원뜻은 '1줌'이지만 조선시대에는 관행적으로 포(抱) 혹은 장(丈)을 뜻하는 의미로 썼다. "한 손으로 그 1줌이 되는 것을 1파라고 한다. 그런데 우리나라 말은 1탁(庹)을 1파라고 한다.『균역사목』의 배의 길고 짧은 것을 잰 기

록에서 1파, 2파라고 하고, 이를 1장, 2장과 같이 읽는다(『아언각비』).” 1탁(庹)은 '두 팔을 벌린 길이' 혹은 '다섯 자'를 의미한다. 어명고에서 1파(把)는 1장 혹은 1길, '한 아름'을 뜻하는 단위로 기술되어 있다.

부 록
어보에 나오는 물고기 도판 모음

I. 민물고기

1. 잉어 (26쪽)

2. 숭어 (29쪽)

3. 꺽정이 (30쪽)

4. 눈불개 (32쪽)

5. 붕어 (35쪽)

6. 큰줄납자루 (37쪽)

7. 피라미 (40쪽)

8. 모래무지 (43쪽)

9. 한둑중개 (46쪽)

10. 쏘가리 (48쪽)

11. 웅어 (52쪽)

12. 싱어 (54쪽)

13. 누치 (56쪽)

14. 모쟁이 (58쪽)

15. 발강이 (59쪽)

16. 점농어 (60쪽)

17. 은어 (62쪽)

18. 열목어 (64쪽)

19. 두우쟁이 (65쪽)

20. 치리 (67쪽)

21. 불거지 (69쪽)

22. 갈겨니 (71쪽)

23. 꺽지 (72쪽)

24. 살치 (74쪽)

26. 돌고기 (75쪽)

27. 참마자 (77쪽)

28. 끄리 (78쪽)

29. 버들치 (80쪽)

30. 동사리 (82쪽)

31. 산천어 (84쪽)

33. 메기 (89쪽)

34. 가물치 (92쪽)

35. 뱀장어 (94쪽)

36. 드렁허리 (96쪽)

37. 미꾸리 (98쪽)

38. 황복 (101쪽)

39. 자가사리 (103쪽)

40. 동자개 (105쪽)

41. 빙어 (107쪽)

42. 줄공치 (109쪽)

43. 중고기 (111쪽)

44. 대농갱이 (113쪽)

45. 문절망둑 (114쪽)

46. 밀어 (116쪽)

47. 거북 (118쪽)

48. 자라 (120쪽)

50. 참게 (129쪽)

52. 말조개 (135쪽)

53. 재첩(136쪽)

54. 우렁이(137쪽)

55. 다슬기(139쪽)

II. 바닷물고기

1. 참조기(144쪽)

2. 황강달이(147쪽)

3. 민어 (151쪽)

4. 준치 (154쪽)

5. 위: 밴댕이, 아래: 반지 (157쪽)

6. 참돔 (161쪽)

7. 청어 (164쪽)

8. 참가자미 (169쪽)

부록

9. 참서대 (172쪽)

10. 넙치 (175쪽)

11. 병어 (177쪽)

12. 방어 (181쪽)

12. 중국 무창어 (183쪽)

13. 연어 (185쪽)

14. 송어 (187쪽)

15. 전어 (188쪽)

16. 황어 (190쪽)

19. 돌묵상어 (194쪽)

20. 삼치 (195쪽)

22. 대구횟대 (198쪽)

23. 보구치 (200쪽)

24. 우럭볼락 (202쪽)

24. 조피볼락 (202쪽)

25. 꽁치 (203쪽)

26. 임연수어 (204쪽)

29. 불볼락 (207쪽)

32. 쏨뱅이 (210쪽)

33. 달강어 (212쪽)

36. 혹등고래 (216쪽)

37. 범고래 (219쪽)

38. 큰부리고래 (221쪽)

39-1. 귀상어 (226쪽)

39-2. 백상아리 (227쪽)

39-3. 환도상어 (229쪽)

40. 상괭이 (232쪽)

44. 날치 (240쪽)

45. 갯장어 (242쪽)

46. 갈치 (243쪽)

47. 대구 (245쪽)

48. 명태 (248쪽)

49. 고등어 (250쪽)

50. 쥐치 (252쪽)

51. 짱뚱어 (254쪽)

52. 도루묵 (256쪽)

53. 노랑가오리 (259쪽)

54. 참홍어 (262쪽)

55. 개복치 (264쪽)

56. 전자리상어 (266쪽)

57. 멸치 (268쪽)

58. 오징어 (271쪽)

59. 꼴뚜기 (272쪽)

60. 문어 (274쪽)

61. 낙지 (275쪽)

62. 주꾸미 (277쪽)

63. 보름달물해파리 (279쪽)

64. 해삼 (283쪽)

65. 대하 (286쪽)

66. 대모 (289쪽)

67. 전복 (291쪽)

69. 대합 (296쪽)

70. 모시조개 (297쪽)

71. 바지락 (299쪽)

74. 피조개 (306쪽)

75. 홍합 (308쪽)

76. 가리맛조개 (310쪽)

77. 굴 (312쪽)

78. 뿔소라 (314쪽)

III. 바닷물고기 중 확인하지 못한 것

1. 철갑상어 (323쪽)

2. 용상어 (326쪽)

3. 중국 철갑상어 백심 (329쪽)

4. 칼상어 (332쪽)

5. 중국 위어 (335쪽)

7. 가다랑어 (338쪽)

8. 국수뱅어 (340쪽)

9. 해마 (342쪽)

IV. 중국에서 나는 물고기 중 확인하지 못한 것

1. 백연어 (348쪽)

2. 대두어 (350쪽)

3. 초어 (351쪽)

4. 중국청어 (353쪽)

5. 강준치 (355쪽)

6. 중국 종어 (357쪽)

7. 중국 감어 (359쪽)

8. 중국 황고어 (361쪽)

9. 금붕어 (363쪽)

11. 투구게 (366쪽)

◆ 참고문헌 ◆

[고서]

柳僖,『物名考』, 1824(문아사, 1974년 영인본).
徐有榘,「佃漁志」,『林園經濟志』, 고려대학교 도서관 소장본.
徐有榘,「佃漁志」,『林園經濟志』, 오사카 부립 나카노시마 도서관 소장본.
徐有榘,『蘭湖漁牧志』, 국립중앙도서관 소장본.
愼以行·金敬俊·金指南,『譯語類解』, 1690(홍문각, 1975년 영인본).
李嘉煥·李載威,『物譜』, 1820(문아사, 1974년 영인본).
李圭景,『五洲衍文長箋散稿』, 한국고전번역원 한국고전종합DB.
李德懋,『靑莊館全書』, 한국고전번역원 한국고전종합DB.
李晚永,『才物譜』, 1798(아세아문화사, 1998년 영인본).
李睟光,『芝峯類說』, 한국고전번역원 한국고전종합DB.
丁若銓,『茲山魚譜』, 국립중앙도서관 소장본.
崔永年,『海東竹枝』, 장학사, 1925.
韓致奫,『海東繹史』, 한국고전번역원 한국고전종합DB.
許筠,『惺所覆瓿藁』, 한국고전번역원 한국고전종합DB.
洪命福,『方言類釋』(홍문각, 1985년 영인본).
『廣才物譜』(홍문각, 1988년 영인본).

[국내문헌]

국립수산과학원,『유용연체동물도감: 한국연근해』, 국립수산진흥원, 1999.
김대식,「물명류고의 생물학적 연구－물고기 이름 분류를 중심으로」,
　　　『새국어생활』10-3, 2000.
김려 지음, 박준원 옮김,『우해이어보』, 다운샘, 2004.
김무상,『어류의 생태』, 아카데미서적, 2003.
김익수,『그 강에는 물고기가 산다』, 다른세상, 2013.
김익수,『내가 사랑한 우리 물고기』, 다른세상, 2014.
김익수 외,『한국어류대도감』, 교학사, 2005.

김인호, 『조선어어원편람』, 박이정출판사, 2001.
감장한 옮김, 『열선전』, 예문서원, 1996.
감중빈, 『어보류에 나타난 19세기 초의 수산물 어휘 연구』, 공주대학교 석사학위논문, 2004.
김홍석, 「어명의 명명법에 대한 어휘론적 고찰」, 『국어국문과 국문학논집』, 단국대학교, 2000.
김홍석, 『우해이어보와 자산어보 연구』, 한국문화사, 2008.
남광우 편, 『고어사전』, 교학사, 2009.
노재민, 『물고기 이름 연구』, 충북대학교 석사학위논문, 2000.
민패류박물관, 『신원색한국패류도감』, 도서출판 한글, 2001.
박수현, 『바다 생물 이름 풀이사전』, 지성사, 2008.
방기혁, 『중국의 어구어법 및 한중간 어류명 대조표』, 해양수산부어업협정기획단, 1999.
서유구 지음, 김명년 옮김, 『전어지』, 한국어촌어항협회, 2007.
서정범, 『국어원사전』, 보고사, 2003.
손택수, 『바다를 품은 책 자산어보』, 아이세움, 2012.
여찬영, 「우리말 물고기 명칭어 연구」, 『전통문화연구』 9호, 효성여대 한국전통문화연구소, 1994.
유재명, 『물고기백과』, 행림출판, 1996.
유종생 저, 『한국패류도감』, 일지사, 1995.
이광정, 「어류 명칭의 문헌적 고찰 및 방언조사1」, 『국어문법연구』 Ⅱ, 역락, 2003.
이기석·한백우 해역, 『시경』, 홍신문화사, 1999.
이옥 지음, 실시학사 고전문학연구회 옮김, 『이옥전집 3. 벌레들의 괴롭힘에 대하여』, 휴머니스트, 2009.
이태원, 『현산어보를 찾아서 1~5.』, 청어람미디어, 2003.
이화영, 『술이기 시론 및 역주』, 이화여자대학교 석사학위논문, 2004.
임종욱, 『중국역대 인명사전』, 이회문화사, 2010.
전북대학교 인문한국 쌀·삶·문명연구원, 『임원경제지 연구의 문명사적 의의』, 전북대학교, 2008.
정문기, 『물고기의 세계』, 일지사, 1997.
정문기, 『한국어도보』, 일지사, 1991.

정석조,『상해 자산어보』, 신안군, 1998.
정약용 지음, 정해렴 역주,『아언각비・이담속찬』, 현대실학사, 2005.
정약전 지음, 정문기 옮김,『자산어보』, 지식산업사, 2004.
정양완 외 3인,『조선후기한자어휘검색사전』, 한국정신문화연구원, 1997.
정재서 역주,『산해경』, 민음사, 2010.
정학유 지음, 허경진・김형태 옮김,『시명다식』, 한길사, 2007.
조재삼 저, 강민구 옮김,『송남잡지』, 소명출판사, 2008.
조창록,「서유구・서우보 부자의 방폐기 행적과 난호 생활」,『한국실학연구16』, 한국실학회, 2008.
최기철,『쉽게 찾는 내 고향 민물고기』, 현암사, 2001.
최기철,『우리 민물고기 백 가지』, 현암사, 2002.
최기철,『한국담수어도감』, 향문사, 2002.
최윤・박종영,『한국의 민물고기』, 교학사, 2008.
최윤・김지현・박종영,『한국의 바닷물고기』, 교학사, 2008.
한국민족문화대백과사전편찬위원회,『한국민족문화대백과사전』, 한국정신문화연구원, 1991.
황선도,『멸치 머리엔 블랙박스가 있다』, 부키, 2013.

[해외자료]

關澤明淸・竹中邦香,『朝鮮通漁事情』, 團團社書店, 1893.
寺島良安,『和漢三才圖會』, 吉川弘文館, 1906.
邵廣昭・陳靜怡,『魚類圖鑑-臺灣七百種常見魚類圖鑑』, 遠流出版事業股份有限公司, 2012.
愛德蒙・雷布隆 著, 朱劉華 譯,『垂釣手册』, 貴州科技出版社, 2004.
劉敏・陳駿・楊經雲,『中國福建南部 海洋魚類圖鑑』, 海洋出版社, 2013.
日本魚類学会 編,『魚名大辞典』, 三省堂, 1981.
蔣靑海,『釣魚方法大全』, 中國 江蘇科學技術出版社, 2006.
周銘泰・高瑞卿,『臺灣淡水及河口魚圖鑑』, 晨星出版, 2011.
中村守純,『原色淡水魚檢索圖鑑』, 北隆館, 1993.
蒲原稔治,『原色日本海水魚圖鑑』Ⅰ・Ⅱ, 保育社, 1995.
やぶちゃんの電子テキスト,『和漢三才圖會』, 2008. homepage2.nifty.com/onibi/textsyousetu.htm

◈ 찾아보기 ◈

ㄱ

가다랑어 338
가리철 56
가모치 92
가물치 92
가사어(袈裟魚) 83
가숭어 28, 29
가어(加魚) 206
가오리 259, 260
가자미 169
가재 131
가지카 46
갈겨니 70
갈다기어(葛多歧魚) 59
갈어(葛魚) 243
갈치 243
감(蚶) 304
감(鹹) 358
감성돔 35
갑오징어 270
강준치 355
강청어 354
개복치 264
개우치 150
갯장어 242
거북 117
거오(車螯) 302
게 128
견어(堅魚) 337
견지낚시 41, 57
경(鯨) 214
고도어(古刀魚) 249
고등어 250
고래 216

공어(貢魚) 202
공치 109
과메기 165
관상어종 362
광어 175
구(龜) 117
구어(狗魚) 241
국식어(菊息魚) 86
군대어(裙帶魚) 244
군뢰어(軍牢魚) 211
굴 312
궐(鱖) 47
귀상어 225
근과목피어(斤過木皮魚) 71
근구해파리 280
금붕어 362
금어(金魚) 362
까나리 54
꺽저기 72
꺽정이 31
꺽지 45, 72
껄떼기 60
꼬막 306
꼴뚜기 272
꽁치 202
꽃게 130
꽃발게 130
꾹저구 82
끄리 78

ㄴ

나적어(羅赤魚) 205
나횟대 199

낙지 275
납(納) 119
납자루 37
내어(鮾魚) 115
내인어(鮂人魚) 220
넙치 175
노(鱸) 30
노가리 205
노무라입깃해파리 280
노호어(老虎魚) 192
농게 130
누치 56
눈불개 32
눌어(訥魚) 55
늑어(勒魚) 156
니추(泥鰍) 97

돌묵상어 194
동사리 82
동자개 103, 104
두부어(杜父魚) 45
두우쟁이 65
둑중개 46
드렁허리 96
떡붕어 35

ㄹ

류조법 41

ㅁ

마교어(馬鮫魚) 336
마도(馬刀) 135
마어(麻魚) 195
만리어(鰻鱺魚) 93
말뚝망둥어 114
말조개 135
맛조개 310
망동어(望瞳魚) 113
망동이 114
망어(蟒魚) 196
망조어(望潮魚) 276
메기 89
멸치 268
명태 248
명태어(明鮐魚) 247
모래무지 43, 224
모려(牡蠣) 311
모롱이 58
모사어(帽沙魚) 225
모시조개 297
모장어(鱐章魚) 57
모쟁이 58
모합(牡蛤) 311

ㄷ

다랑어 330
다슬기 138
달강어 212
담라(擔羅) 371
담채(淡菜) 307
대광어[海細鱺] 242
대구 245, 246
대농갱이 112
대두어 349
대모(玳瑁) 288
대합조개 295
덕대 179
덕자 179
덕치 179
도루묵 63, 256
도미 161, 364
독미어(禿尾魚) 159
돈어(豚魚) 75
돌고기 75
돌고래 232

찾아보기 **415**

묘침어(錨枕魚) 214
무지 45
문어 273
문요어(文鰩魚) 239
문편어(文鞭魚) 112
문합(文蛤) 294
물범 192
미꾸라지 98
미꾸리 98
미수감미어(眉叟甘味魚) 65
미유기 90
민물청어 354
민어 150
민어(鰵魚) 148
민어풀 151
밀어 115

ㅂ

바닷장어 242
반대음영 251
반지 158
발강이 59
발갱이 59
밤게 131
방(蚌) 134
방(魴) 179
방게 130
방어 181
백련어 348
백상아리 227
백어(白魚) 354
백합(白蛤) 297
밴댕이 158
뱀장어 94
버들개 80
버들치 79
벌덕게 131
범고래 219

범치 192
별(鼈) 119
병어 177
보구치 200
보굴대어(寶窟帶魚) 199
복(鰒) 289
복어 101
볼락 208
부레풀 151
부어(鮒魚) 33
부어성 어종 251
불거지 69
불볼락 208
붕어 34
붕장어[海大鱺] 242
붕퉁뱅어 107
비필어(飛鱓魚) 67
빙어 106
빙어(氷魚) 106
빠가사리 105
뻘거리 29

ㅅ

사(鯊) 42
사구어(沙溝魚) 42
사매어 43
사새어 31
사어(沙魚) 222
산천어(山川魚) 85
살오징어 271
살치 40, 73
삼치 195, 337
상괭이 232, 238
상어 223
새우 286
새치 333
서(鱮) 347
서사어(犀沙魚) 226

서상어[犀沙魚] 218
서어(鼠魚) 252
석거(石距) 274
석수어(石首魚) 143, 357
선(鱓) 95
선백어(鮮白魚) 191
설어(舌魚) 172
성대 213
성어(鮏魚) 184
세어(細魚) 53, 54
소라 314
소라통발 277
속살이 게 131
송강농어 31
송어(松魚) 186
수거어(繡鯕魚) 265
수모(水母) 278
수어(水魚) 193
숭어 27
숲뿌리해파리 280
승어(僧魚) 111
승어(升魚) 235
시(鰣) 153
심(鱘) 324
심어 326
싱어 54
쏘가리 47
쏨뱅이 211
쑤기미 192

ㅇ

안흑어(眼黑魚) 70
앙사어(鱶絲魚) 104
야회어(也回魚) 74
양식 138, 293, 300, 308, 327, 352
양식어 35, 62, 178, 348, 349, 352, 353
양식장 311

어교 151
어스래기 150
어호 217
언부어(堰負魚) 81
얼룩통구멍 192
여합(蠣蛤) 311
여항어(餘項魚) 63
연어(年魚) 184
연어(年魚) 185
열기 207
열기어(悅嗜魚) 207
열목어 63
엽랑게 130
영어(迎魚) 76
옆줄 26
예(鱧) 91
오적어(烏賊魚) 269
오징어 270
옥붕어 238
와라(蝸蠃) 138
용(鱅) 349
용상어 327
우구권어(牛拘棬魚) 209
우럭볼락 201
우렁이 138
우어(牛魚) 331
울억어(鬱抑魚) 201
웅어 51
원(黿) 121
월년은어 62
위(鮠) 334
위어 335
위어(葦魚) 51
유(鮪) 328
유어(柔魚) 272
유어(柳魚) 79
은구어 63
은구어(銀口魚) 61
은어 41, 62
은어(銀魚) 255

은조어(銀條魚) 61
이석 145, 151
이연수어(泥漣水魚) 208
이추(鮧鰌) 267
인어(人魚) 236, 237
일애어(昵睚魚) 213
임연수어(林延壽魚) 204
잉어 25

ㅈ

자가사리 103
자라 120
자만리(慈鰻鱺) 241
잠방어(潛方魚) 210
장수평어(長須平魚) 218
장어(章魚) 273
재첩 136
저서층 어류 335
적두도미 159
적목어 32
적새어(赤鰓魚) 68
적어(赤魚) 58
전(鱣) 320
전갱이 206, 251
전라(田螺) 137
전어(箭魚) 73
전어(錢魚) 188
전자리상어 265, 266
절(鰤) 36
점(鮎) 87
점농어 60
접(鰈) 166
정(蟶) 309
정어리 206
제어(鱭魚) 49
조(鯛) 364
조(鰷) 38
조기 144

조피볼락 201
종(鰻) 356
종어 357
주꾸미 276
준(鱒) 31
준치 154
중국 청어 353
중순어 56
중진어 56
쥐치 252
즉어(鯽魚) 33, 35
증어 235
증어(蒸魚) 234
진주조개 293
진청 354
짱뚱어 254

ㅊ

참게 132
참돔 161
참둑중개 46
참마자 45, 76, 360
참복 101
참서대 172
참숭어 29
참오징어 270
참홍어 262, 263
창(鯧) 176
채낚시 271
철갑상어 322, 327
청어(靑魚) 162, 164, 352
청장니어(靑障泥魚) 263
초어 351
추성 69
측선 26
치(鯔) 27
치리 68
칠게 130

칠어(鰇魚) 77
침어(鱵魚) 108

ㅋ

칼상어 327, 333
큰덤불해파리 280
큰부리고래 221
큰자라 122

ㅌ

탄도어(彈塗魚) 253
테트로도톡신 101
투구게 366
퉁가리 104

ㅍ

피라미 40, 69
피조개 306

ㅎ

하(鰕) 284
하돈(河豚) 99
한둑중개 46
한치 271
함진(蝛蜼) 300
합리(蛤蜊) 299
해(蟹) 123
해돈어(海豚魚) 229
해라(海蠃) 313
해랑 131
해마 342
해마(海馬) 341
해만리(海鰻鱺) 241, 242
해방(海蚌) 292
해삼 282
해삼(海參) 281
해요어(海鷂魚) 257
해파리 279
현(蜆) 136
호(蠔) 311
호어(虎魚) 191, 192
혼인색 41, 69, 70, 78, 84
홍게 131
홍어 259, 262
홍어(洪魚) 261
홍치 150
홍합 308
화살꼴뚜기 271
화살오징어 271
화상어(和尙魚) 196
화어(夻魚) 245
화제어(華臍魚) 173
환(鯇) 350
환도사어(環刀沙魚) 228
황강달이 146
황고어(黃鯝魚) 360
황복 101
황상어(黃顙魚) 103
황석수어(黃石首魚) 146
황석어 105
황어 190
황어(黃魚) 189
회대어(膾代魚) 198
회잔어(膾殘魚) 339
횟대 198
후(鱟) 365
흑도미 159
흑련어 349

저자소개

하상(夏祥) 이두순(李斗淳)

1944년생. 서울대학교 농과대학을 졸업하고 일본 교토(京都)대학에서 박사학위를 받았다. 2002년 한국농촌경제연구원에서 선임연구위원으로 퇴직한 후 개인 취향의 글을 쓰고 있다.

농업관련 연구서 외에 『호박씨와 적비』(2002), 『한시와 낚시』(2008), 『기후에 대한 조선의 도전, 측우기』(2012), 『수변의 단상』(2013), 『고전과 설화속의 우리 물고기』(2013), 『은어』(2014), 『농업과 측우기』(2015)와 같은 책을 썼다.

큰나무 강우규(姜宇圭)

1958년생. 경북 청도서 나고 부산서 자랐다. 동아대학교 건축과를 졸업하고 건축설계 직종에 근무, 남산센트럴자이를 비롯해 여러 설계 작품이 있으며 현재 건축설계 사무소를 꾸리고 있다. 낚시를 좋아하고 취미로 그림을 그린다. 『고전과 설화속의 우리 물고기』(2013)의 물고기 삽화를 그렸다.